La raison constructrice

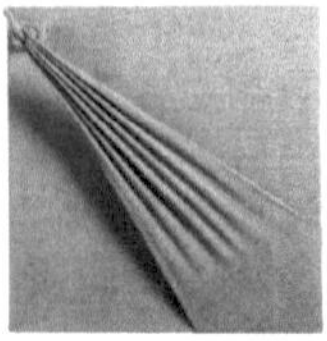

Philosophia Naturalis et Geometricalis

Collection dirigée par Luciano Boi

Vol. 6

Piergiorgio Quadranti

La raison constructrice

Essai de réalisme constructiviste pour une ontologie quantique

PETER LANG
Bern · Berlin · Bruxelles · Frankfurt am Main · New York · Oxford · Wien

Information bibliographique publiée par «Die Deutsche Bibliothek»
«Die Deutsche Bibliothek» répertorie cette publication dans la «Deutsche Nationalbibliografie»; les données bibliographiques détaillées sont disponibles sur Internet sous ‹http://dnb.ddb.de›.

Illustration de couverture de Jorge Eduardo Eielson,
QUIPUS 79-V1, 1990

ISBN 978-3-03911-221-0
ISSN 1424-8425

Hochfeldstrasse 32, Postfach 746, CH-3000 Bern 9
info@peterlang.com, www.peterlang.com, www.peterlang.net

A l'artiste, à Vérène

Remerciements

J'ai eu la chance de pouvoir discuter longtemps et souvent avec Jean Piaget et C.F. Freiherr von Weizsäcker. Je ne peux penser à eux qu'avec émotion et gratitude. Ils m'ont communiqué plus que des idées. Mais sans la rencontre du professeur Carlos Ulisses Moulines, je ne sais pas si j'aurais pu soutenir si longtemps mon effort presque solitaire. Lors de la première rencontre, le projet était encore à l'état d'ébauche et difficilement communicable et pourtant il m'a fait comprendre qu'il y voyait un intérêt et qu'il en devinait le résultat. Son soutient ne m'a jamais manqué, même lorsqu'il était obligé de me dire que la formulation était encore irrecevable. Je pense qu'il est difficile de trouver une personne qui puisse plus aisément permettre à des collaborateurs de poursuivre des projets même extrêmes, tout en tissant des rapports de respect, dans lesquels sa grande connaissance se manifeste surtout dans sa capacité à comprendre l'autre, à le valoriser et à l'encourager.

La présence et la confiance imperturbable de ma femme, Vérène, m'ont permis de trouver l'énergie pour concevoir le projet et traverser le long désert de sa réalisation. Merci.

Mes amis, même lorsqu'ils étaient surpris, voire incrédules, sont tous restés à mes côtés. Certains ont joué un plus grand rôle que d'autres, mais ce qui a compté et compte toujours c'est leur amitié. Qu'ils me permettent ici de les remercier tous ensemble sans distinction.

Le professeur Hans Jakob Seiler et M. Dr. J.D. Becker m'ont fourni des occasions de présenter ma recherche pendant sa réalisation. Cela me fut très utile et encourageant. Je tiens à les remercier ainsi que M. Dr. Luciano Boi, qui a accepté de faire paraître ce texte dans la collection qu'il dirige.

Je remercie M. Robin Bovay d'avoir eu la gentillesse et la patience de relire le texte français.

Décision de publier

Les peintres rencontrent souvent le problème de décider à quel moment un tableau doit être considéré comme achevé. Cette recherche n'est certainement pas achevée. Pourquoi publier maintenant en laissant la recherche comme elle est: un chantier ouvert? A cela plusieurs raisons. La principale tient au fait qu'il est difficile d'avancer toujours seul. Heureusement des personnes m'ont aidé. Or il se trouve que le développement atteint semble suffisant pour donner une idée de tout le projet et pour en permettre déjà l'évaluation. Il devenait alors urgent et nécessaire de connaître l'opinion des lecteurs éventuels. Ainsi la recherche est présentée dans son actuel état inachevé. Certains chapitres s'arrêtent donc abruptement en pleine construction, voire même juste après l'amorce de la construction.

Table des matières

Préface

Le travail de M. Quadranti constitue une recherche grandiose sur les fondements perceptifs et cognitifs de la connaissance humaine autant dans la vie quotidienne que dans la science physique, qu'il reconstruit d'une façon formelle et systématique. Sa conception part de trois sources d'inspiration: l'épistémologie génétique de Piaget, La construction logique du monde de Carnap (1928) et la thèse structuraliste relative à ce qu'il est désormais convenu d'appeler des 'termes théoriques', thèse que je défends moi-même. Dans son ensemble et dans sa façon de procéder, la recherche de Quadranti rappelle fortement la tentative de Carnap. Pourtant ce dernier, à cause de son choix radicalement empiriste, est pris dans plusieurs difficultés difficiles à surmonter, comme Quadranti le rappelle justement. Dans la mesure où il propose un choix non empiriste, qui combine les concepts de Piaget avec le structuralisme en théorie des sciences, Quadranti peut surmonter les difficultés en question (en particulier dans la construction du temps, de l'espace et de la substance en partant d'une base 'perceptive' minimale).
Bien que l'utilisation des trois sources d'inspiration citées (Piaget, Carnap et le structuralisme) semble aller de soi pour la reconstruction formelle de notre connaissance du monde physique, à ma connaissance aucun autre auteur n'a osé entreprendre une telle tentative. En cela, la recherche de Quadranti est sans doute hautement originale. D'autre part – à la différence de la plupart des tentatives de ce genre – sa thèse constructiviste ne s'arrête pas à l'état d'esquisse; au contraire elle est réalisée d'une façon formelle stricte, dans la mesure où il est fait recours aux outils logiques et mathématiques nécessaires.

Professeur Carlos Ulisses Moulines

Quelques symboles

Calcul propositionnel

$\exists$	il existe un (un des … est tel que….)
$\exists!$	il existe un et il est unique...
$\forall$	quelque soit/ tous les….
$\neg$ …	non
…$\wedge$…	et (les deux propositions sont vraies) (conjonction)
…$\vee$…	ou (au moins une des deux propositions est vraie) (disjonction)
… $\mid$ …	une et une seule des deux propositions est vraie
$\Rightarrow$	implique (seulement si…)
$\Leftrightarrow$	si et seulement si (ssi)

Théorie des ensembles

$R|_A$ La relation R restreinte à l'ensemble A

$A \backslash B := \{x | (x \in A) \wedge (x \notin B)\}$

$|A|$ cardinalité de l'ensemble A (nombre de ses éléments)

$\mathcal{P}(A)$ l'ensemble des sous-ensembles de A

Remarque sur les paragraphes

Nous avons introduit des paragraphes dès l'apparition des premiers théorèmes pour rendre possible les renvois et cela même avant que l'architecture du travail soit visible. Figés par le jeu des renvois, ils ne pouvaient plus être aisément déplacés ou redimensionnés en fonction de l'évolution de la recherche. Ainsi certains sont restés courts, d'autres se sont presque atrophiés, d'autres encore on atteint des tailles très importantes. Néanmoins ils ont continué de jouer leur rôle de repère, ce qui nous a amenés à les laissé dans l'état où la recherche les a amenés.

Introduction

Dans l'introduction du livre *Der logische Aufbau der Welt* (p.XIII), R.Carnap constate que «la traduction des propositions sur des objets dans des propositions sur les données sensorielles» n'est pas possible dans sa totalité, ce qui se manifeste par la nécessité d'introduire des termes théoriques (des termes qui ne dénomment pas des données sensorielles). La conception empiriste dans sa formulation extrême s'avère insuffisante pour rendre compte des sciences. Maxwell[1] émet même la thèse selon laquelle les données sensorielles elles-mêmes sont décrites par des termes théoriques. Si la construction proposée ici, ou une semblable, s'avère acceptable, la plus grande partie de ce que nous considérons comme réel est décrite par de tels termes théoriques. On peut rétorquer que ce déplacement ou renversement est le fruit de recherches scientifiques, mais qu'au niveau conscient quotidien on peut identifier des données, même si la théorie les reconstruit de son côté, en utilisant des termes, qui pour elles sont théoriques. Mais nous ne naissons pourtant pas conscients: la conscience elle-même est construite et se déplace. C'est dire que le prétendu niveau quotidien est le fruit d'une construction (qui semble introduire massivement des termes théoriques). L'entrelacs de deux distinctions, auxquelles on donne souvent un sens absolu, rend la situation embrouillée. Une première distinction est celle qui sépare les niveaux appelés respectivement empirique(s) et théorique(s) par le courant structuraliste en théorie des sciences (relié à l'école de Munich). Cette distinction n'est pas absolue[2]: des termes théoriques dans une théorie peuvent être considérés comme empiriques dans une autre. L'autre distinction est celle qui sépare le niveau conscient du niveau inconscient. Il ne s'agit pas ici de la distinction freudienne mais de la distinction piagétienne. J. Piaget a introduit la notion d'inconscient épistémique. Cette frontière aussi est mobile. Il se peut qu'effectivement la fixation des limites du champ conscient exige des données, lesquelles ne sont pas forcément celles à partir desquelles on reconstruit les théories scientifiques. Au paragraphe 19 quelques réflexions seront proposées à ce sujet. C'est dire que les

1 Grover Maxwell, 1962, The Ontological Status of Theoretical Entities, *Minnesota Studies in the Philosophy of Science.*

2 Balzer,W & Moulines, C.U & Sneed, J.D., 1987, *An Architectonic for Science* , Dordrecht.

prétendues données immédiates de la conscience n'en sont peut-être pas, et que le point de départ choisi dans cette construction ne peut être justifié que par le fait qu'il présuppose peu et qu'il permet pourtant une construction suffisante, et non par une évidence dans une activité réflexive de la concience. Ce qui semble avéré est que le projet empiriste, dans sa formulation extrême, n'est pas défendable et que l'introduction des termes théoriques constitue un aspect très important de la construction du savoir humain.

J. Piaget définit l'épistémologie génétique comme l'étude du passage des états de moindre connaissance aux états de connaisance plus poussée.[3] Cette idée dirige la recherche présentée ici. Mais il ne s'agit pourtant pas d'un travail d'épistémologie génétique. Il ne s'agit non plus de l'identification des niveaux empirique et théorique dans une science particulière. Ce qui est proposé ici est une reconstruction possible des quelques concepts fondamentaux, en partant d'un point de départ aussi faible que possible, qui appartiendra au premier niveau empirique de cette recherche, et en montrant comment des niveaux théoriques successifs peuvent être introduits, avec un déplacement continuel de cette frontière. Cela dans le but (pas encore atteint) de dégager une logique de cette activité que l'on pourrait qualifier d'interprétative.

Le paradigme interprétatif

Si on veut parler de paradigme, comme Thomas Kuhn[4] le fait pour les théories scientifiques, en appliquant cette notion aux conceptions philosophiques, on peut dire que l'image qui guide ce travail résulte d'une généralisation de l'activité de donation de sens. La notion aristotélicienne d'abstraction ne perd rien de sa valeur. Mais le monde sur lequel elle peut s'effectuer doit d'abord être construit. Construction que l'abstraction ne peut engendrer. L'empirisme, soit de D. Hume soit du cercle de Vienne, doit être dépassé, comme les membres de ce dernier l'ont eux-mêmes reconnu, justement à cause de l'introduction incontournable des termes théoriques. Même les structures aprioriques de Kant, tout en exigeant la construction par synthèse des phénomènes pour atteindre une connaissance scientifique, ne permettent pas de dépasser le niveau du multiple perceptif.

3 Jean Piaget, *Logique et connaissance scientifique*. Encyclopédie de la Pléiade, Ed Gallimard 1967 (p. 127).

4 Thomas S. Kuhn, *La Structure des révolutions scientifiques*. Ed. *Flammarion* 1972.

Une telle construction fournit certes quelque chose de nouveau au niveau organisationnel, mais non ontologique. Kant exige le dépassement du monde phénoménal, mais seulement pour la morale et dans la théorie du sublime. Pourtant ces théories doivent être révisées, si le dépassement, exigé par les termes théoriques, doit déjà avoir lieu pour la construction des sciences. S'ajoute à cela le problème de la construction même des structures aprioriques. La conception générale du kantisme reste pourtant d'actualité, comme l'œuvre de J. Piaget le prouve. Une inspiration kantienne a parcouru l'école de Copenhague, comme en témoigne l'oeuvre de Carl Friedrich Freiher von Weizsäcker.

Comme il est dit plus bas, ce travail ne semble pas non plus s'inscrire immédiatement dans le courant dit «analytique». Le paradigme est cependant bien celui de la donation de sens, si l'on interprète le sens, relié aux symboles linguistiques, comme un terme théorique. Cette activité n'a pourtant pas lieu seulement dans la pratique linguistique. Elle la précède même, la rend possible et la déborde de toutes parts.

Ce qui semble résulter de ce travail est qu'une direction peut être dégagée, selon laquelle les différents niveaux de construction peuvent être sériés. Il faut reconnaître que seuls les premiers pas ont été franchis. Mais cela est encourageant.

La raison constructrice: à travers Kant et Piaget

Le premier niveau empirique qui sera supposé est très simple. Il ne comporte ni ordre temporel ni structure spatiale, ni délimitation de substances. L'ordre temporel, la structure spatiale et le découpage du réel en substances sont des structures qui doivent être construites. Le niveau empirique présupposé étant très pauvre, tout ce que qui n'y est plus inclus doit être obtenu par des éléments de nature apriorique. C'est ce que Piaget aurait appelé l'activité constructrice du sujet, avec son fonctionnement, qu'il reliait à la fonction biologique de l'adaptation. Il ne sera fait aucun usage de cette fonction dans ce travail. L'attribution d'un rôle actif au sujet nous rapproche de Kant. Mais Piaget démontre que les structures correspondant à celles que Kant désignait comme a priori, résultent d'une construction. Ce qui déplace les éléments a priori dans la construction elle-même.

Le temps n'est plus alors une forme a priori. Mais sa construction exige des axiomes qui, eux, sont à considérer comme aprioriques. Il en va de même pour l'espace. Mais une thèse plus radicale est avancée sur la relation entre temps et espace. La conscience résultant elle-même d'une construction qui ne se situe pas aux premiers niveaux, on ne pourra plus distinguer deux formes apriori de la sensibilité, en considérant le temps comme forme du sens interne et l'espace comme forme du sens externe. La nouvelle thèse dit que la première construction, qui enrichit le premier niveau empirique d'un niveau théorique, est celle du temps. L'espace est alors à construire à partir du temps. Cela établit un lien profond entre ces deux structures. Le découpage du monde en substances ne sera possible que dans un troisième (ou ultérieur) niveau de construction.

La réalisation d'une telle construction renverse la déduction transcendantale des catégories. Kant veut dépasser l'hétérogénéité (supposée) entre elles et les phénomènes, en passant par l'imagination et surtout par le (les schèmes du) temps. Le problème de l'hétérogénéité entre catégories et phénomènes (qui remonte aux grecs) sera traité dans une autre recherche. Il s'agit ici avant tout du rôle exceptionnel du temps. Au lieu de trouver à travers lui un chemin pour l'applicabilité de catégories à des phénomènes, il s'agit de montrer la constructibilité d'une compréhension du monde, après qu'il a été lui même construit.

Contrairement aux catégories kantiennes, les axiomes permettant une telle construction ne peuvent pas être trouvés par une analyse de la langue, comme celle que Kant avait effectuée et appelée son fil conducteur. La raison profonde en est que la compétence linguistique, elle aussi, doit être construite et elle ne l'est pas aux premiers niveaux. Ces axiomes peuvent avoir comme interprétation sémantique les axiomes pour une machine, qui lui fixent les constructions possibles.

Pour le moment, seule la réalisation de la reconstruction permet de trouver ces axiomes, avant d'en faire une théorie «abstraite», à partir des constructions mêmes.

Il ne s'agit pourtant pas (ou pas encore) d'une recherche en épistémologie génétique. On ne suit pas empiriquement la construction de ce que Piaget appelle le sujet épistémique. Il est à espérer que le lien sera fait, mais pour le moment, seule la possibilité de la construction est étudiée. Une fois réalisée, elle pourra servir de repère pour évaluer tant les méthodes de l'épistémologue généticien et les paliers atteints par le sujet épistémique, que la construction elle-même, proposée ici.

Cette construction est par sa conception même hybride. Comme toute théorie, elle doit être réalisée au niveau syntaxique. Mais elle prétend aussi explorer la possibilité même de la construction d'un monde qui puisse servir de repère sémantique. La possibilité même de distinguer un niveau (notion à préciser!) syntaxique et un niveau sémantique est aussi à construire.

Réalisme constructiviste

Le temps ne peut pas être considéré comme une donnée fondamentale, c'est-à-dire comme quelque chose qui existerait au premier niveau empirique. Il résulte d'une construction qui introduit des termes théoriques. Le détail de la construction proposée amène même à un empilement de niveaux théoriques, au fur et à mesure que *le temps avance*. Il est difficile de nier toute réalité au temps. Cela interdirait même de parler de changement. Nous sommes donc amenés à affirmer l'existence d'une réalité correspondante à ces termes théoriques, à en fournir une interprétation sémantique. Mais cette interprétation sémantique ne peut se trouver au niveau empirique en question (le premier). Il faut donc le dépasser. Cela constitue une affirmation réaliste. Il ne serait alors plus cohérent de nier toute réalité aux autres termes théoriques. Il leur correspond donc autant de réalité qu'aux termes théoriques décrivant le temps. C'est cet argument qui amène à parler d'un réalisme constructiviste.

Premiers résultats

La reconstruction est encore incomplète et lacunaire, mais l'on devine déjà l'allure complète du projet. Le trait les plus importants en sont les suivants.

i) Le premier niveau empirique correspond à ce que Piaget a appelé les tableaux perceptifs[5], et à leurs copies dans la mémoire, mais sans ordre temporel, sans structure spatiale et ne contenant pas encore des objets.

ii) La première construction théorique permet d'obtenir le temps.

iii) A partir de l'ordre temporel, une première structure spatiale (bidimensionnelle) est possible, sans introduction de nouveaux niveaux théoriques. Ces niveaux théoriques semblent en revanche être nécessaires pour la construction d'une structure spatiale tridimensionnelle. Ce pas n'a pas encore été franchi. Il sera certainement relié à la construction de la notion d'objet.

5 Jean Piaget, *La construction du réel chez l'enfant.* Ed. Delachaux & Niestlé S.A., Neuchâtel CH 1955, 1977 (p.10).

iv) Ici la construction présente un premier grand vide. Un saut est effectué jusqu'à une théorie générale de la substance, appelée système physique. Il s'agit en réalité d'une théorie de la mesure, c'est-à-dire du procédé qui permet à la fois de connaître les propriétés des systèmes physiques, propriétés qui exigent un niveau théorique propre, et de définir un premier critère d'acceptation de l'identification des substances. Il s'agit d'une théorie holiste relative à l'introduction de termes théoriques.

v) Cette description générale permet les premiers pas vers une théorie de la mécanique quantique.

vi) Il est aussi possible dans le même cadre de recomprendre les notions élémentaires de la mécanique classique, sans présupposer les notions de masse et de force.

vii) Dans d'autres travaux, qui ont servi de préparation à celui-ci, les notions de sujet, d'intersubjectivité et de conscience ont également été approchées d'une façon constructiviste. L'esquisse de la construction a même été prolongée jusqu'au domaine de la morale. Ces dernières notions ne font pas l'objet de cette recherche.

Ces éléments ont été évoqués ici pour donner une vision d'ensemble du projet, qui peut être visualisé dans le schéma suivant.

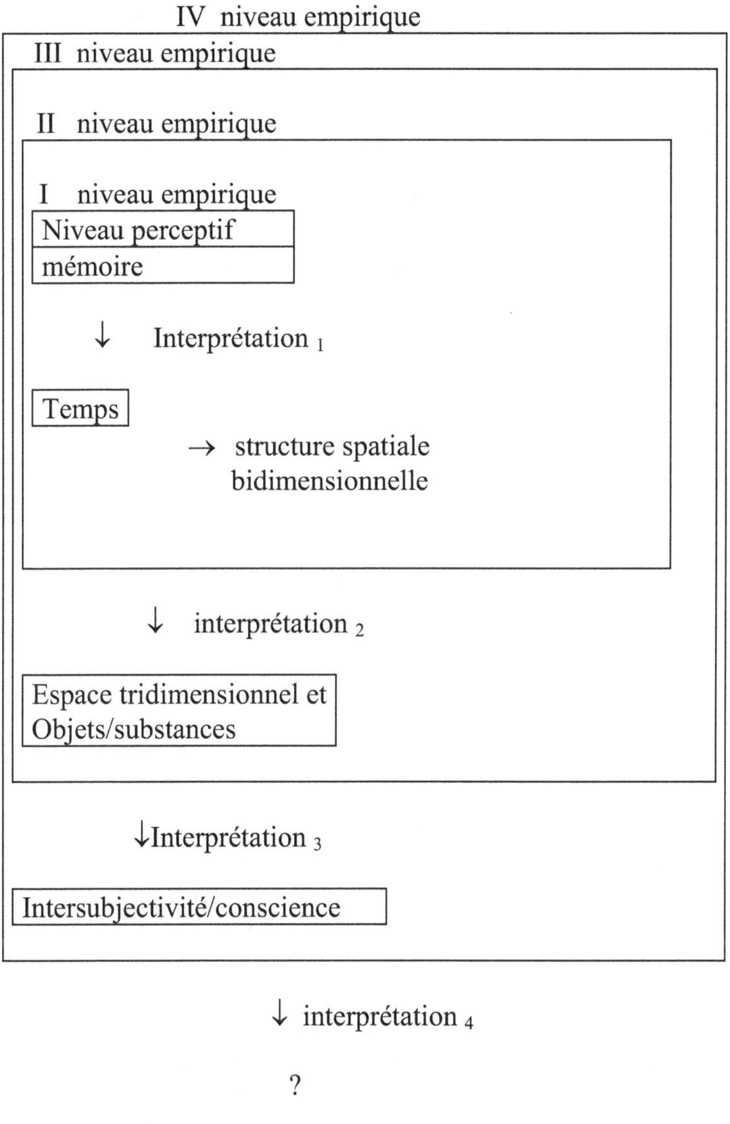

Ce tableau est une simplification, les interprétations ayant été regroupées. Déjà pour le temps il faut effectivement introduire un niveau empirique et un niveau théorique pour chaque moment. L'interprétation$_2$ sera aussi décomposée en plusieurs. Cela est évident si l'on pense à l'empilement interprétatif que la reconstruction des différentes sciences vont requérir. Mais toutes ces interprétations n'introduiront pas, au niveau théorique l'activité même de l'interprétation, ce qui constituera le critère pour affirmer qu'un nouveau palier a été atteint. C'est la raison pour laquelle toutes ces interprétations ont été regroupées sous la deuxième interprétation de ce tableau indicatif.

Il est à remarquer que ces premiers développements de la théorie de la substance, et en particulier l'analyse des concepts de la mécanique classique, montrent que la notion de matière est inutile. La notion même de causalité n'est plus première. Elle peut être abstraite de la théorie générale de la mesure.

Ce tableau ne prétend pas que chaque niveau ne puisse être abordé qu'après l'achèvement du précédent. Loin de là. On peut émettre l'hypothèse que la construction millénaire des civilisations montre que l'on est vite monté très haut dans les couches interprétatives, mais sans forcément un retour critique sur cette activité. Cela permet de dire que certaines croyances ne sont pas forcément criticables sur le plan de leur construction, mais par le manque de contrôle de celle-ci. Ainsi Platon et Aristote n'ont pas critiqué le fait que les Sophistes 'argumentaient', mais qu'ils le faisaient sans le contrôle qui trouvera plus tard sa forme dans la Logique d'Aristote.

Philosophie analytique

La théorie proposée ici n'appartient pas au courant de la philosophie analytique, si on exige de cette dernière qu'elle ait la langue comme objet. Il s'agit plutôt d'une théorie qui prépare l'étude de la possibilité (par construction) de la langue. Elle est donc conforme à la thèse piagétienne de l'existence d'une intelligence prélinguistique (voire préconsciente). Il semblerait de plus que l'analyse de la compétence linguistique puisse difficilement fournir les premiers axiomes pour cette reconstruction. La raison profonde semble être la même qui amena Piaget à réduire l'importance de l'introspection comme méthode en épistémologie génétique. Cette introspection en effet risque de projeter des structures de l'adulte sur l'enfant, qui ne les a pas encore construites. De même, en prenant l'étude de la langue comme point de départ pour la reconstruction souhaitée, on risquerait à la fois de trop présupposer, et de limiter les constructions possibles à celles dont on part. En revanche, les exigences de clarté et d'argumentation, reliées à un formalisme, fondamentales pour la philosophie analytique, semblent incontournables et indispensables pour réussir ne serait-ce qu'à penser (au-delà des images) le projet.

L'option réaliste, qui semble inévitable dans cette reconstruction, et le choix de se placer à un niveau pré-linguistique empêchent d'identifier langue et réalité. En revanche, la poursuite de cette recherche devrait aboutir à la fois à la construction de la possibilité d'une langue et à celle d'un monde qui l'entoure, jetant ainsi les fondements de sa sémantique.

Chantier I

Perception, mémoire, temps

I–1 Niveau perceptif

§ 1 Frontière entre sujet et réalité

J. Piaget[6] dans La construction du réel chez l'enfant, ainsi que dans l'ensemble de ses recherches, montre que la réalité n'est pas quelque chose que l'enfant, ici le nouveau-né, lit passivement. L'enfant doit au contraire construire des structures mentales lui permettant de connaître la réalité. Les deux aspects (subjectif et objectif) se développent de pair, en partant de la structuration des actions de l'enfant. Au départ il n'y a pas non plus de distinction entre le sujet (le nouveau-né) et une réalité qui lui serait extérieure.

Pour illustrer ce processus, Piaget propose le schéma suivant[7].

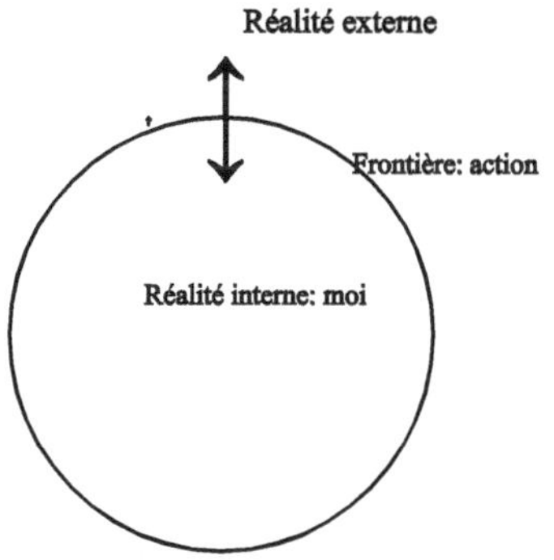

Le but de ce travail est de proposer une construction formelle possible, compatible avec cette conception.

Il nous faut alors proposer une description d'un point de départ (possible) pour une telle construction. Piaget appelle les éléments de ce premier niveau de construction des tableaux perceptifs. (p. 10) La définition d'un tel tableau comporte forcément une notion qui est proche de celle de synchronie, mais elle ne comporte pas forcément celle d'ordre temporel. En effet, le premier but visé est de montrer que le temps avec son ordre ne doit pas être présupposé, ni a posteriori ni a priori, mais qu'il peut être le résultat du premier pas constructif. Cela nous éloigne cependant de Piaget, par la

6 Jean Piaget, *La construction du réel chez l'enfant*, Ed. Delachaux & Niestlé S.A., Neuchâtel CH 1955, 1977.

7 loc.cit. p 311.

nécessité qu'il y a alors d'introduire des termes théoriques. Il est étonnant qu'il n'ait pas fait usage de ces termes, qui sont non seulement compatibles avec, mais implicites dans, son travail. Ils auraient été particulièrement pertinents lorsqu'il parle de représentation. Le point de départ de la construction proposée sera appelé

§ 2 Perception

La description de ce niveau sera faite au moyen des termes suivants, qui constituent ainsi les (premières) notions primitives (NP).

NP 2.1 $P = \{... ; ez^j ;...\}_{j = 1 ; 2 ; \dots ; 2n}$ n fini.

Dans 'NP 2.1', le chiffre '2' renvoie au paragraphe.

P est un ensemble. Les ez^j sont des constantes, des noms propres. Les ez^j ne diffèrent entre eux que par leur différence. Si on voulait les distinguer par autre chose, par exemple par des propriétés, il faudrait avoir déjà construit de telles propriétés. Et il faudrait pouvoir les distinguer. On risque alors le cercle vicieux.

(Les ez^j sont des termes primitifs. Mais cela ne signifie pas encore qu'il s'agisse de données immédiates. Au contraire, leur introduction a lieu dans une théorie élaborée. En suivant Grover Maxwell cité plus haut, leur interprétation sémantique en fera des termes théoriques. C'est le cas si on se place au point de vue d'un psychologue (Piaget). En anticipant sur les considérations du § 77, on peut dire que l'on peut interpréter les ez^j comme étant des prédicats. Mais ces réflexions ne seront pas développées ici.)

Pour revenir à la théorie de J.Piaget, les ez^j dénommeraient les (correspondraient aux) éléments des tableaux perceptifs. (Le symbole vient de l'expression allemande 'empirischer Zustand'). Mais cette notion de dénomination est pertinente pour un sujet qui a déjà atteint un niveau de construction bien plus élevé. Elle est ici déroutante. Elle suppose en effet au moins deux réalités, celle de la langue et celle décrite par cette même langue. Or pour le sujet qui se trouve à ce niveau de construction il n'y a pas encore une telle distinction. Il n'y a pas une réalité externe, qui serait décrite ou comprise par ces termes constants ez^j. En disant cela, nous reprenons la notion de solipsisme pratique sans sujet de J.Piaget (p. 40-1). C'est dire qu'à ce niveau il n'y a (pas encore) ni réalité externe ni réalité interne (indépendamment du sens que l'on veut donner à ces termes), ni conscience. En d'autres mots, pour le sujet qui se trouve à ce niveau de construction, les ez^j ne dénotent rien, ni ils ne renvoient pas à quoi que ce soit, comme à leur cause. Il est vrai qu'ils interviendront en revanche dans ce qui constituera le premier niveau interprétatif. On ne peut pas encore parler d'un lien causal entre ces états et une réalité autre. Cela a certainement un sens, mais à un niveau plus élevé. Ici une telle expression n'a pas encore acquis un sens.

– *Quelques réflexions introductives*

Les réflexions qui suivent sont celles qui semblaient éclaircir le statut de ce premier ensemble P, dans une phase antérieure de la recherche.

N'y a-t-il pas risque de cercle vicieux en prétendant construire cette distinction et la conscience elle-même, en commençant par l'utilisation d'une langue (pour écrire ce texte) qui les présuppose? Il est vrai que la théorie proposée ici ne peut être élaborée que par un sujet conscient, qui s'exprime dans une langue. Mais tout ce que cela suppose n'est pas attribué forcément au sujet. La langue utilisée propose des possibles (décrits par des termes constants, des prédicats ou propriétés et des ensembles). Mais le sujet n'est pas forcément tous ces possibles, et encore moins en a-t-il conscience ou en parle-t-il. Il nous faut alors un prédicat primitif pour pouvoir dire ce qu'il est. L'expression 'ce qu'il est' est plus pertinente que l'expression 'ce qui existe pour lui', car celle-ci implique la dualité que l'on ne veut pas présupposer. Ce prédicat primitif sera le suivant: G( ). Le symbole a été choisi en relation avec l'adjectif allemand 'gegeben' (participe passé du verbe 'geben', donner). Mais, comme déjà dit, non dans le sens de 'donné au sujet', car il n'y a pas encore ni sujet ni de réalité à lui donner pour le moment. Le cercle vicieux auquel il a été fait allusion plus haut disparaît, si en partant d'une telle situation minimale et en particulier en construisant sur l'extension du prédicat G( ), il s'avère possible de construire un sujet disposant de la distinction entre une réalité dite interne et une autre dite externe, d'une langue pour en parler et d'une conscience qui lui permette de savoir tout cela.

Ces réflexions trahissaient une conscience confuse de notions qu'il fallait réussir à distinguer. Ce qui suit tente d'y parvenir.

L'introduction de deux sujets, dont l'un serait l'observateur disposant de la langue et de tout ce qu'elle suppose, et l'autre le sujet qui effectue la construction proposée, en partant du niveau minimal présupposé, peut être clarifiante et permet de transcrire la relation entre le psychologue S_{ob} [sujet observateur (J. Piaget)] et l'enfant S [sujet] (dont l'observateur étudie le développement). Il sera judicieux d'y recourir quand cela s'avèrera éclairant, pour la sémantique de la théorie. Mais la construction doit être possible sans devoir s'appuyer sur ce que l'on présuppose chez l'observateur. D'autre part le besoin de recourir à cette communication asymétrique, entre un observateur (adulte) et un enfant, débutant dans la construction, cachait la prise de conscience confuse qu'il y a ici plusieurs notions de réalité, qu'il conviendrait de distinguer. La recherche elle-même nous a amenés à en distinguer certaines, qui sont proposées plus bas.

Il ne s'agit pas de la réalisation concrète d'une machine ou de l'observation expérimentale d'un sujet physique qui serait le modèle de la reconstruction proposée. Il ne s'agit que de la construction théorique d'un tel sujet (ou machine). Cette construction se fait à l'aide des deux instruments fondamentaux que sont la théorie des ensembles (avec la notion de prédicats) et le calcul des propositions. Et il faut que celui qui effectue une telle construction ait conscience de ces théories et qu'il les maîtrise au niveau linguistique. Le fait que l'observateur utilise ces théories n'implique pas encore que le sujet, qui serait le modèle, en ait la conscience ou la maîtrise linguistique. Cela signifie seulement que ses états (qui en seraient le modèle) sont décrits par les moyens fournis par ces théories. Cela n'exclut pas, évidemment, que le sujet puisse parvenir aussi à en avoir conscience et à en acquérir la maîtrise linguistique. Mais d'affirmer que le sujet soit parvenu à un tel niveau exigera une construction théorique plus complexe. Ici il n'est donc proposé ni une reconstruction de la théorie des ensembles ni du calcul des propositions. Seule une description de la constructibilité de différentes notions servant à décrire le monde, ainsi que de la justification de l'affirmation de son existence sont proposées, sans présupposer la conscience ou la maîtrise linguistique. Il se trouve que cette description pourrait avoir comme modèle un sujet réel qui construit effectivement sa connaissance du monde, en développant aussi sa maîtrise linguistique et sa conscience, et cela d'une façon compatible avec celle décrite par Jean Piaget. La construction a donc bien lieu au niveau syntaxique, en supposant très peu et en proposant des axiomes pour en complexifier la construction. L'interprétation sémantique d'une telle construction, si on veut en avoir une devant les yeux, serait constituée par un possible sujet qui construit sa connaissance du monde et de soi-même, mais non dans le paradigme d'un enregistrement et d'une organisation des données, mais selon les règles de la donation de sens, en commençant par un texte très pauvre en structure, mais qui, par la construction elle-même, sera inséré dans des contextes toujours plus grands et structurés, avec une ontologie augmentée à chaque pas. Une première notion à distinguer est la suivante.

– Ce qui est possible pour le sujet, ce que le sujet peut être

L'introduction d'un tel domaine peut paraître problématique. 1) Elle pourrait cacher un cercle vicieux général, ce qui est à construire étant déjà présent dans le possible présupposé. Tel n'est plus le cas, si la construction exige des nouveaux axiomes, non demandés dans le possible. 2) La construction peut paraître non complète si l'on admet déjà ce possible. Tel n'est pas le cas si ce qui est demandé (le possible) n'exige rien de plus que ce qui est constructible par la théorie des ensembles et du calcul de propositions (sans les axiomes nouveaux qu'il faudra introduire), ces théories étant déjà (heureusement) construites. Du point de vue des concepts il s'agit donc de proposer des axiomes supplémentaires, avec d'abord la définition de quelques notions appropriées, définissables à partir des notions primitives admises. 3) Il n'est pas dit ici comment le sujet peut parvenir à disposer de ce possible. C'est vrai, mais ce problème ne concerne pas notre propos. Il se situe dans l'étude du développement effectif d'un organisme vivant et qui devient un sujet capable d'une telle construction. Seule la recherche d'une possible structure logique de cette construction fait l'objet de cette recherche. Il reste en revanche vrai qu'il faut que cette structure puisse être intégrée dans une étude d'épistémologie génétique, laquelle peut remonter, selon les vœux de J. Piaget, jusqu'au préalable biologique.

Comme il est dit plus haut, le fait d'utiliser le langage de la théorie des ensembles et le calcul des propositions n'implique pas que le sujet, correspondant à (constituant un modèle pour) cette description en ait conscience. Mais il faut bien être parvenu à une telle conscience si l'on veut s'attaquer à une telle reconstruction théorique.

– Le prédicat 'G( )'.

Dans une étape antérieure du travail ce prédicat a été introduit pour décrire «ce que le sujet est». Cela se fondait sur les considérations suivantes. Pour le moment il n'existe rien pour le sujet. Une telle notion doit être construite et suppose la distinction entre sujet et réalité autre que lui. Cette distinction n'existe pas encore. Mais la notion de ce que le sujet est, si elle signifie les états dans lesquels il peut être, est susceptible de distinctions. Le sujet peut être (dans) plusieurs états qui ne sont pas pertinents pour la construction. Il s'ensuit qu'il faudra un autre prédicat plus général que 'G( )', si on veut garder celui-ci pour décrire ce qui est pertinent dans la construction. On peut dénommer le prédicat le plus général par

–'Wir( )',

en pensant au terme allemand «Wirklichkeit». On aura alors

$$G(\ ) \Rightarrow Wir(\ ),$$

mais non le contraire. Ces réflexions ont surgi lors de l'élaboration de la construction du temps, et apparaissent dans le fait que l'axiome AG 3.2 ne comporte pas une double implication. En effet, si on prend un ensemble fini (de moments) on peut toujours définir une relation d'ordre. Mais il ne s'agit pas forcément de la relation d'ordre du temps, qui ne peut résulter d'une simple décision. C'est la contrainte 'ne pas résulter que d'un choix arbitraire' qui devrait être satisfaite par ce prédicat 'être donné'. On retrouve ainsi la notion de réalité indépendante. Mais il faut avouer qu'une théorie claire relative à ce prédicat n'est pas encore atteinte dans ce travail.

On peut s'attendre à ce que la suite de la construction exige d'autres distinctions, surtout avec la construction de la conscience. Il faudra en particulier que le sujet construise la notion de possible! Au §18 une nouvelle notion sera introduite, celle de

– 'actuel'

Cette notion est reprise au § 18.

Interpréter le prédicat 'Wir( )' comme décrivant ce que le sujet est peut sembler trahir une conception idéaliste. Il n'en est rien. Il s'agit de décrire la réalité, donc ce que nous en savons. Et même l'affirmation d'une réalité externe à la conscience reste une affirmation d'un sujet, et en l'affirmant il est dans un certain état qui est celui d'affirmer l'existence d'une réalité externe.

– Quantificateur existentiel '∃'

Il faut le comprendre comme le raccourci de l'expression 'au moins un des…'. Il n'engendre donc pas un nouveau sens de la notion de réalité. Il en est de même pour le quantificateur '∃ !' : au moins un et un seul…

Il est à remarquer que toutes ces notions s'intègrent dans la description d'une activité de communication ou de compréhension d'autrui par le fait qu'elles peuvent et doivent être insérées dans la relation entre un observateur S_{ob} et un sujet S. Dans ce cas il faut identifier les critères (dans les conduites du sujet) qui permettent d'interpréter ce sujet comme modèle pour ces distinctions. Cela reviendrait à reformuler le travail expérimental de J.Piaget à l'aide de ces notions. Tel n'est pas notre propos, même si cela reste toujours devant les yeux.

L'ensemble P décrit donc le premier niveau de ce qui est possible pour un sujet, ce qu'un sujet peut être, les états dans lesquels il peut se trouver. Ce monde possible sera agrandi par l'introduction de toutes les autres notions primitives ou construites. Comme déjà dit, ce que le sujet est au niveau perceptif sera délimité, dans ce possible, par les prédicats 'G( )' et 'Wir( )'.

§ 3 Structure perceptive

Soit alors

NP 3.2 : G( ) et
NP 3.3 : Wir( ) deux prédicats à préciser (le long de tout le travail).

Axiome AG 3.1

$\forall x \{G(x) \Rightarrow Wir(x)\}$

(L'expression AG 3.1 est un raccourci pour Axiome pour le prédicat G( ) qui se trouve au paragraphe 3 et qui est le premier (1) proposé pour ce prédicat. Nous allons systématiser cette numérotation. Les lettres, ici 'AG' mais ailleurs 'D' (définition), 'T' (théorème) etc, indiquent de quelle catégorie syntaxique il s'agit et (mais pas toujours) la notion analysée. Le premier chiffre renvoie au paragraphe, le deuxième numérote les éléments de la même catégorie, ce qui peut dépasser le paragraphe.)

La variable x est prise sur les domaines de G( ) et Wir( ). Pour le moment ce domaine est inclus dans l'ensemble P, mais toute la construction a justement pour but d'agrandir ces domaines. Ils sont eux-mêmes des variables, dépendantes de la construction.

Soit

1) $W = \{ek_j\}$; j = 1 ; 2 ;... ; n une partition de P telle que l'on ait:
   $\forall j; ez_a; ez' \{(ez_a \in ek_j) \Rightarrow$
   i) $[\exists ez_b((ez_b \neq ez_a) \wedge (ez_b \in ek_j) \wedge$
   ii) $\wedge [(ez' \in ek_j) \Rightarrow ((ez' = ez_a) \vee (ez' = ez_b))]])]\}$

S'agissant d'une partition, on doit avoir $\forall i; j \{ek_i \cap ek_j = \varnothing\}$ et $\cup_i ek_i = P$.

2) <W ; G( )> est une structure perceptive ssi (si et seulement si) l'axiome suivant est satisfait:

Axiome AP 3.1

$\forall j ; ez^j_a; ez^j_b [(ek_j = \{ ez^j_a; ez^j_b \}) \Rightarrow (G(ez^j_a) \Leftrightarrow \neg G(ez^j_b))]$

'AP 3.1' pour premier axiome relatif à la perception, et qui se trouve au paragraphe 3.

Ces exigences sont introduites en fonction d'un modèle visé. Celui dans lequel chaque «élément sensoriel» (chaque ek_j) n'a que deux états (condition (4)) et il se trouve toujours dans un des deux (AP 3.1). Le fait de se trouver dans un état est exprimé par le prédicat G( ). Aucun de ces deux états n'a plus de 'réalité' que l'autre. C'est dire que l'un n'est pas un état d'absence tandis que l'autre serait un état de présence. Même la distinction entre une réalité interne et une réalité externe n'exige pas un sens absolu pour chacun de ces deux états. On pourrait en revanche penser qu'un sujet qui dispose d'une structure comportant la notion d'absence, pourrait réaliser un modèle de cela avec un seul état, qui aurait lieu ou non. Mais lorsque l'élément sensoriel de ce modèle ne se trouve pas dans l'état en question, il est pourtant dans un état! Il faut donc deux états et un prédicat. Ce remarques disent que la notion aristotélicienne de 'notions positives' (Métaphysique Λ) est refusée, au moins à ce niveau.

On peut envisager d'autres structures perceptives. Mais pour ce travail la plus simple d'entre elles a été choisie.

Nous pouvons maintenant définir les ensembles correspondant à la notion piagétienne de tableaux perceptifs.

Définition DP 3.1

$D := \{d_l | \forall ek_i (ek_i \cap d_l \neq \emptyset) \wedge \{(ez^i_a \in d_l) \Leftrightarrow (ez^i_b \notin d_l)\}$

(Le symbole 'DP 3.1' signifie Définition relative à la Perception, se trouvant dans le paragraphe 3 et première (1) parmi les autres définitions relatives au même sujet.)

Chaque ensemble d est un tableau perceptif. Dans chaque tableau il y a un et un seul élément de chaque ensemble ek_i. D'après AP 3.1 et DP 3.1, un et un seul tableau perceptif d est tel que tous ses éléments sont donnés (gegeben). Nous sommes alors amenés à généraliser l'attribution du prédicat G( ) à un ensemble quelconque par l'axiome suivant:

Axiome AG 3.2

$\forall X \{G(X) \Rightarrow \forall x[(x \in X) \Rightarrow G(x)]\}$

Pour le prédicat Wir( ) on peut admettre l'axiome

Axiome AG 3.3

$\forall X \{Wir(X) \Leftrightarrow \forall x[(x \in X) \Rightarrow Wir(x)]\}$

D'après cet axiome AG 3.3, un sous-ensemble d'un tableau d donné est réel mais pas donné (il n'est pas forcément pertinent pour la construction). En d'autres termes, on n'accepte pas l'axiome qui dit: $\forall X \{\forall x[(x \in X) \Rightarrow G(x)] \Rightarrow G(X)\}$. Les arguments seront fournis plus tard, et surtout dans la construction du temps, lors du choix des relations d'ordre.

Pour les états empiriques ez^i de ce premier niveau il n'y a pas de raison pour distinguer les deux prédicats G( ) et Wir( ). C'est dire que si un état ez^i est réel il ne peut pas être non pertinent ou donné. On peut exprimer cela par un axiome:

Axiome AG 3.4

$\forall ez^i \{Wir(ez^i) \Rightarrow G(ez^i)\}$

En combinant avec AG 3.1 on obtient

$\forall ez^i \{Wir(ez^i) \Leftrightarrow G(ez^i)\}$

I–2 Mémoire

§ 4 Structure de la mémoire

Pour servir de modèle à la description donnée ici, une mémoire doit être construite comme une copie du (modèle du) niveau perceptif. (Dans cette simplification il n'est pas tenu compte du fait qu'elle n'existe pas comme une 'faculté passive' mais qu'elle exige, au moins en partie, d'être construite.) Nous retrouvons alors les mêmes constantes et la notion de tableau perceptif. Mais l'axiome AP 3.1 n'est plus approprié. En effet, on veut dans la mémoire enregistrer les tableaux qui sont donnés. Plusieurs parmi ceux-ci peuvent alors y figurer. Ce qui est incompatible avec l'axiome AP 3.1.

Nous pouvons reprendre les mêmes symboles que pour le niveau perceptif, mais en y ajoutant un exposant '... ^{m}'.

– Constantes et ensemble primitifs pour la mémoire:

5) $P^{m} = \{\ldots ; ez^{jm} ;\ldots\}_{j = 1 ; 2 ; \cdots ; 2n}$ n fini.

Comme pour le niveau perceptif, les copies ez^{jm} des *états empiriques* ez^{j} ne diffèrent que par leur *différence*. Ce qui importe est qu'ils soient en relation bijective avec les états perceptifs. Etant tous vicariants entre eux, peu importe le choix d'une telle application. Il en faut une quelconque.
Soit alors:

6) $f_{P}: P \rightarrow P^{m}$ une application bijective quelconque (terme à terme).

Dans la mémoire, nous pouvons maintenant construire par définition les ensembles correspondant à ceux du niveau perceptif.

Définition D 4.1
$ek_{i}^{m} := \{ez^{m} | f_{P}^{-1}(ez^{m}) \in ek_{i}\}$

Définition D 4.2
$d^{m}_{l} := \{ ez^{m} | f_{P}^{-1}(ez^{m}) \in d_{l} \}$
la copie, dans la mémoire, du tableau perceptif d_l et
$D^{m} := \{ d^{m}_{l} \}$ l'ensemble de toutes les copies des tableaux perceptifs.

Définition D 4.3:
$f_D : D \longrightarrow D^m$
avec
$f_D(d) = d^m \Leftrightarrow \forall\, ez^m \{(ez^m \in d^m) \Leftrightarrow (f_P^{-1}(ez^m) \in d)\}$.
Il s'agit de la bijection entre les tableaux perceptifs et leurs copies, induite par la bijection f_P.

Définition D 4.4
$W^m := \{ek_i^m\}$, l'ensemble de tous les ek_i^m.

§ 5 Le prédicat 'G(...)' dans la mémoire

Axiome A G-Mém 5.1

$\forall\, i\ [G(ez^i) \Rightarrow G(f_P(ez^i))]$

Cet axiome dit que ce qui est donné au niveau perceptif possède une copie dans la mémoire qui est aussi donnée. Si on donne au prédicat G( ) le sens d'avoir lieu [ce qui est possible car G( ) implique Wir( ) (A G 3.1) et nous avons $\forall\, i\ (Wir(ez^i) \Leftrightarrow G(ez^i))$], par l'axiome A G-Mém 5.1, on suppose que la copie a toujours lieu. On peut envisager que tel ne soit pas forcément le cas. Mais il ne s'agirait plus alors d'un problème de construction de concepts, mais de la constatation du niveau atteint par un sujet dans cette construction. Un sujet pourrait avoir une mémoire qui n'arrive pas encore à satisfaire cet axiome. Il s'agit là toutefois de problèmes d'épistémologie génétique, qui ne sont pas l'objet de cette recherche. Ainsi nous supposons un tel automatisme, qui se traduit ici par l'introduction de l'implication. Si on ne veut pas d'un tel automatisme, il faut un axiome pour chaque copie, qui en fixe son caractère donné. L'axiome proposé résume tous ces multiples axiomes. De toute façon, tôt ou tard, si la mémoire ne s'efface pas, toutes les copies de tous les tableaux auront ce caractère donné. Dans la suite de la construction le prédicat qui importe le plus est G( ) et non Wir( ).

Deux remarques.

1) La définition de l'application de ce prédicat aux ensembles, au niveau de la mémoire, reste la même que pour le niveau perceptif. C'est-à-dire qu'un ensemble est *donné (gegeben)* seulement si tous ses éléments le sont (A G 3.2).

2) L'implication contraire, $G(f_P(ez^i)) \Rightarrow G(ez^i)$, n'est pas demandée dans le nouvel axiome AG-Mém5.1 Cela se comprend facilement. On veut pouvoir enregistrer dans la mémoire qu'un état ez^i a été *donné* et donc qu'il a eu lieu, même si tel n'est plus le cas maintenant. Pour cela on admet de garder dans la mémoire la copie ez^{im} en lui attribuant le prédicat G( ), en affirmant donc $G(ez^{im})$ mais non $G(ez^i)$. La difficulté tient au fait que l'expression 'a eu lieu' est évidemment temporelle. Mais, même s'il n'y a pas encore un *temps* qui permet de traduire cela, on peut admettre qu'un état ez^{im} soit donné sans que l'état correspondant ez^i (au niveau perceptif) ne le soit. Ce qui est plus difficile est de savoir comment un tel état ez^{im} peut être *donné*. Mais cela est un autre problème. Il devient compréhensible si l'on suppose deux sujets dont l'un dispose déjà du temps et l'autre non. Pour le premier des ez^i peuvent ainsi avoir eu lieu. Le sujet ne disposant pas du temps peut avoir alors des ez^{im} qui sont *donnés* sans que les états correspondants ez^i au niveau perceptif ne le soient. Lorsqu'un temps sera construit par ce sujet, le problème de fixer pour ces ez^{im} un temps se posera. Mais ce problème est soluble (par un axiome) en fixant qu'ils sont reliés à un temps *passé*, qui précède le temps *construit*. Et cette construction n'exige pas l'hypothèse d'un premier sujet disposant déjà du temps. Il n'y a donc pas de cercle vicieux.

Cette description n'est pas sans rappeler celle que David Hume faisait de la notion de *moi*. Pour lui nous ne sommes qu'un faisceau de perceptions. L'imagination étant amenée à introduire une identité entre perceptions seulement semblables, pour échapper à la contradiction, elle nous pousse vers l'illusion réaliste d'un moi, qui serait derrière les perceptions. Ici nous avons, dans la mémoire, des copies de tableaux qui sont simultanément *donnés* [à savoir G( ) et donc Wir( )], ce qui, sans le temps, est contradictoire, autant que l'était pour D. Hume l'affirmation d'identité pour des semblables, numériquement différents. On doit alors admettre un temps. Mais comment? S'il n'est pas connu a posteriori, il ne peut être qu'une construction de quelque chose qui est au-delà de ce qui existe à ce niveau. L'axiome empiriste et l'idéalisme qui s'ensuit interdisent une telle construction à D. Hume. Tel n'est plus le cas ici. Mais le fait que le temps soit par ailleurs constructible, ne nous oblige pas à le postuler comme une *forme a priori*. La notion de termes théoriques permet ainsi une nouvelle approche.

I–3 Construction du temps

I–3 A

Si l'on admet la description proposée du niveau perceptif et si l'on admet qu'un tableau perceptif *puisse se présenter à nouveau*, alors on ne peut pas dire que le temps est quelque chose de perçu. En effet, rien dans ces tableaux ne permet de construire un ordre autre qu'un ordre arbitraire réalisable sur tout ensemble fini comme l'ensemble D. De plus on en viendrait à une affirmation contradictoire du type $d_l < d_l$. Cela devient encore plus clair si l'on considère l'ensemble D^m dans la mémoire. Rien ne permet de distinguer deux réalisations (gegeben und verwirklicht sein / dans le sens d'être donné et réel) de la même copie d^m_l. La construction du temps exige donc le dépassement du niveau perceptif et de sa copie dans la mémoire. Cela est possible par l'introduction d'un premier *niveau théorique*. Le premier *niveau empirique* qui lui correspond est constitué par le niveau perceptif et par sa copie dans la mémoire. Saint Augustin avait déjà remarqué que le temps exige la mémoire[8].

Le paradigme philosophique qui guide cette recherche est celui de la donation de sens, comme il a été dit dans l'introduction. Il est alors commode d'appeler *Interpretatio* une telle activité qui introduit chaque fois deux *niveaux*, l'un *empirique* et l'autre *théorique*, en les reliant. Le but ultime, pas encore atteint mais que d'autres recherches se proposent de poursuivre, est celui de trouver les règles gouvernant cette activité de l'*Interpretatio*, qui est le cœur de l'activité constructrice proposée ici.

§ 6 Interpretatio

Toute *Interpretatio* relie deux *niveaux*, comme déjà remarqué. Il faudra donc au moins deux ensembles et une relation entre eux. Dans cette présentation très générale, et en conformité avec le paradigme sous-jacent, nous pouvons appeler V *(volume)* l'ensemble à interpréter et M_i *(messages)* ses éléments. Dans le même esprit, nous pouvons appeler S l'ensemble des sens I_i, qui lui sont reliés par l'*Interpretatio*.

8 Saint Augustin, *Confessions*, XI, XXVIII 1.

$V := \{M_i\}$ $i = 0; 1, ...$
$S := \{I_i\}$ $i = 0; 1; ...$

Les messages M_i constituent ce qu'il faut interpréter, ce sont les *interpretanda*. Les I_i sont les *sens* ou *interpretata*. En général l'ensemble V est constitué par le niveau atteint dans la construction et que l'on considère comme le nouveau *niveau empirique*. Il ne comporte donc pas des constantes, relations ou ensembles nouveaux. La nouveauté est de le considérer comme un ensemble d'*interpretanda*. Comme dit plus haut, un des buts principaux de ces recherches est d'identifier les critères qui permettent de choisir les *interpretanda*. En revanche les *interpretata* (ou sens) sont de termes nouveaux. Du point de vue syntaxique il suffit de les supposer. Mais du point de vue épistémologique (de la connaissance qu'un sujet peut en avoir) il ne suffit pas d'ajouter des nouvelles constantes. La première connaissance que l'on doit avoir consiste à pouvoir les identifier. A un niveau plus élevé de la construction, auquel le sujet disposerait d'un *niveau empirique* (sur lequel se trouvent les symboles / langue) lui permettant de prendre conscience de sa pensée, il doit se poser la question de l'identification de l'interprétation (réalité) sémantique des nouveaux symboles, à savoir les *interpretata*. Cette réalité ne peut pas faire partie de l'interprétation (sémantique) des niveaux déjà atteints (empiriques ou théoriques). Le sujet ne dispose donc pas d'autres moyens pour les identifier que la relation reliant les *interpretanda* et les *interpretata*. Au premier niveau, celui auquel nous sommes maintenant dans notre construction, il n'y a pas encore la distinction entre le sujet et une réalité extérieure. Le sujet lui-même ne dispose pas encore d'une langue et encore moins d'une conscience. Il est donc un peu trop tôt pour parler d'identification, en relation à un point de vue épistémologique ou sémantique. Mais il faut bien fonder, dès la première *Interpretatio*, la possibilité des identifications futures. Une relation particulière est donc nécessaire, reliant les *interpretanda* aux *interpretata*. Afin de permettre l'identification, il doit s'agir d'une bijection. (En physique, et particulièrement en statistique quantique, on parle de particules indiscernables. Ces notions ne sont possibles qu'à un niveau de construction plus élevé. Nous faisons donc le pari de commencer en supposant l'identification bijective. Cela semble raisonnable, à plus forte raison si l'on considère que le cas indiscernable est obtenu par restriction, à partir du cas discernable). Les constantes primitives, que nous avons supposées jusqu'ici, ne possèdent pas encore de propriétés particulières.

Elles ne se distinguent que par la différence. Tel sera également le cas pour les nouvelles constantes *(interpretata)*. Il s'ensuit que cette relation bijective peut être quelconque. Une *Interpretatio* comportera donc:

6) l'ensemble
$V: = \{M_i\} \quad i= 0; 1, ...$
qu'il s'agira de définir sur le *niveau empirique*;

7) un ensemble S, dont les éléments sont de nouveaux termes *primitifs*
$S := \{I_i\} \quad i= 0; 1; ...$
et
8) la bijection d'identification
$f_{id} : V \rightarrow S.$

La nature des nouveaux termes primitifs I_i sera à préciser dans chaque cas. Il peut s'agir d'ensembles.

Un autre problème, à part l'identification, est celui de l'attribution du prédicat 'G( )' aux termes théoriques, ainsi introduits. Cette attribution sera fixée par des axiomes. On verra pourtant qu'il s'agit d'un problème non réductible à celui du choix des *interpretanda*. Ce qui amène à penser que le prédicat 'G( )' ne coïncide pas avec celui de 'être pertinent pour une interpretatio'. En effet ce problème surgit pour toute la construction de l'espace, qui ne comporte pas immédiatement une interprétation. On le rencontre aussi dans la définition de la stabilité. L'expression qui semble lui correspondre le mieux est celle de 'ne pas être choisi arbitrairement par le sujet', ce qui a bien le sens de *lui être donné*.

I–3 B

§ 7 Description du problème

L'ensemble de sens à introduire au niveau théorique a été appelé, d'une façon générale S, et plus particulièrement $S: = \{ I_i\} \quad i = 0 ; 1 ; \ldots$
Il est raisonnable de choisir un nom particulier pour chaque construction. Ici s'offre naturellement le choix du nom $\mathcal{T}$. Chaque élément sera appelé un 'moment' ou 'temps' s'il n'y a pas un grand danger d'ambiguïté.

– *Ensemble et constantes primitifs:*

NP 7.4:
9) $\mathcal{T} = \{t_0; \ldots ; t_i;\ldots\}$ (temps)
$\mathcal{T}$ un ensemble dénombrable (voire même fini).

Cet ensemble pour le moment ne décrit que quelque chose de possible pour le sujet. Il n'est pas encore dans l'extension du prédicat G( ) ou du prédicat Wir( ).

– *Amorce de la construction*

Ici est présenté un aperçu des réflexions qui ont amené à la construction proposée immédiatement après.

Une relation d'ordre peut être construite sans autre sur un ensemble fini. Mais il s'agira de justifier cette relation en fonction de ce qui est *donné* au niveau perceptif. En d'autres mots, cette relation devra être construite en utilisant le prédicat 'G( )'. Il faut donc prendre les tableaux perceptifs d_l et leurs copies $d^m{}_l$ qui soient *données*, c'est-à-dire G(d_l) et G($d^m{}_l$). Mais lesquels? Nous rencontrons ainsi le problème de leur définition.

Il est peut-être utile de donner immédiatement l'esquisse de la construction à laquelle de nombreux (vraiment nombreux) essais ont abouti.

Il est évident que le présent est à relier à la copie du tableau qui est donné au niveau perceptif. i) La construction commence par l'interprétation de ce premier *interpretandum* (par l'affirmation qu'un premier temps est *donné*). ii) S'il y a un ensemble temporel qui est *donné*, il faut construire une relation d'ordre qui permette de distinguer son dernier temps (aussi *donné*). Cela permet d'enchaîner ce temps avec la copie de la nouvelle donnée sensorielle. On a ainsi un nouvel *interpretandum*, qui est unique à cause de l'utilisation du temps (qui ne se répète pas). Ainsi un nouveau temps *donné* peut être introduit et identifié. Une telle esquisse laisse apparaître les risques de circularité, que seule une construction détaillée peut permettre d'éviter.

Le premier pas, ou première situation, est déjà difficilement définissable. On pourrait dire ceci: on a le premier pas (situation) lorsque aucun temps n'est *donné*. Formellement cela donnerait
$\forall t(\neg \mathrm{G}(t))$.

Les difficultés surgissent immédiatement, car on doit aboutir à une affirmation du type

$\exists\, t'(G(t'))$.

Ce qui amène immédiatement à une contradiction entre les deux expressions. On peut essayer de lever la contradiction en reliant chacune d'elles à deux temps différents. Le cercle vicieux remplace alors la contradiction, car on ne dispose pas encore du temps. Si on se réfère au temps d'un observateur, qui en disposerait, cela n'éliminerait pas la contradiction du point de vue du sujet qui est en train de le construire.

Des difficultés semblables se présentent aussi à chaque pas ultérieur de la construction. En particulier, si on veut construire le nouveau *interpretandum*, il faut relier (enchaîner) le dernier temps *donné* à l'image (dans la mémoire) du nouveau tableau perceptif *donné* au niveau perceptif. Ce nouveau *interprétandum* permet d'introduire un nouveau temps *donné*. Mais l'ancien n'est alors plus le dernier. On peut à nouveau essayer d'éviter la contradiction en indexant les affirmations par le temps. Mais on tombe alors dans le cercle vicieux.

Pour sortir de cet étau, il faut trouver une description de la situation qui ne devient pas contradictoire par la construction du nouveau temps donné. *Il nous faut de nouveaux concepts.*

On dispose de l'ensemble $\mathcal{T}$. Il s'agira de fixer les conditions pour que certains de ses éléments soient *donnés* et non plus seulement *possibles*. Mais avant cela nous pouvons donner la structure formelle des liens reliant les temps *donnés*, à l'ensemble D^{mG}. En faisant cela nous définissons les possibles, parmi lesquels il faudra délimiter les éléments *donnés*. Cette description (dans le possible) est celle qu'aura le temps *donné*. Il suffit pour la réaliser de ne pas considérer l'attribution du prédicat G( ), qui sera fixée après. On voit ici l'utilité de l'introduction préalable du *possible*.

I–3 B 1 Le temps *possible*

§ 8 Structure formelle de la possibilité *du temps: premiers niveaux*

Premier *niveau empirique*.

$$V_0 = \{ M_0\}$$
$$M_0 = \{d_0^{m}\}$$

C'est dire qu'il y a un (premier) *interpretandum* qui ne contient qu'un tableau d_0^m.

Premier *interpretatum*

$S_0 = \{ I_0 \}$

$I_0 = \{ t_0 \}$

$t_0 = f_{id_0}(d_0^m)$

Ici d_0^m et t_0 sont quelconques. La bijection f_{id_i} est aussi quelconque, mais elle est unique à cause des ensembles qu'elle relie. Ce premier temps va être enchaîné à une autre copie de tableau dans la mémoire, que nous allons dénommer sans autre par d_1^m. L'application d'enchaînement sera appelée $En_0(\ )$. Elle va de S_0 dans D^m. Avant l'introduction du prédicat 'G( )', elle aussi quelconque, comme le choix de d_1^m.

Première application d'enchaînement

$En_0(t_0) = d_1^m$ avec $d_1^m \neq d_0^m$.

Cette dernière condition est importante. Elle dit que le temps ne peut avancer que s'il y a un changement. Mais elle résultera de la définition de la *Racine du futur*, comme on le verra plus bas.

Deuxième niveau empirique

$M_1 = \{ t_0; d_1^m \}$

$V_1 = V_0 \cup \{ M_1 \} = \{\{d_0^m\} ;\{ t_0; d_1^m \}\}$

Deuxième fonction d'identification f_{id_1}

Il s'agit d'une application injective quelconque de V_1 dans $\mathcal{T}$. Si on se restreint à son Image, à savoir à ses *interpretata*, elle devient évidemment bijective. Restreinte à V_0 elle coïncide avec f_{id_0}. Ce qu'on peut exprimer comme suit:

$f_{id_1}|_{V0} = f_{id_0}$.

Il suffit de compléter par

$f_{id_1}(M_1) = t_1$

où t_1 est quelconque.

Deuxième niveau *théorique*, deuxième ensemble d'*interpretata*.

$S_1 = S_0 \cup \{ t_1 \}$

Deuxième application d'enchaînement $En_1(\ )$

C'est une application (non injective) qui coïncide avec $En_0(\ )$ sur S_0.

$En_1(\ )|_{S0} = En_0(\ )$

$En_1(t_1) = d_2^m$ avec $d_2^m \neq d_1^m$, mais on peut avoir $d_2^m = d_0^m$.

Passons à un niveau quelconque.

§ 9 Niveau quelconque de construction

Pour décrire l'avancement d'un nouveau pas quelconque (le pas n+1) nous devons préciser quel est l'*interpretatum* t_n qui sert de nouvelle préimage pour la nouvelle relation d'enchaînement 'En'. Nous avons pris l'ensemble des nombres naturels comme ensemble d'indices. Mais cela est complètement arbitraire et l'on pourrait choisir les nombres dans n'importe quel ordre. Il nous faut donc une relation d'ordre, qui résulte bien de cette construction, même si elle n'est encore que *possible* ou *Wirklich*, c'est-à-dire même si elle n'est pas encore *donnée* mais qui puisse être *donnée*. Les axiomes AT 15.1.a, AT 15.2.a, AT 15 1.b et AT 15.2.b permettent cela (§ 14 et § 15).

§ 10 Relation d'ordre temporel

A) Proximité sur Si

Il s'agit d'un prédicat, $N_{Si}(\ldots ; \ldots)$, sur les couples d'*interpretata* (moments), donc sur $S_i \times S_i$. Le symbole 'N' a été choisi en pensant à l'adjectif allemand 'Nah' (proche).

Definition D 10.1
$\forall t ; t' \{ N_{Si}(t; t') \Leftrightarrow \exists En_i; f_{id_j} [(t = f_{id_j}(t' ; En_i(t')) \vee (t' = f_{id_j}(t ; En_i(t))] \}$

La relation d'identification f_{id_j} étant bijective, chaque moment t n'a au plus que deux proches. Si la référence à S_i est sans ambiguïté, on taira l'indice '$\ldots_{Si}$', en n'écrivant que 'N( )'.

B) Intervalles connexes dans Si

Cette notion peut être considérée comme un prédicat, dénommé par 'Zh(...)', ayant comme domaine l'ensemble $\mathcal{P}(S_i)$ des sous-ensembles de S_i. Le symbole a été choisi en partant de l'adjectif allemand '<u>z</u>usammen-<u>h</u>ängend'.

Soit A une variable sur $\mathcal{P}(S_i)$

Définition D 10.2
$\forall A\{Zh(A) \Leftrightarrow$
$\Leftrightarrow [\forall B [(B \subset A) \wedge (A \neq B)] \Rightarrow \exists\, t; t' [(t \in B) \wedge (t' \in (B \setminus B)) \wedge N_{Si}(t; t')]]\}$
où '$S_i \setminus A$' signifie le complément de A dans S_i.

Vocabulaire
$ZH := \{A | Zh(A)\}$
zh: une variable sur ZH

C) Le passé H( )t d'un moment t

La notion de 'passé' est introduite ici comme un prédicat sur les sous-ensembles de l'ensemble S_i relativement aux moments. Son domaine sera donc $\mathcal{P}(S_i) \times S_i$. Il s'agit donc d'un prédicat à deux places ou relation. Mais le deuxième argument sera utilisé comme un indice. Le symbole a été choisi en pensant au mot 'Histoire'. Bien qu'ici il ne s'agisse pas encore du temps *donné*, la notion (définition) est la même.

Définition D 10 .3
$\forall A; t \{ H(A)_t \Leftrightarrow$
$\Leftrightarrow [(t \notin A) \wedge Zh(A \cup \{t\}) \wedge \exists\, t_0 [(\{ f_{id_i}^{-1}(t_0)\} \cap \mathcal{T} = \emptyset) \wedge (t_0 \in A)]]\}$

La condition ($t \notin A$) est très importante. Sans elle, à savoir si l'on admettait ($t \in A$), le passé de t ne s'arrêterait pas juste avant lui mais pourrait continuer après lui. La condition ($\{ f_{id_i}^{-1}(t_0)\} \cap \mathcal{T} = \emptyset$) permet d'identifier le premier temps par sa pré-image, qui est la seule à ne pas contenir un temps ($M_0 = \{d_0^m\}$).

D) Ordre temporel sur S_i

Définition D 10.4
$\forall t; t' \{(t <_t t') \Leftrightarrow \forall A ; A' [(H(A)_t \wedge H(A')_{t'}) \Rightarrow (A \subset A')]\}$

E) Dernier moment (interpretatum) de Si

Il s'agit d'un prédicat que l'on peut nommer $Es(\ )_i$, en pensant à l'adjectif grec *escatos* (dernier). C'est la notion d'élément maximal dans une relation d'ordre, mais la notion de maximalité ne correspond que lointainement à la notion que l'on veut exprimer.

Définition D10.5
$\forall t\,;\, S_i\{\ Es(t)_i \Leftrightarrow \forall t'[(t' \in S_i\ ) \Rightarrow (t' < t)]\}$

F) Précurseur immédiat

Le sens de ce prédicat '<.' est immédiat. Son domaine est constitué par $\mathcal{T}\times\mathcal{T}$.

Définition D 10.6
$\forall t\,;\, t'\ \{(t <. t') \Leftrightarrow [(t <_t t') \wedge N(t\,;\, t')]\}$

Cette définition vaut pour n'importe quelle relation d'ordre temporelle, mais elle est intéressante surtout s'il s'agit du temps et de la relation d'ordre temporelle *donnés*.

Nous pouvons maintenant décrire un enchaînement quelconque.

On suppose $V_n\,;\, S_n$;

$f_{id_n} : V_n \longrightarrow S_n$;

$En_{n-1} : S_{n-1} \longrightarrow D^m$;

t_{n-1} tel que que l'on ait $Es(t_{n-1})_{n-1}$ et t_n tel que l'on ait $Es(t_n)_n$, c'est-à-dire $t_{n-1} <. t_n$.

Condition pour $En_n(\ )$
Il s'agit d'une application quelconque, satisfaisant les deux conditions suivantes:

$$En_n|_{S_{n-1}} = En_{n-1}$$
$$En_{n-1}(t_{n-1}) \neq En_n(t_n)$$

L'image par $En_n(t_n)$ est ici quelconque. Tel ne sera plus le cas dans la construction du temps donné.

Condition pour V_{n+1}

$$V_{n+1} = V_n \cup \{\{t_n;\ En_n(t_n)\}\}$$

Condition pour $f_{id_{n+1}}$ (bijection)

Il s'agit d'une bijection quelconque, pourvu que la condition suivante soit satisfaite:

$$f_{id_{n+1}}|_{Sn} = f_{id_n}$$

On a alors que

$$f_{id_{n+1}}(En_n(t_n))\ d := t_{n+1}$$

t_{n+1} étant aussi quelconque.

Le processus pourrait continuer indéfiniment, mais les définitions ne l'exigent pas. Cela est heureux, sinon le temps devrait se dérouler dans sa totalité, dès le commencement de sa construction!

G) Schémas des structures possibles du temps

d_0	d_1	d_2	…	d_n	d_{n+1}
$f_D \downarrow$	…	…	…	…	…
$d^m{}_0$	$d^m{}_1$	$d^m{}_2$	…	$d^m{}_n$	$d^m{}_{n+1}$

Enchaînements

$En_0(t_0) = d^m{}_1$ … $En_n(t_n) = d^m{}_{n+1}$

Interpretanda

$M_0 = \{d^m{}_0\}$	$M_1 = \{t_0;\ d^m{}_1\}$	…	M_n	$M_{n+1} = \{t_n;\ d^m{}_{n+1}\}$
$f_{id_0}\downarrow$	$f_{id_1}\downarrow$		$f_{id_n}\downarrow$	$f_{id_{n+1}}\downarrow$
t_0	t_1	…	t_n	t_{n+1}

Cette construction donne la structure du temps mais ne permet pas encore de dire s'il s'agit d'un temps *donné*. Elle décrit ce qui doit être possible pour le sujet (dans quels états il doit pouvoir être) pour qu'il puisse construire un temps réel, c'est-à-dire pour qu'il puisse justifier une telle structure, en utilisant le prédicat 'G( )'.

I–3 B 2 Le temps *donné*

La première exigence pour la construction du temps *donné* est celle de se restreindre à l'ensemble des copies *données*, des tableaux perceptifs, dans la mémoire.

§ 11 Le prédicat 'G( )' sur le premier niveau empirique: D^{mG}

Définition D 11 .1
$D^{mG} := \{d^m|G(d^m)\}$ l'ensemble des copies des tableaux perceptifs qui sont données dans la mémoire.

Cette définition n'utilise pas le temps *donné*. Mais il est évident que même si la définition n'en dépend pas, cet ensemble varie, s'agrandit dès qu'il y a une construction du temps *donné*.

Il semblerait alors adéquat d'indexer ces différents ensembles par le temps. Mais comment cela serait-il possible avant la construction même du temps *donné*? Dans les paragraphes qui précèdent, une description formelle du temps a été proposée. Mais il ne s'agit pas encore du temps *donné*. Cette description formelle présente ce qui doit être possible pour un sujet afin qu'il puisse construire le temps donné. C'est alors seulement qu'une indexation pourra être pertinente. Ainsi nous gardons une description a-temporelle, comme cela est demandé en logique (Platon s'en réjouirait certainement). Il faut donc prendre D^{mG} comme une variable, comme un ensemble quelconque de copies *données* (des tableaux perceptifs *donnés*).

Pour le moment on ne suppose pas encore de moments qui soient *donnés*. C'est dire que l'ensemble des moments *donnés* peut être considéré comme vide. Mais nous pouvons en donner tout de même la définition. Elle est utile pour définir le concept fondamental qui permet de formuler les axiomes, celui de *racine du futur*.

§ 12 Le prédicat 'G( )' appliqué au premier niveau théorique: T^G

Definition D 12 .1
$T^G := \{t|G(t)\}$

Les moments donnés seront dénotés par 't' *et non plus par 't'. Les éléments d'un tel ensemble ne seront connus que lorsque nous aurons fixé l'attribution du prédicat 'G( )' aux différents temps.* Des réflexions analogues à l'indexation des ensembles T^G sont possibles ici également comme pour les ensembles D^{mG}.

Dans la construction formelle du temps nous avons introduit les ensembles S_n. Ces ensembles, dans la mesure où ils sont *donnés*, seront *(re)dénommés* simplement par T_n ou simplement par T si l'indice n'est pas nécessaire. En d'autres mots, la lettre T dénote toujours un ensemble *donné*. On garde l'exposant dans le nom T^G car on indique par là un ensemble bien particulier, l'ensemble de tous les moments *donnés*.

Axiome AG-In 12.1

Nous le formulons pour le temps, mais il est conçu pour tout *terme théorique* ou *interpretatum.*
$\forall t \{G(t) \Rightarrow \exists\, x; f_{id_n} [G(f_{id_n}) \wedge (t = f_{id_n}(x))]\}$

D'après AG 3.2 il suit que nous avons G(x).

Toutes les notions construites sur $\mathcal{T}$ peuvent l'être sur T^G. La notion d'intervalles connexes maximaux n'est ajoutée qu'ici parce qu'elle n'est intéressante, dans notre but, que pour la construction du concept fondamental de *racine du futur*, lui-même défini seulement sur T^G. Nous la formulons pourtant dans sa généralité, sans référence au prédicat G( ).

– Intervalles connexes maximaux

Si le temps est conçu comme une réalité complètement indépendante de toute construction, à chaque moment t il n'y a qu'un intervalle maximal constitué par t et son passé. Dans une conception constructiviste, on peut admettre plusieurs intervalles maximaux simultanés, à savoir non connexes entre eux. Cela peut être interprété comme le résultat d'interruptions dans la construction même du temps. Il nous faut donc une définition générale du prédicat 'Z-Max( )' qui n'exclut pas cette possibilité. Son domaine est l'ensemble $\mathcal{P}(\mathcal{T})$ des sous-ensembles de $\mathcal{T}$.

Définition D12.2
$\forall A \{\text{Z-Max}(A) \Leftrightarrow [\, Zh(A) \wedge \forall A'[((Zh(A') \wedge (A \subset A')) \Rightarrow (A = A')]]\}$

A la place de Z-Max(A), nous écrirons souvent A^{ma}.

La construction du temps *donné* est telle que si la construction commence, l'ensemble T^G des moments *donnés* sera connexe et donc sera le seul ensemble connexe maximal *donné*. Mais on peut admettre que la construction s'interrompe avec perte de la connexion, c'est-à-dire interruption de la relation En( ) (*donnée*).

§ 13 Racine *du futur*

Il s'agit du prédicat qui permet de définir les situations, c'est-à-dire ce que l'on suppose avant chaque pas de la construction. Ce prédicat sera dénommé par 'Raf( )' et son domaine est l'ensemble $\mathcal{P}(T^G)$. Il joue ce rôle si important, car dès qu'il y a changement du tableau perceptif, sa définition ne change pas par l'adjonction d'un nouveau temps *donné*. En d'autres mots, il permet une formulation qui garde sa valeur de vérité même si *un* (et un seul!) nouveau temps *donné* est ajouté (dans la construction du temps).

Définition D13.1

$\forall$ A {Raf(A) si et seulement si

i) $(A \neq \varnothing) \wedge (A \subset T^G) \wedge$

ii) $\forall t\ [(t \in A) \Rightarrow \exists V_i ; f_{id_i}(G(V_i) \wedge G(f_{id_i}) \wedge (f_{id_i}^{-1}(t) \in V_i))] \wedge$

iii) $\forall t\ [\neg G[f_D^{-1}(f_{id_i}^{-1}(t) \cap D^m)] \vee \exists t'[(t <. t') \wedge \neg G[f_D^{-1}(f_{id_i}^{-1}(t') \cap D^m)]]] \wedge$

iv) $\forall A'[[G(A') \wedge Zh(A') \wedge (A \subseteq A')] \Rightarrow [(Z\text{-}Max(A')) \wedge (|A' \setminus A| \leq 1)]]\}$

La condition ii) exige que chaque temps t de l'ensemble A soit identifié par une relation d'identification *donnée* et en partant d'un *interpretandum* lui même *donné*. Elle reprend l'axiome AG-In 12.1, en l'adaptant à la construction du temps. On admet implicitement que $G(f_{id_i}) \Rightarrow G(f_{id_i}^{-1})$.

La condition iii) est la plus complexe. Elle requiert que dans la préimage de f_{id_i} il n'y ait pas la copie du tableau perceptif, donné dans la perception. Mais il se peut que le tableau perceptif *donné* (actuellement) dans la perception ait déjà été *donné* auparavant. Dans ce cas, un temps de l'ensemble A est relié au tableau perceptif, actuel dans la perception. Il faut alors que ce temps soit suivi par un temps proche qui, lui, appartienne à A sans être relié au tableau perceptif *donné*. On peut donc exprimer cela aussi comme suit:

iii) bis $\forall$ t $[(\mathrm{Es}(A)|_A) \Rightarrow \neg\, G(f_D^{-1}(f_{id_i}^{-1}(t) \cap D^m))]$
Ce qui est plus simple.

La condition iv) exige que l'on prenne l'ensemble A maximal qui satisfait la condition iii). L'exigence «$|A' \setminus A| \leq 1$» est plus problématique. Si l'on admet que la construction du temps *donné* est telle qu'elle ne s'interrompt jamais, alors les différents ensembles successifs T^G (des temps *donnés*) sont toujours connexes (et emboîtés), ce qui fait qu'il n'y a toujours au plus qu'une 'raf' (cf *infra*: Vocabulaire), et que le dernier temps de cette 'raf' est toujours le précurseur immédiat du temps présent (à définir). Si l'on admet que la construction peut avoir des interruptions, alors on peut avoir plusieurs intervalles connexes maximaux qui sont 'Raf'. Il faut alors avoir un critère qui permette de choisir la 'raf' dont le dernier temps sera *enchaîné* à la copie, dans la mémoire, du tableau perceptif *donné*. Ce critère fixé, on saura aussi quelles conditions doivent être remplies pour qu'il y ait une interruption dans la construction du temps *donné*.

Vocabulaire
RAF:= {A | Raf(A)} l'ensemble des *racines du futur* et
raf: une variable sur RAF.

§ 14 Relation d'ordre sur les intervalles connexes de T^G

Ici aussi, si on ne considère que le possible, on peut construire des relations d'ordre sur l'ensemble des intervalles connexes. Il s'agit de dire laquelle de ces relations est *donnée*. Dans le cas où l'on admet qu'il y ait plusieurs intervalles connexes maximaux, le caractère *donné* pour une des relations d'ordre sur cet ensemble, dérivera, au moins en partie, d'un ou de plusieurs axiomes. Ils seront intégrés dans les axiomes de la construction du temps *donné*.

Vocabulaire
ZHG l'ensemble des intervalles connexes dans T^G. Une relation d'ordre quelconque sur ZHG sera dénommée par '$<_{ZHG}$', qui est ainsi à comprendre comme une variable sur l'ensemble des relations d'ordre possibles sur ZHG.

On voit ici que nous ne pouvons pas admettre l'axiome suivant:
$\forall A\{\forall x[(x \in A) \Rightarrow G(x)] \Rightarrow G(A)\}$
sinon toute relation d'ordre arbitraire serait *donnée*. Il s'ensuit que la notion

de ‘être *donné’* ne coïncide pas complètement avec la notion de ‘être *réel*’. La notion de ‘être *donné*’ exige plus, car elle est relative à la notion de justification de la construction ou de ‘choix non arbitraire’.

§ 15 Les axiomes pour le temps donné

Nous pouvons maintenant proposer les deux axiomes de la construction du temps donné. Nous considérons ici le cas de la construction sans interruptions.

Axiome AT 15.1.a:

$\forall A\ ;d_o\{[G(d_o) \wedge [(A \subset T^G) \Rightarrow \neg\, Raf(A)]]\Rightarrow$
$\exists\ !f_{id_0}\ ;\ t_0\ ;\ <_t\ \{(f_{id_0}(d^m{}_o) = t_0) \wedge G(f_{id_0}) \wedge (T^G = \{t_0\} = T_0)\wedge G(<_t|_{T0})\}$
avec $d^m{}_o = f_D(d_o)$

Axiome AT 15.2.a:

$\forall A;\ t\ ;\ T^G\ \{[Raf(A) \wedge \exists <_t[G(<_t|_A)] \wedge Es(t)_{(A\ ;<t)}]] \Rightarrow$
i) $\{\exists\ En_i(\ )\ [(Dom_{Eni}= A) \wedge G(En_i(\ )) \wedge G((f_D{}^{-1}(\ En_i(t))))] \wedge$
ii) $\wedge\exists f_{id_j}\ ;t'[G(f_{id_j})\wedge(Im(f_{id_j})=A\cup\{f_{id_j}(t;\ En_i(t))\})\wedge(t'=f_{id_j}(t;En_i(t)))]\wedge$
iii) $\wedge\forall <_t'[(G(<_t'|_{A\cup\{t'\}}) \Leftrightarrow (<_t'|_A = <_t|_A)] \wedge$
iv) $\wedge (T^{G'}= T^G \cup\{t'\})\}\}$

Commentaire au lieu de théorèmes

Dans AT 15.2.a ii) l’affirmation $\exists\ t'(t' = f_{id_j}(t;\ En_i(t)))$ est une conséquence de $G(f_{id_j}) \wedge (Im(f_{id_j}) = A \cup \{f_{id_j}(t;\ En_i(t))\})$. On pourrait donc l’introduire comme une définition, $t' := f_{id_j}(t;\ En_i(t))$. Mais en introduisant ‘$\exists t'$...’ l’écriture de iii) et iv) est moins lourde.

Axiome AT 15.1.a.
D’après l’axiome AP 3.1, un seul d_o peut être *donné* ($G(d_o)$) dans la perception. Dans l’hypothèse, on demande qu’il n’y ait pas d’ensembles qui soient des *racines du futur* (Raf(A)). C’est la situation avant le premier pas. L’axiome G-Mem permet de dire qu’il y a alors un $d_o{}^m$ tel que $G(d_o{}^m)$. Il faut remarquer que T_0 n’est pas une *racine du futur*! Donc l’hypothèse n’est pas contredite par la conséquence. Ce qui est heureux! C’est pour cela que

la notion de *racine du futur* est si importante, et qu'elle a été lente à dégager. De même, si on plonge cette implication dans un temps plus *fin*, ce qui revient à dire que pour un observateur S_{ob} l'antécédent précède dans le temps le conséquent, alors T^G est dans un premier temps vide et égal à T_0 par la suite. Mais ni $\varnothing$ ni T_0 ne sont des *racines du futur*. Nous ne sommes pas obligés d'étaler cette conséquence dans le temps pour éviter la contradiction.

Il peut paraître inutile de fixer $G(<_t|_{ZHG})$ par axiome, à savoir qu'il existe une relation d'ordre sur les sous-ensembles connexes de T^G, ($T^G = T_0$). Mais il le faut, dès le moment que nous n'avons pas l'axiome $\forall X\{\forall x[(x \in X) \Rightarrow G(x)] \Rightarrow G(X)\}$. Il est vrai en revanche qu'il n'y a qu'une relation d'ordre possible sur un ensemble ne contenant qu'un élément.

Axiome AT 15.2.a
Nous avons $G(f_{id_j}) \Rightarrow (G(t;\, En_i(t)) \wedge G(t'))$ par l'axiome
AG 3.2: $\forall X\ \{G(X) \Rightarrow \forall x[(x \in X) \Rightarrow G(x)]\}$
Les points ii) et iii) doivent toujours être ajoutés du fait qu'il manque l'axiome $\forall X\{\forall x[(x \in X) \Rightarrow G(x)] \Rightarrow G(X)\}$.

§ 16 Les axiomes pour le cas général

On peut reformuler les deux axiomes pour le cas général, dans lequel on admet qu'il puisse y avoir plusieurs intervalles connexes (non connectés entre eux). Ce qui revient à admettre que T^G n'est pas connexe. On peut supposer que dans chaque intervalle connexe maximal il y a une relation d'ordre temporel qui est *donnée*. Cela résulte des deux axiomes de construction déjà énoncés. Dans chacun de ces intervalles il y a un temps qui est le dernier (Es(t)). S'il y a plusieurs intervalles maximaux, comment choisir parmi les temps qui sont escatoi (les derniers)? Il faut qu'il soit le dernier des *derniers*. En d'autres mots il faut une relation d'ordre sur les intervalles connexes. Cette relation aussi doit être *donnée*. Nous reprenons ici le § 14.

Appelons '$<_{ZH}$' une relation d'ordre quelconque sur l'ensemble des intervalles connexes. Sa restriction à l'ensemble RAF des *racines du futur* (les raf) sera dénotée par '$<_{RAF}$'.

Axiome AT 16.1:

$\forall A ; d_o ; <_{RAF}$
$\{\{[G(d_o) \wedge \{[(A \subset T^G) \Rightarrow \neg \mathrm{Raf}(A)] \vee [((\mathrm{Raf}(A) \wedge \mathrm{Max}_{<RAF}(A)) \Rightarrow$
$\Rightarrow \neg G(<_{RAF})]\} \Rightarrow \exists\, !f_{id_0} ; t_0 ; <_t ; <_{ZHG}$
i) $\{(f_{id_0}(d^m{}_o) = t_0) \wedge G(f_{id_0}) \wedge (T^G = \{t_0\} = T_0) \wedge$
ii) $\wedge\, G(<_t|_{T0}) \wedge$
iii) $\wedge\, G(<_{ZHG}) \wedge \mathrm{Max}_{<ZHG}(\{t_0\})\}\}$

Axiome AT 16.2 :

$\forall A; t ; <_{RAF} ; T^G ; <_{ZHG}$
$\{[G(<_{ZHG}) \wedge \mathrm{Raf}(A) \wedge (G(<_{RAF}) \Rightarrow$
$\Rightarrow \mathrm{Max}_{<RAF}(A)) \wedge \exists <_t [G(<_t|_A)] \wedge \mathrm{Es}(t)_{(A ;<t)}]] \Rightarrow$
i) $\{\exists\, \mathrm{En}_i(\ )\ [(\mathrm{Dom}_{Eni} = A) \wedge G(\mathrm{En}_i(\ )) \wedge G((f_D{}^{-1}(\mathrm{En}_i(t))))] \wedge$
ii) $\wedge\, \exists f_{id_j} ; t'[G(f_{id_j}) \wedge (\mathrm{Im}(f_{id_j}) = A \cup \{f_{id_j}(t; \mathrm{En}_i(t))\}) \wedge (t' = f_{id_j}(t; \mathrm{En}_i(t)))] \wedge$
iii) $\wedge \forall <_t'[(G(<_t'|_{A \cup \{t'\}}) \Leftrightarrow (<_t'|_A = <_t|_A)] \wedge$
iv) $\wedge\, (T^{G'} = T^G \cup \{t'\}) \wedge$
v) $\wedge\, \forall <_{ZHG}'[(G(<_{ZHG}') \Leftrightarrow (<_{ZHG}'|_{TG} = <_{ZHG})]\}\}$

Où $<_{ZHG}'$ est une variable sur les relations d'ordre sur les ensembles connexes maximaux de $T^{G'}$.

La remarque principale est toujours la même: si on plonge ces axiomes dans un temps plus fin, par exemple dans le temps d'un observateur pour qui l'antécédent a lieu avant le conséquent, lorsque le conséquent a lieu, la description de l'antécédant reste valable. Sans se référer à un observateur, on remarque que l'exigence élémentaire, qui demande que l'hypothèse n'implique pas quelque chose qui la contredise, est respectée. La difficulté résidait dans la découverte d'une description de l'hypothèse (ou situation) conforme à cette exigence. Il fallait aussi éviter le recours au point de vue de l'observateur.

Reste le problème de la possibilité de telles interruptions de la construction. Elles sont possibles, car les relations d'ordre doivent être *données*, et cela est fixé par des axiomes. Dans l'interprétation sémantique, à ces axiomes correspondent des activités du sujet (ou d'une machine!). Il suffit donc que le sujet n'accomplisse pas ces *actes* pour qu'il se trouve dans un tel état. Mais il faut bien l'intervention d'un sujet, mieux un manque chez lui pour en arriver là. Si on respecte les axiomes, dès que la construction commence, il n'y aura plus qu'un seul T^G connexe. Mais les axiomes AT 1.1 et AT 2.1 permettent de recommencer la construction dans n'importe quelle situation.

§ 17 Utilisation des axiomes

Les axiomes proposés peuvent être testés en réalisant effectivement une construction du temps donné.

$G(d_0)$	Hypothèse 1. Il y a toujours un et un seul tableau donné: AP 3.1 et DP 3.1
$G(d_0^m)$	A G-Mém 5.1
	Maintenant nous pouvons envisager différents cas pour l'ensemble D^{mG}.
$D^{mG} = \{ d_0^m \}$	Hypothèse 2.
	Cas A
$\exists! t\{G(t_0)\}$	Hypothèse 3. Par l'axiome AG-In 12.1, il doit exister une fonction f_{id_i} et une préimage x *données*, telles que $f_{id_i}(x) = t_0$. La seule possibilité est de fixer $V_0 = \{M_0\}$ et $x = M_0 = \{d_0^m\}$ avec $f_{id_i}(\{d_0^m\}) = t_0$.
$(f_{id_0}(d^m{}_o) = t_0) \wedge G(f_{id_0})$	
	D'après l'hypothèse 3.
$T^G = T_0 = \{t_0\}$	

$\forall T \{G(T) \Rightarrow \neg Raf(T)\}$	Définition D 13.1
	Cas B On peut ne pas émettre l'hypothèse $\exists ! t\{G(t_0)\}$. Mais dans ce cas il ne faut pas émettre l'hypothèse $\forall t(\neg G(t))$, car l'introduction du t_0 tel que $G(t_0)$ amènerait immédiatement à une contradiction. C'est la raison pour laquelle il a fallu introduire la notion de *racine du futur*. Nous pouvons donc émettre l'hypothèse:
$\forall T \{ \neg Raf(T)\}$	Hypothèse 4. On rappelle que $\forall T(G(T))$ L'hypotèse pour l'axiome AT 15.1.a est remplie. On peut remarquer que le cas A aboutit aussi exactement à cette situation.
$\exists ! f_{id_0} ; t_0 ; <_t$ $\{(f_{id_0}(d^m{}_0) = t_0) \wedge G(f_{id_0}) \wedge (T^G = \{t_0\}) \wedge$ $\wedge\, G(<_t\vert_{T0})\}$	A T 15.1.a
	On en conclut que les hypothèses 3 et 4 aboutissent au même résultat. Nous pouvons donc réduire les hypothèses à trois (1; 2 et 4). Le premier enchaînement peut avoir lieu. Pour cela il faut changer au moins une des hypothèses. Il faut alors affirmer $G(d_1)$. Mais par l'axiome AP 3.2 on a $\neg G(d_0)$ ce qui

	contredit l'hypothèse 1. Pour lever la contradiction, on pourrait penser à indexer les affirmations en prenant comme ensemble d'indices l'ensemble T^G. Cela est possible, mais • il nous faut fixer la relation qui relie chaque affirmation à un temps. Il ne s'agit plus d'une propriété que l'on puisse considérer comme connue 'immédiatement'; • même combinée avec un temps, l'affirmation $G(d_0)$ reste, et l'on ne peut éviter la contradiction si l'on affirme $\neg G(d_0)$ • surtout si l'affirmation qu'un *nouveau* temps est actuel dépend de l'affirmation qu'un nouveau tableau perceptif est donné. Nous risquons ou la contradiction ou le cercle vicieux. Ici une nouvelle notion apparaît, celle d'*actuel.*

§ 18 Le prédicat Actuel

En remontant à Aristote (et il est toujours agréable de *re*-comprendre ce philosophe), on peut affirmer que dans cette notion sont combinées celles de *réalité* et de *maintenant.* Seulement nous n'avons pas encore défini la dernière (*maintenant*) et l'autre (*réalité*) a acquis déjà deux sens, 'Wir( )' et 'G( )'. Nous en découvrons d'ailleurs un troisième ici. Pour le moment nous pouvons nous restreindre à la notion de *donné* (G( )). Il est *naturel* de considérer que nous savons intuitivement, au moins pour certaines réalités, si elles sont *actuelles maintenant.* On pourrait penser aux prétendues données immédiates de la conscience ou au contenu de nos perceptions.

Mais dans un théorie constructiviste, une telle *actualité* et la *simultanéité* qui s'ensuit ne peuvent plus être considérées comme présupposées. Même pour le temps, l'*actualité* ou *présence* est construite. On pourrait être tenté de définir un prédicat 'Act( )' pour le temps comme il suit.

Définition:
$\forall t \{Act(t) \Leftrightarrow [G(t) \wedge G(f_D^{-1}(f_{id_i}^{-1}(t) \cap D^m))]\}$
Mais cette définition permet qu'il y ait plusieurs temps présents, ce qui n'est pas souhaité! Nous pouvons penser qu'il s'agit alors d'un prédicat premier. Il n'en est rien, car on peut le définir, ce qui montre son aspect construit.

Définition D 18.1
$\forall t$
$\{Act(t) \Leftrightarrow \exists A;<_{ZHG};<_t[(A \subset T^G) \wedge G(<_{ZHG}) \wedge Max_{<ZHG}(A) \wedge G(<_t) \wedge Es(t)_{(A\,;<t)}]\}$

Pour D^{mG} on peut proposer la définition suivante:

Définition D 18.2
$\forall d^m \{Act(d^m) \Leftrightarrow \exists\, t\, [Act(t) \wedge (d^m \in f_{id_i}{-1}(\, t))]\}$

L'*actualité* étant une construction, il n'est plus paradoxal d'admettre qu'elle ne coïncide pas pour des observateurs qui ne disposent pas exactement des mêmes *interpretanda*.

Cette définition permet d'indexer d^m par le temps t en l'établissant à chaque pas nouveau, mais cette indexation n'est pas forcément injective, chaque d^m pouvant être relié à plusieurs t.

Définition D 18.3
$\forall d \{Act(d) \Leftrightarrow \exists\, t\, [Act(t) \wedge (d \in f_D^{-1}(f_{id_i}^{-1}(t) \cap D^m))]\}$

Il s'ensuit que $\forall d \{Act(d) \Leftrightarrow G(d)\}$ et que $\exists\,!\, d\, (Act(d))$

§ 19 Actualité et conscience

On peut se demander si ce dont nous avons conscience n'est pas par cela même relié dans une *simultanéité* et une *actualité*. Dans ce cas l'*actualité* et la *simultanéité* seraient des données immédiates. Il est un peu trop tôt pour répondre à cette question, si chargée de tradition philosophique. Seulement quelques remarques indicatives seront osées ici. La notion de conscience résulte d'une construction. De ce fait elle dérivera d'une façon constructive de ce qui la précède. Mais vraisemblablement les limites de ce dont on est conscient ne seront pas fixées par la construction elle-même. C'est dire qu'il faudra des nouvelles 'données', pour les fixer. On peut présumer que cela soit relié au fait que la conscience résulte d'une activité, celle de la communication et que celle-ci doit avoir lieu, pour que le contenu de conscience puisse être affirmé comme son *interpretatum*. Cela n'explique pourtant pas ces limites. Rien ne dit qu'elles soient les mêmes pour tout le monde et la construction ne laisse pas encore prévoir qu'un prédicat soit définissable, capable de délimiter le champ de la conscience. Tout semble construit au même titre. Il faudra donc des nouvelles données, liées à la personne. Ce que l'on peut espérer définir, c'est la structure que toute conscience implique. Le problème de la simultanéité n'est pas encore celui des limites de la conscience. Au niveau actuel on ne voit pas encore pourquoi la simultanéité (actualité) ne résulterait pas de la construction, comme cela a été esquissé ici. Ce que l'on peut appeler une intuition n'étant souvent qu'un processus raccourci ou, mieux encore, anticipé. Mais c'est là musique d'avenir. Quoi qu'il en soit, la construction proposée ici ne peut pas être considérée (en tout cas pas complètement) comme consciente. On trouve ainsi un argument en faveur de la méfiance dont témoignait J. Piaget à l'encontre de l'introspection, même au sujet du temps.

§ 20 Changement

La définition D 18.2 permet d'indexer les copies d^m_1 des tableaux perceptifs par le temps. En faisant cela nous indexons aussi les tableaux perceptifs d. Mais nous avons ∃! d (G(d)). La construction ne peut donc pas continuer avec les mêmes hypothèses, en particulier l'hypothèse 1) '$G(d_0)$' doit être abandonnée. Le nouveau pas ne peut alors résulter ni d'une déduction ni d'une construction interprétative. C'est un nouveau départ. Cela est heureux, en ce qui concerne l'avenir. Si le sujet garde toutes les hypothèses qui n'aboutissent pas à une contradiction, il disposera d'un *passé* en deçà de ce qui est actuel. Une fois que la notion de stabilité sera construite, la prévision sera possible mais toujours reliée à une probabilité et par généralisation inductive. Ces affirmations restent en accord avec l'analyse de

D. Hume, reprise par C. Popper, ce qui est rassurant. Mais il est intéressant de noter que des notions typiques de la théorie aristotélicienne de la substance, comme celles de *possible (potentialité)*, *actualité* et *changement* peuvent être introduites sans les notions de *matière*, *forme* ou/et *substance*. Elles sont inscrites dans la construction du temps, mais elles ne le présupposent pas. Est-ce que cela touche aussi aux questions que Platon se pose dans le *Thééthète*, en critiquant les héraclitéens? Je crois qu'une réponse acceptable exige un plus grand développement.

§ 21 Suite de la construction

$\exists\, !f_{id_0}\,;\, t_0\,;\, <_t$ $\{(f_{id_0}(d^m{}_0) = t_0) \wedge G(f_{id_0}) \wedge$ $\wedge\, (T^G = \{t_0\}) \wedge \wedge\, G(<_t\|_{T0})\}$ et $G(d_1)$ avec $d_0 \neq d_1$et $Es(t_0)$ $Raf(\{t_0\})$	 Hypothèse 5 Définition D 13.1 L'hypothèse de l'axiome AT 15.2.a est remplie, c'est-à-dire. Il faut remarquer que l'hypothèse 4 $\forall T\ \{\ \neg Raf(T)\}$ est fausse maintenant. Ce que l'on affirme des raf ne reste pas vrai tout le temps! mais reste vrai si on ajoute un et un seul temps. C'est dire que l'affirmation n'admet qu'un seul temps qui soit donné et qui ne soit pas dans la raf. Si maintenant le tableau perceptif change, et cela ne peut pas être déduit, l'attribution du prédicat Raf( ) change. Cela est déductible à partir du changement du tableau perceptif. Mais l'ensemble qui était un raf devient sous-ensemble du nouveau raf, par adjonction d'un seul élément. L'ancien ensemble n'est plus un raf car il y a une exigence de

	maximalité (D 13.1 iv) qui n'est plus satsfaite. Mais la nouvelle attribution de ce prédicat, qui permet de définir l'antécédant dans les axiomes, ne change pas si le conséquent est vrai. Du point de vue du sujet il n'y a pas d'ailleurs de temps qui se glisse entre l'antécédant et le conséquent. Mais tel est encore le cas, si en plongeant le tout dans le temps plus fin d'un observateur, on arrive à intercaler un intervalle temporel entre les deux. Il faudra alors reformuler l'implication en disant qu'elle comporte un décalage dans le temps. Mais jusqu'à la réalisation du conséquent comprise, la description de la raf reste vraie. Et seul un nouveau changement dans les tableaux perceptifs peut changer sa valeur de vérité.
$\forall A; t\,; T^G$ $\{[\mathrm{Raf}(A) \wedge \exists <_t [G(<_t\vert_A)] \wedge \mathrm{Es}(t)_{(A\,;<t)}]]$ avec $A = \{t_0\}$	Il s'ensuit alors
$\exists \mathrm{En}_i()$ $[(\mathrm{Dom}_{\mathrm{Eni}}{=}A) \wedge G(\mathrm{En}_i()) \wedge$ $\wedge G((f_D{}^{-1}(\mathrm{En}_i(t))))] \wedge$ $\exists f_{id_j}\,; t'$ $[G(f_{id_j}) \wedge (t' \wedge \mathrm{Im}(f_{id_j}) =$ $= A \cup \{f_{id_j}(t; \mathrm{En}_i(t))\}] \wedge$ $\forall <_t{}'$ $[(G(<_t{}'\vert_{A \cup \{t'\}}) \Leftrightarrow (<_t{}'\vert_A = <_t\vert_A)]$ $\wedge$ $T^{G'} = T^G \cup \{t'\}$	

	Si on admet un nouveau changement de tableau perceptif, on aura la même situation mais avec
Raf($\{t_0 ;t'\}$) et $\neg$Raf($\{t_0\}$) et Es(t')$_{(\{t0 ;t'\} ;<t')}$]]	
	La condition pour l'axiome AT 15.2.a est remplie et le processus peut continuer car il n'y a pas d'ambiguïté sur l'identification du temps qui doit servir de préimage pour le nouvel enchaînement. Tel ne serait plus le cas s'il y avait plusieurs raf. Dans ce cas il faut utiliser les axiomes 15…b

Dans le cas général, qui comporte la possibilité que T^G ne soit pas connexe, il faut disposer d'une relation d'ordre *donnée* sur les intervalles connexes maximaux (et sur les racines du futur) pour pouvoir identifier de quelle racine du futur il faut prendre le dernier temps pour effectuer l'enchaînement. Cela fait, on se trouve dans une situation correspondante à l'hypothèse soit de l'axiome AT 15.1a ou AT 15.2.a.

§ 22 Quelques pensées obscures et embrouillées, mais prémonitoires

Je me suis donné les ensembles ek et les états ez ainsi que l'ensemble P. D'autres ensembles seront donnés. Mais nous pouvons déjà au sujet de ces premiers ensembles nous poser la question: comment le sujet peut-il savoir que quelque chose, un ez, est élément d'un ek? Quelle question est posée ici?

Je ne pense pas qu'il faille admettre qu'avec cette question on demande si et comment le sujet a conscience de cette relation d'appartenance.
Je pense que la compréhension la plus faible de cette question est de se demander comment un sujet peut classer des ez dans des ek.
Il doit observer si par exemple deux ez satisfont les axiomes (A P 3.1).
Ensuite il faut que un ez ne soit relié qu'à un seul autre ez'.

Mais tout cela suppose un processus!

Or pour avoir un processus, il faut la construction que nous sommes en train de fournir.

Alors cela peut servir pour classer d'autres... Quels autres? Si on ne demande pas qu'ils soient du niveau perceptif, il peut y en avoir d'autres. Mais tel n'est pas le cas si on demande qu'il s'agisse du niveau perceptif. Mais alors on peut poser la question de comment savoir qu'ils sont du niveau perceptif?

A cette question aussi il faut répondre pour comprendre de quelle question il s'agit depuis le début. La question est la suivante:

Est-ce que le processus justifie le fait que nous ayons proposé de tels ensembles (P et le ek) pour décrire la perception? Donc il s'ensuivrait que la question est un retour critique pour vérifier la pertinence des candidats proposés. On ne considère donc pas d'autres éléments mais bien ceux proposés. C'est un retour sur eux. Mais encore faut-il dire qui effectue ce retour. L'observateur peut distinguer, par ailleurs, les différents ez, par l'écriture ou même dans leur réalisation dans un modèle. Mais cela ne signifie pas encore que l'enfant en soit capable. Mais alors en quoi consiste un retour critique du point de vue de l'enfant? Si les candidats ne satisfont pas les conditions, par exemple, i) il n'y a jamais de variation dans un ensemble ek alors cet ensemble n'existe pas pour le sujet. ii) si deux ensembles varient toujours en accord, à savoir du point de vue de l'observateur ses éléments sont équivalents, alors ces ensembles ne sont pas distinguables pour l'enfant, ils n'en font qu'un. Si on réalise un modèle qui possède de tels ensembles inexistants ou indistinguables pour l'enfant, pour rester cohérent avec la construction il faut alors construire un programme (donc des axiomes) qui impose cette non-existence ou cette indistinction. Cela n'a toujours pas lieu au niveau conscient.

Il ne serait pas inintéressant de faire cela, car cette indistinction ou inexistence pourrait être levée par la suite du processus...

Où est l'interrupteur pour la lumière?

Chantier II

Espace

§ 23 *La thèse: la structure spatiale est constructible à partir de la structure temporelle*

C'est la thèse défendue dans cette partie, même si la démonstration ne couvre que les premières étapes. On peut rendre plausible une telle thèse en remarquant que (souvent à tout le moins) la vérification d'une relation spatiale demande un processus qui, lui, exige évidemment le déroulement du temps. Par exemple l'affirmation que l'objet b se trouve *entre* l'objet a et l'objet c, peut être vérifiée en cachant (par la main) les trois objets et en vérifiant qu'il y a un mouvement de la main qui permet de voir d'abord a ensuite b et pour finir c. On utilise ainsi un ordre temporel pour vérifier un ordre spatial. Cela comporte au moins deux difficultés:

1) On peut parfaitement trouver d'autres mouvements de la main qui fournissent une autre ordonnance spatiale. En d'autres mots, la relation entre un ordre temporel et un ordre spatial n'est pas univoque.
2) Le fait que l'on puisse relier, d'une façon univoque ou non, un ordre temporel et un ordre spatial n'exclut pas encore qu'il y ait aussi un champ spatial, une structure spatiale, qui soit donnée (et non construite) d'une façon synchronique, et qui ne dépend pas d'un processus. C'est ce que l'on pourrait facilement affirmer en se référant à la vision instantanée (donc synchronique) d'un champ spatial.

La première remarque a comme conséquence que la construction peut comporter (et il y a peu de chances que tel ne soit pas le cas) des tâtonnements, avec corrections de la structure construite. Il sera fait abondamment usage de cette possibilité.

A la deuxième remarque on peut répondre que si la construction est possible, sans présupposer des structures spatiales irréductibles aux processus temporels, la thèse constructiviste, en présupposant moins, sera à préférer (rasoir d'Occam). Si tel est le cas, la prétendue synchronie résulterait d'une construction, et contiendrait l'affirmation de la vérifiabilité (de la structure spatiale) par un processus. Les résultats auxquels la recherche est déjà parvenue semblent corroborer cette thèse plus faible.

§ 24 *Considérations sémantiques*

La réalisation de la thèse n'exige pas de considérer un sujet réel qui effectue la construction. Mais il est pourtant utile d'insérer quelques réflexions sémantiques sur un tel sujet *constructeur,* à la fois pour savoir a) quelles sont les simplifications implicites dans la réalisation d'un tel projet, et b) pour voir quelle réalité peut effectivement lui correspondre. Cette deuxième remarque peut être renversée, car d'avoir un modèle sémantique en vue peut servir de guide dans la construction.

a) La plus grande des simplifications semble être celle qui consiste à ne pas (encore) distinguer des champs perceptifs autonomes, comme celui de la vue, du toucher etc. Mais deux remarques sont possibles à ce sujet. Premièrement on peut anticiper un critère de distinction de ces champs perceptifs. Le principe de D. Hume semble approprié: *distinct* implique *séparable.* (*Treatise*...I, I, VII) Traduit dans notre contexte, ce principe dirait: si l'on peut distinguer des ensembles disjoints tels que l'attribution du prédicat 'G( )' aux éléments de l'un d'eux n'est restreinte en rien par l'attribution du même prédicat 'G( )' aux éléments de tous les autres ensembles, on a délimité des champs perceptifs. On peut prétendre qu'il n'y a pas de restrictions dans l'attribution de ce prédicat à deux éléments si toutes les combinaisons sont présentes dans le processus considéré. Ceci revient à demander que le seul connecteur logique satisfait dans le processus soit le connecteur *trivial.* Si toutes les combinaisons ne sont pas rencontrées, on peut prétendre que d'autres connecteurs sont aussi satisfaits.

Connecteur trivial	G(x)	¬G(x)
G(y)	vrai	vrai
¬G(y)	vrai	vrai

En établissant un tel critère, il n'est fait aucun usage de propriétés primitives supplémentaires, supposées permettre la distinction entre les champs perceptifs distincts. En d'autres mots, on n'introduit pas les prédicats tels que 'visuel', 'sonore', 'tactile', etc. comme étant *primitifs*!!! Mais de telles affirmations exigeront une vérification bien plus approfondie que ces quelques phrases, et elle aura lieu dans la prochaine recherche. La construction de la structure spatiale est donc faite sans introduire au préalable de telles distinctions. Au contraire, il se peut que la constructibilité d'une telle structure puisse servir pour distinguer un champ perceptif (par exemple celui dit de la vision) des autres. On peut même se poser la question suivante: est-ce que le processus temporel, typique de la musique, est un domaine adéquat pour effectuer la construction spatiale qui va être

proposée ici, et qui serait alors *musicale/auditive*. Cela pourrait donner une piste pour un autre procédé de construction. D'autre part la construction proposée, même si elle est guidée par un modèle visuel, peut être effectuée aussi dans un modèle tactile.
b) Quelle peut être la réalité qui correspondra à la *spatialisation* proposée? Du point de vue physiologique, on peut se référer à la rétine des yeux (*voir d'un seul œil* pour commencer). Dans ce cas, la structuration décrirait l'activité du cerveau qui construit la structure bidimensionnelle des impulsions qui lui arrivent des yeux. La construction d'un espace tridimensionnel, contenant des objets résulterait d'une construction ultérieure. Si tel est le cas, on évite tout recours à un *homunculus* dans le cerveau (voire dans l'*âme*) qui connaîtrait d'une façon mystérieuse cette première structure spatiale, qui est censée permettre toutes les autres. Mais comme déjà remarqué, cela peut valoir aussi pour un champ perceptif tactile, ce qui est conforme au fait que des aveugles peuvent construire un espace avec le sens du toucher.

La construction n'ayant pas forcément comme modèle le champ visuel d'une personne adulte, elle n'exige pas non plus les distinctions dues aux couleurs. Ces distinctions sont également à construire, et elles ne sont qu'un cas de l'attribution à un sujet de la structure ensembliste, reliée à des prédicats.

§ 25 Esquisse de la construction

L'ordonnance temporelle *donnée* est présupposée pour la construction de la structure spatiale. Le premier pas consiste à choisir ce qui est pertinent pour débuter une telle construction. Jusqu'ici cette pertinence a été exprimée par le prédicat G( ) *(... est donné)*. Il n'y a pas encore de raisons pour changer cela. Les données qui semblent appropriées sont les changements dans l'attribution de ce même prédicat G( ) aux états (perceptifs) ez_i. Ils ne sont pas dus à un choix arbitraire du sujet. Ces changements se retrouvent par leurs copies dans la mémoire, dès le moment que nous disposons d'une indexation par le temps. Mais la conception 'quotidienne' semble exiger de l'espace qu'il soit *actuel*. Il ne faut donc pas le construire au niveau perceptif mais sur la mémoire. Le fait même de vouloir considérer cette structure spatiale comme *actuelle* malgré les *changements*, nous oblige à l'attribuer non aux états ez_i^m mais aux ensembles ek_i^m. Mais de ce fait, la structure spatiale peut également être transférée aux ensembles perceptifs ek_i.

Une propriété que l'on peut immédiatement construire et considérer comme pertinente est celle de proximité temporelle. Deux ensembles ek_i^m et ek_j^m sont proches temporellement s'ils subissent des changements qui se succèdent immédiatement dans le temps. On utilise ici la notion de *précurseur immédiat* (D 10.6). Ainsi on transfère cette relation des moments t aux ensembles ek_i^m. Cette relation permet d'*enchaîner* les ek_i^m. Il faut bien faire un choix, celui de partir de ces enchaînements. Mais ce qui est ainsi *enchainé* ne dépend plus du choix. Nous sommes donc dans l'extension du prédicat G( ). Nous avons ainsi une amorce de structure spatiale que l'on peut considérer comme *donnée*. Mais il est évident que si le processus se prolonge, tous les ek_i^m finiront par devenir proches temporellement. Cela constitue une première raison pour ne pas considérer immédiatement cette relation comme spatiale. En plus, comme cela a déjà été remarqué (§23. 1) et pour échapper aussi à cette situation de *proximité généralisée,* il faut pouvoir corriger la structure spatiale. Or la proximité temporelle ainsi construite ne laisse aucune marge pour une correction. Il faut donc construire une deuxième relation de proximité, spatiale cette fois-ci, à partir de cette proximité temporelle.

Les corrections exigeront d'abord de fixer des critères pour les introduire, ensuite leur introduction même permettra de découper le temps en intervalles, pendant lesquels la structure spatiale est évidemment stable (car il n'y a pas de corrections, comme dirait M. de Lapalisse), tout en pouvant s'étendre à de nouveaux ensembles ek_i^m.

Il faut remarquer que la construction est faite avec l'hypothèse qu'il n'y a pas de propriétés spatiales *primitives* qui puissent guider et corriger cette construction. On peut (et on doit) se laisser guider par un modèle déjà construit (par une personne adulte), même si on ne sait pas forcément comment cette construction a été faite. Cela a un sens, car ces constructions quotidiennes ou inconscientes présentent un caractère de *stabilité,* qui constitue un bon critère d'acceptation.

Il faut donc proposer des critères pour corriger l'attribution de la structure spatiale. Il est évident ici que les critères proposés ne peuvent prétendre à l'unicité. Il suffit, et on s'en contente volontiers, qu'ils permettent la construction, en montrant ainsi sa possibilité.

L'idée directrice est de considérer comme *spatialisés* les ek_i^m qui s'ordonnent de proche en proche dans une structure fermée. Cette structure sera d'abord appelée *enclos* (*Gehege* en allemand) temporel, avant de devenir un *enclos* spatial, ce qui sera alors appelé *enceinte* (*Umzäunung* en allemand). Mais toute structure fermée n'est pas forcément spatiale pour autant. Le critère de choix retenu exige que cet *enclos* comporte des dérivations latérales. L'idée intuitive qui guide un tel choix se fonde sur la remarque que sans de telles ramifications qui servent de repère, on peut prétendre que l'ordre temporel (la proximité temporelle) ne correspond pas à une structure spatiale, pouvant être obtenue par des sauts sans aucune restriction. Les ramifications servent alors de critère de restriction. Mais s'il n'y a qu'un ou deux éléments (points) de l'*enclos* desquels partent des ramifications, l'ambiguïté reste pourtant trop grande. Il faut donc qu'un *enclos* comporte au moins trois éléments avec embranchements pour qu'il soit accepté en vue d'une structuration spatiale. Cet argument, encore bien souple, n'a aucune force contraignante, seule compte la réussite de la construction, qui aboutit à l'espace quotidien. Si plusieurs constructions sont possibles, d'autres critères supplémentaires de choix devront être proposés.

– Premier critère de dissolution (correction) de la structure spatiale

Chaque fois qu'une structure spatiale, disons une *route* (voir D 41.1 et D 54.21. nous allons distinguer trois notions: *chemins, parcours* et *routes*) se ferme avec moins que trois ramifications, on annule, pour tous les éléments de ce chemin, la relation de *proximité* spatiale, dérivée de la *proximité* temporelle. Un tel événement sert aussi pour découper les intervalles de validité de l'attribution de la structure spatiale.

Un autre critère s'est vite imposé. Une fois que l'on a construit un *treillis connexe* d'*enceintes* (spatiales), il se peut qu'une *route* passe d'une *enceinte* à une autre sans croiser les points de la première *enceinte.* Il a été difficile de maîtriser une phrase aussi simple. Elle suppose les notions d'*intérieur* et d'*extérieur* d'une *enceinte.* J'avoue qu'il ne m'a pas été facile de trouver des axiomes qui permettent de contrôler ces notions. Au vu des théorèmes qu'ils permettent, les axiomes proposés semblent adéquats. La notion de *saut par dessus l'enceinte* (et cela dans une théorie discrète!) étant à disposition, un deuxième critère de correction a été possible.

– Deuxième critère de correction

Chaque *saut par dessus une enceinte* induit une perte de structure spatiale pour la route qui l'effectue. Une telle correction délimite, elle aussi, un intervalle de validité pour l'attribution de la structure spatiale. Ces quelques remarques directrices demandent évidemment une construction rigoureuse pour qu'elles acquièrent le statut de théorie.

– Limites de la construction déjà réalisée

La construction reste dans les limites imposées à toute l'œuvre: elle ne prétend pas décrire un sujet réel, qui construirait effectivement son espace exactement comme il va être proposé ici. Mais cela doit être possible. Des considérations d'épistémologie génétique (J. Piaget) pourront certainement exiger la construction d'autres concepts. Il devrait être possible d'établir des ponts. L'espoir est permis d'établir des connexions mêmes plus bas dans l'ordre de la construction et de s'ouvrir aux résultats de la neuroscience...

Ce qui est rassurant est qu'il semble que pour toute structure spatiale (en tout cas quotidienne) on puisse trouver un processus tel que, en lui appliquant les axiomes proposés, il permet de l'atteindre. Cela ne prouve pas qu'il s'agisse du seul type de construction possible. Cela n'est d'ailleurs même pas souhaité.

Une autre limite est celle atteinte dans la construction effective. Tout le chemin n'a pas encore été parcouru. La construction n'a été faite qu'en admettant l'hypothèse la plus forte, à savoir qu'il n'y ait qu'un ez_i^m à la fois qui change (à chaque moment). La généralisation ne semble pas comporter de difficultés insurmontables, mais elle doit être réalisée.

La théorie ne sera complète qu'une fois que la notion de métrique sera atteinte et que le lien avec les théories officielles (en particulier celle de Hilbert) sera fait. Mais comme il a été annoncé dans l'introduction, il semble raisonnable de présenter la théorie dans l'état actuel.

§ 26 Ensemble de départ

Comme il a été dit dans le paragraphe précédent, on construit la structure spatiale en partant de l'ensemble $W^m := \{ek_i^m\}$ (D 4.4). Par la bijection 4.6) $f_P^{-1} : P^m \rightarrow P$, nous pouvons transférer cette structure sur l'ensemble

$W := \{ek_i\}$ (§3 ; 1), au niveau perceptif. Raison pour laquelle l'exposant '...^{m}' peut être passé sous silence, en simplifiant l'écriture.

§ 27 Processus

De la notion de *processus* on pourrait également ne considérer d'abord que la *possibilité* et ensuite fixer des critères pour qu'un modèle *possible* soit considéré comme *réel* (par l'attribution du prédicat Wir( )) ou *donné* (par G( )). Mais la définition du *processus* étant la même, nous pouvons immédiatement nous référer à l'ensemble T^G, à savoir le temps *donné.* Nous supposons même que cet ensemble ne soit pas fragmenté mais *connexe.* Cela n'implique pas encore que le processus, qui va être défini, soit *donné* (AG 3.2). Il est certainement *réel* (AG 3.1). Mais nous ne voulons pas ici chercher les règles générales de l'attribution du prédicat G(..). Nous admettons provisoirement que tout processus, qui satisfait la définition proposée est *donné.* Passons à la construction du concept de *processus.*

– *Chronologies*

Par ce mot nous voulons indiquer une relation qui relie chaque moment d'un intervalle *connexe maximal donné* T^G aux éléments d'un ensemble ek_i. Il y aura autant de *chronologies* qu'il y a d'ensembles ek_i. En plus chacune de ces relations est relative à l'intervalle T^G. Ce symbole T^G est donc à prendre comme une variable sur les intervalles *connexes maximaux donnés.* En effet, à chaque nouveau moment t *donné,* il correspond un nouvel ensemble T^G. Par souci de simplification, cette dépendance ne sera pas indiquée par un indice ou un exposant. Mais elle reste implicite. Nous raisonnons donc sur un T^G quelconque. Relativement à un tel intervalle, parmi les relations d'identification ne sera considérée que celle dont l'Image coïncide avec T^G tout entier. Nous écrirons donc f_{id} sans indice.

Définition D 27.1
$\chi_i : T^G \longrightarrow ek_i$ telle que
$\chi_i(t) := (\Pi_i \circ f_{id}^{-1})(t)$
où 'Π_i' dénomme la restriction à (ou projection sur) ek_i, et 'o' dénomme la composition des deux relations. On pourrait aussi écrire $\chi_i(t) := \Pi_i(f_{id}^{-1}(t))$.

Définition D 27.2

$\chi := \{\ldots\chi_i\ldots\}$ l'ensemble de toutes les chronologies.

Un processus est ainsi déterminé par la donnée d'un ensemble W, d'un intervalle T^G et d'un ensemble χ de chronologies.

– *Processus*

Le symbole 'Ab' utilisé pour les dénommer vient du mot allemand 'Ablauf'. Il s'agit d'une variable sur l'ensemble des *processus* (en suivant l'évolution du temps).

Définition D 27.3

$Ab := < W ; T^G ; \chi >$

§ 28 Changements

La notion de *changement*, relative à un ek_i, sera introduite par le prédicat '$Ä_t(\ )$'. L'indice '$\ldots_t\ldots$' indique le deuxième moment du *changement*, auquel on peut affectivement affirmer qu'il a eu lieu. Le symbole 'Ä' vient du mot allemand 'Änderung' (changement).

Définition D 28.1

$\forall i ; t \{ Ä_t(ek_i) \Leftrightarrow \exists\, t'[(t' <.\ t) \wedge (\chi_i(t') \neq \chi_i(t)]\}$

Par commodité, l'expression '$Ä_t(ek_i)$' sera raccourcie dans l'expression '$ä_{it}$'.

Deux cas fondamentaux sont possibles:

I : il n'y a qu'un changement $ä_{it}$ à chaque moment t du processus

II : il peut y avoir plusieurs changements à chaque moment.

Il faut remarquer qu'il y a forcément un *changement* à chaque moment t, sinon la construction du temps n'avance pas.

Seul le premier cas sera traité dans ce travail.

II-1 Premier cas: un seul changement pour chaque moment t

La notion de *proximité* entre les moments $N_{Si}(\ldots;\ \ldots)$ a déjà été introduite (D 10.1). Le premier pas consiste à transférer cette relation sur l'ensemble W, pour passer ensuite à une relation de *proximité* spatiale, sur ce même ensemble. Cette première relation de *proximité* peut être dénommée par '$N^t(\ldots;\ldots)$'. L'exposant '$\ldots^t\ldots$' permet à la fois de rappeler que cette relation sur W est encore de nature temporelle et de la distinguer de la relation de *proximité* sur le temps. Si on voulait définir cette relation sur les ensembles W *possibles*, avec une légère modification graphique dans l'exposant, on pourrait la dénommer par '$N^{t}(\ldots;\ldots)$'. Mais comme dit plus haut, nous nous restreignons directement au domaine du prédicat G( ). Tous les ek_i n'obtiennent pas forcément cette propriété. Seuls en seront fournis ceux qui présenteront un *changement*. Probablement ceux qui n'en présentent pas, ne permettront jamais une distinction consciente. Mais nous laissons ce problème en suspens. Cette propriété n'est pas spatiale, mais ce sont certains de ces ek_i qui, dans une deuxième étape deviendront spatiaux. Nous pouvons donc anticiper et appeler les ek_i, qui présentent des *changements*, des *points temporels*. Cela simplifie aussi l'écriture.

II-1 A La structure temporelle des *points*

§ 29 L'ensemble des points temporels

Définition D 29.1

$E := \{ek_i \mid \exists\ t\ (\ddot{a}_{it})\}$

Rappelons que t est une expression raccourcie pour G(t), ce qui impli-que que $t \in T^G$ et donc aussi que $t \leq_t Max_{\leq t}(T^G)$. Le symbole 'E' est à comprendre comme une variable. A chaque élément de T^G correspond évidemment un E différent. Mais nous raisonnons sur un E quelconque (avec l'intervalle T^G correspondant), ce qui permet de taire l'indice temporel et l'exigence $t \leq_t Max_{\leq t}(T^G)$. Le symbole 'E' a été choisi tout simplement en pensant à 'espace'.

Vocabulaire. Les éléments de E seront dénommés par p_i (points!) et non plus par ek_i.

Définition D 29.2
$\forall i ; j \{ N^t(p_i;p_j) \Leftrightarrow \exists\, ä_{it} ; ä_{jt'}[(t <. t') \vee (t <. t')]\}$
Où '<.' signifie précurseur immédiat (D 10.6).

Définition D 29.3
$N^t_i := \{p_j \mid (i \neq j) \wedge N^t(p_i;p_j)\}$
L'ensemble des *proches temporels* de p_i. Il faut remarquer que cette définition exige que $p_i \notin N^t_i$.

§ 30 Chemins *temporels*

La notion de *'chemin'* sera introduite par le prédicat '$Pf^t(\ )$' sur l'ensemble P (E) des sous-ensembles de E.
Soient X et Y deux variables sur P (E).

Définition D 30.1
$\forall X\{ Pf^t(X) \Leftrightarrow$
1) $\forall Y\{[((Y \subset X) \wedge (Y \neq X) \wedge (Y \neq \emptyset))] \Rightarrow \exists\, p_i ; p_j [(p_i \in Y) \wedge (p_j \in (X \setminus Y)) \wedge$
$\wedge N^t(p_i ; p_j)]\} \wedge$
2) $\wedge \forall p_i \{(p_i \in X) \Rightarrow |N^t_i| \leq 2\}\}$

La condition 1) exige une *connexion* (cf. D 10.2), et la condition 2) exclut tout embranchement ou bifurcation. S'il y a un embranchement (ou bifurcation), le point d'embranchement lui-même est exclu du *chemin* par cette même condition 2).

Le symbole 'Pf' a été choisi en référence au mot allemand 'Pfad', qui signifie chemin.

On ne demande pas que $\forall p_i \{(p_i \in X) \Leftrightarrow \exists\, p_j [(p_j \in X) \wedge N^t(p_i ; p_j)]\}$ sinon il n'y aurait pas de *chemin*s avec un seul point. C'est la définition par laquelle commence la construction. Elle a donc une grande importance. Elle est en tout cas reprise dans le commentaire de la définition D 35.1, et cela dans la démonstration que les *points* d'un *chemin* sont *alignés*. La difficulté pour démontrer cela semble venir du fait que dans cette définition D 30.1 il n'est pas exigé que $N^t_i \subset X$, c'est-à-dire qu'il n'est pas exigé d'emblée que $\forall p_i$; $Pf^t\{(p_i \in Pf^t) \Rightarrow (N^t_i \subset Pf^t)\}$. Mais on ne peut l'exiger car cela exclurait toute notion de *sous-chemin*. Or si un ensemble X est un *chemin* au moment t et si un *point* p' est ajouté au moment t', de façon que le nouvel ensemble $X' = X \cup \{p'\}$ soit un *chemin*, l'ensemble X ne le serait plus. Ce que l'on veut éviter. Il semble donc nécessaire de ne pas exiger que $N^t_i \subset X$. Même si l'on exige d'avoir $(|N^t_i| \leq 2) \wedge (|N^t_i \cap X| \leq 2)$ on n'évite pas les difficultés, car il manque toujours $N^t_i \subset X$.

Définition D 30.2
$PF^t := \{X \mid Pf^t(X)\}$ l'ensemble des tous les *chemins*.

Vocabulaire: 'pf^t' ou 'pf^t_i' une variable sur PF^t.
Un *chemin* ne contient aucune bifurcation ou embranchement, mais il peut être *fermé*, dans ce cas nous voulons le dénommer *volute (elle se défait comme celle de la fumée)*.

§ 31 Volutes

La notion d'un *chemin fermé* sur lui-même sera exprimée par le prédicat 'Vol( )', ayant comme domaine l'ensemble PF^t (D 30.2).

Définition D 31.1
$\forall pf^t \{Vol(pf^t) \Leftrightarrow \forall p_i [(p_i \in pf^t) \Rightarrow (|N^t_i| = 2)]\}$
(cf D 29.3)

Définition D 32.2
$VOL := \{pf^t \mid Vol(pf^t)\}$

Vocabulaire: vol_i une variable sur l'ensemble VOL.

Il ne sera pas attribué une structure spatiale aux points d'une *volute*. Ainsi cette notion, en ne restant que temporelle, ne nécessite pas d'exposant '...^{t}...' pour la distinguer d'une notion spatiale correspondante. Une *volute* semble ne pouvoir apparaître qu'au début d'un *processus*. Sitôt fermée, le changement successif, s'il concerne un point qui ne lui appartient pas, lui rattache déjà une bifurcation et la *volute* n'existe plus. Mais cette nouvelle figure peut apparaître sans qu'il y ait d'abord une *volute*. Elle mérite ainsi un nom propre. Nous l'appellerons *lacet,* et le prédicat qui la caractérise sera dénommé par 'Sh( )' (D 43.1), en relation au mot allemand 'Schlaufe'. Mais d'autres concepts doivent être introduits d'abord.

§ 32 Chemins maximaux

Prédicat 'Ma( )', ayant comme domaine l'ensemble PF^t (D 30.2).

Définition D 32.1
$\forall pf^t \{Ma(pf^t) \Leftrightarrow \forall pf^{t}{}'[(pf^t \subset pf^{t}{}') \Rightarrow (pf^t = pf^{t}{}')]\}$

§ 33 Point d'attache d'un chemin

Considérons un point p_i ($p_i \in E_t$) et un *chemin* pf^t_j quelconque. Le point p_i sera un *point d'attache* pour pf^t_j ssi la définition suivante (D 33.1) est remplie.

Définition D 33.1
$\forall p_i \{ Ber^t_j(p_j) \Leftrightarrow [(N^t_i \cap pf^t_j \neq \emptyset) \wedge (|N^t_i| > 2)]\}$

Nous dénommons ce prédicat par '$Ber^t_{(...)}(...)$', en pensant au terme allemand 'Berührungspunkt'.

Il s'ensuit que si un chemin possède un *point d'attache*, il n'est pas vide (ce qui est rassurant!).. De $|N^t_i| > 2$ suit immédiatement que $p_i \notin pf^t_j$. Le théorème TSt 1 prouvera que $|N^t_i \cap pf^t_j| < 3$. En conclusion, pour un *point d'attache* p_i on a que $|N^t_i| > 3$ sinon il y a un *chemin* pf^t_k tel que $(N^t_i \cup \{p_i\}) \subset pf^t_k$ et p_i n'est pas un *point d'attache.* Si $N^t_i \cap pf^t_j = 2$, pf^t_j est un *lacet (Schlaufe).* Il est possible qu'un *chemin* ne contienne qu'un seul *point* et possède *deux points d'attache.* Si $pf^t \subset pf^{t'}$, pf^t possède au moins un *point d'attache* en moins que $pf^{t'}$.

Définition D 33.2
$BER^t_i := \{ p| Ber^t_i(p)\}$ l'ensemble des *points d'attache* du *chemin* pf^t_i.

Définition D 33.3:
$BER^t := \{ p| \exists pf^t_i (Ber^t_i(p))\}$ l'ensemble des *points* pour lesquels il existe un *chemin* dont ils sont un *point d'attache.*

§ 34 Point terminal d'un chemin

Prédicat $End_{( )}( )$: .... est *point terminal* du *chemin*...

Définition D 34.1
$\forall p_i; pf^t_j \{End^t_j(p_i) \Leftrightarrow [(p_i \in pf^t_j) \wedge (|N^t_i \cap pf^t_j| \leq 1]\}$

Il faut remarquer qu'un *point d'attache* n'appartient pas au *chemin*, tandis que c'est le cas pour le *point terminal*. Si un *chemin* ne contient qu'un *point*, ce dernier est son *point terminal*. Il faut remarquer aussi qu'il n'est pas demandé que p_i n'ait qu'un seul *proche*, mais qu'il n'ait qu'un seul *proche* dans pf^t_j . Il se peut qu'il existe un pf^t_k , contenant pf^t_j, (c.à d.$pf^t_j \subset pf^t_j$), de telle façon que p_i ait deux *proches* ($|N^t_i| = 2$)

Définition 34.2
$END_l := \{ p_i | End^t_{jl}(p_i)\}$ l'ensemble des *points terminaux* du *chemin* (temporel) pf^t_l.

Ces quelques définitions peuvent être combinées dans des théorèmes. Ils sont assez intuitifs, mais la géométrie quotidienne, plus ou moins euclidienne, peut guider cette intuition en dépassant ce qui peut être affirmé sur la base des définitions proposées. Il est alors plus sûr de procéder par des théorèmes prouvés explicitement en n'utilisant que les notions ensemblistes et le calcul des propositions, sans utiliser l'intuition géométrique, qui s'appuie sur le résultat que l'on veut obtenir.

Dans la définition D 30.1 il est demandé que chaque *point* d'un *chemin* ait au plus deux *voisins* temporels ($|N^t_i | \leq 2$). Il n'est pas demandé que ses *voisins* appartiennent au *chemin* (c'est à dire $N^t_i \subset pf^t_l$), car cela n'est pas vrai dès que le *chemin* possède un *point d'attache*. Un *point terminal* peut avoir un *point proche* hors de tout *chemin*. C'est le cas s'il est *proche* d'un *point d'attache*. Il faut alors démontrer que tous les *proches* (temporels) des *points* non *teminaux* d'un *chemin* appartiennent à ce *chemin*, et que l'on a pour ainsi dire un *collier de perles*. Si l'on fait un dessin, on utilise la structure spatiale du fond (le papier) et on voit immédiatement cela. Mais ici nous ne disposons pas de ce fond et toute structure spatiale de la vision doit être reconstruite.

Théorème TPf 34.1

$\forall\ p_i; p_j; p_k; pf^t_l\ \{[\ Ber^t_l(p_i) \wedge (p_j \in pf^t_l) \wedge N^t(p_i; p_j)] \Rightarrow$

$\Rightarrow [\ End^t_l(p_j) \wedge\ [\ (Ber^t_l(p_k) \wedge N^t(p_j; p_k) \wedge (p_j \neq p_k)) \Rightarrow\ (pf^t_l = \{\ p_j\})]]\}$

Preuve

1) $Ber^t_l(p_i)$	hypothèse
2) $p_i \notin pf^t_l$	D 33.1 + D 30.1 (2)
3) $\mid N^t_j \mid \leq 2$	D 30.1 (2)
4) $N^t(p_i; p_j) \Rightarrow (\mid N^t_j \cap pf^t_l \mid \leq 1)$	1-3
5) $End^t_l(p_j)$	D 34.1
Si l'on admet que	
6) $Ber^t_l(p_i) \wedge Ber^t_l(p_k) \wedge N^t(p_j; p_k) \wedge (p_j \neq p_k)$	hypothèse
Et	
7) $\mid N^t_j \cap pf^t_l \mid \neq \varnothing$	hypothèse
8) $\exists p_l\ [(p_l \in pf^t_l\ ) \wedge N^t(p_l\ ; p_j)]$	D 30.1 (1)
9) $N^t(p_j; p_k) \wedge N^t(p_i; p_j) \wedge N^t(p_l\ ; p_j)$	3) + 9) contrad.
10) $(\mid N^t_j \cap pf^t_l \mid = \varnothing) \wedge (pf^t_l \neq \{\ p_j\})$	hypothèse
11) $\mid N^t_j \cap pf^t_l \mid \neq \varnothing$	D30.1(1); contrad.
12) $pf^t_l = \{\ p_j\}$	

On peut alors affirmer que:

$\forall\ p_i; p_j\ ; p_k; pf^t_l$

$\{[End^t_l(p_i) \wedge (pf^t_l \neq \{\ p_j\}) \wedge (p_j \in pf^t_l)] \Rightarrow$

$\Rightarrow [(Ber^t_l(p_i) \wedge Ber^t_l(p_k) \wedge\ N^t(p_j; p_k) \wedge N^t(p_i; p_j)) \Rightarrow (p_i = p_k)\}$

à savoir qu'un *point terminal*, d'un *chemin* qui ne se réduit pas à ce *point*, est *proche* au plus d'un seul *point d'attache*. Cette affirmation n'est pas complètement intuitive car l'exigence D 30.1.(2) ne porte que sur les éléments d'un *chemin*. Or le *point d'attache* n'y appartient pas.

(Le symbole 'TPf 34.1' signifie 'Théorème relatif à la notion de chemin (Pfad en allemand) se trouvant au paragraphe 34 et premier (1) de la série'.)

Théorème TPf 34.2

$\forall\ p_i\ ; pf^t_l\ \{\ (End^t_l(p_i) \wedge (N^t_i \cap pf^t_l = \varnothing)) \Leftrightarrow (pf^t_l = \{p_i\})\}$

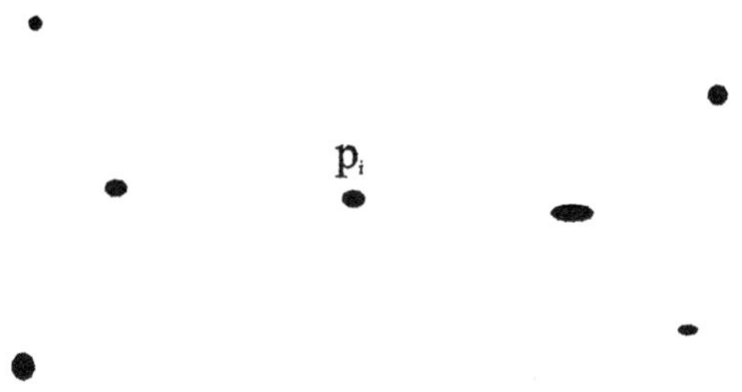

Preuve

'⇒'

1)	$pf^t_1 \setminus \{p_i\} \neq \varnothing$	hypothèse
2)	$\exists p \{(p \in (pf^t_1 \setminus \{p_i\}) \wedge N^t(p\,;p_i)\}$	D 30.1 (1)
3)	$N^t_i \cap pf^t_1 \neq \varnothing$	contrad.
'⇐'		
4)	$pf^t_1 = \{p_i\}$	hypothèse
5)	$N^t_i \cap pf^t_1 = \varnothing$	D 29.3
6)	$End^t_1(p_i)$	4+ 5+ D 34.1

Théorème TPf 34.3

$\forall p_i\,;pf^t_1\ \{(End^t_1(p_i) \wedge (pf^t_1 \neq \{p_i\})) \Rightarrow |N^t_i \cap pf^t_1| = 1\}$

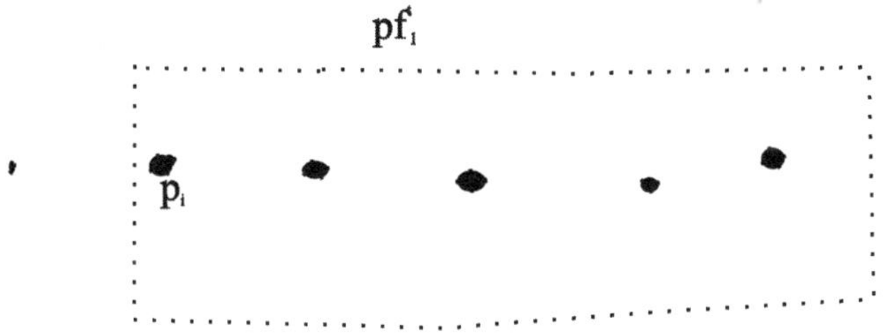

Preuve

1)	$N^t_i \cap pf^t_1 \neq \varnothing$	TPf 34.2
2)	$\lvert N^t_i \cap pf^t_1\rvert \leq 1$	D 34.1
3)	$\lvert N^t_i \cap pf^t_1\rvert = 1$	

Théorème TPf 34.4

$\forall p_i\,;pf^t_1\ \{(p_i \in pf^t_1) \Rightarrow (\neg End^t_1(p_i) \Leftrightarrow |N^t_i \cap pf^t_1| = 2)\}$

Preuve

1) $(p_i \in pf^t_l) \wedge \neg End^t_l(p_i)$ hypothèse
2) $|N^t_i \cap pf^t_l| > 1$ $\neg End^t_l(p_i)$
3) $N^t_i \leq 2$ D 30.1 (2)
4) $|N^t_i \cap pf^t_l| = 2$ 2+3
5) $(p_i \in pf^t_l) \wedge |N^t_i \cap pf^t_l| = 2$ hypothèse
6) $\neg End^t_l(p_i)$ TPf 34.3

Il faut remarquer qu'on a immédiatement $(|N^t_i \cap pf^t_l| = 2) \Rightarrow \neg End^t_l(p_i)$ mais de $|N^t_i \cap pf^t_l| = 2$ il ne suit pas que $p_i \in pf^t_l$. Le contre-xemple est le *lacet* (Schlaufe).

(Convention pour les dessins: les points correspondent aux sommets (ruptures) de la ligne, et cette dernière représente la relation proche.)

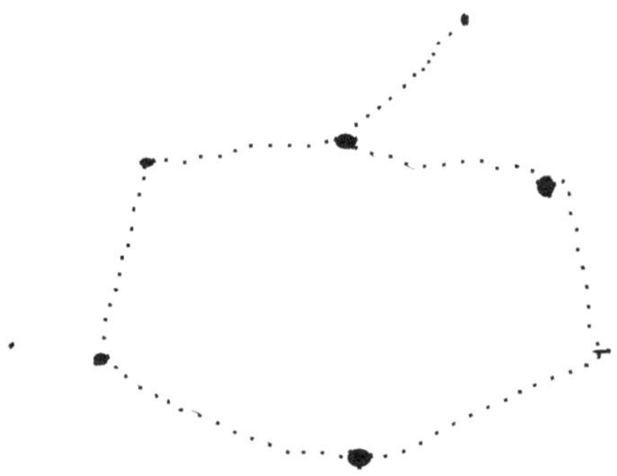

Il faut aussi remarquer que ce théorème vaut aussi dans le cas où le *chemin* est une *volute*. En effet dans une *volute* aucun *point* n'est *terminal* et chacun n'a que deux *proches*, qui appartiennent tous au *chemin*.

Théorème TPf 34.5

$\forall\, p_i ; pf^t_l \{(p_i \in pf^t_l) \wedge \neg End^t_l(p_i)) \Rightarrow (N^t_i \subset pf^t_l)\}$

Preuve

1) $|N^t_i| \leq 2$ D30.1 (2)
2) $|N^t_i \cap pf^t_l| = 2$ TPf 34.4
3) $\exists\, p_j [(p_j \notin pf^t_l) \wedge N^t(p_i ; p_j)]$ hypothèse
4) $|N^t_i| > 2$ contrad.
5) $N^t_i \subset pf^t_l$

§ 35 Ensemble de (sous-)chemins *emboîtés couvrant un* chemin

Pour la démonstration de plusieurs théorèmes il s'avère utile de pouvoir utiliser l'argument par récurrence. Cela implique que les sous-ensembles ou les *points* d'un *chemin* soient ordonnés. Ici aussi nous avons des ensembles finis, que nous pouvons ordonner. Mais tout ordre n'est pas *donné* (gegeben). Il est nécessaire qu'il soit construit à partir de notions, elles-mêmes *données*. A ce niveau il s'agit des notions construites à partir de la relation de *proximité* temporelle sur les *points*. Implicitement, il est exigé que tout le long de la construction il n'y ait pas d'interruption de la propriété d'être *donné*.

Pour avoir un guide, pour trouver les définitions utiles, il est commode de considérer un *collier* de *points*. C'est bien l'idée spatiale qui est derrière la notion de *chemin*. Sur un tel *collier* on peut considérer des sous-ensembles emboîtés, qui sont ainsi ordonnables. Cela permettrait aussi d'ordonner les *points*. Mais si cela est le but visé, il ne peut être atteint en s'appuyant sur les notions spatiales implicites dans un tel dessin. D'où les définitions suivantes et les théorèmes qui s'ensuivent.

Jusqu'à la fin de ce paragraphe, l'objet d'étude est encore un *chemin* quelconque pf^t_1 avec un ensemble (à définir) de *sous-chemins* pf^t_i. Le *chemin* pf^t_1 peut ne pas être *maximal*, même si spontanément on se refère à lui. Par abstraction, on peut considérer tout *sous-chemin* comme s'il était *maximal*. Les définitions qui précèdent, et en particulier celle de *point terminal,* le permettent.

(Nous retenons TPfc (Chemins (Pf) couvrant (c)) comme sigle pour les théorèmes de ce paragraphe.)

– L'ensemble des proches des points d'un chemin

Soit pf^t_i un *sous-chemin* quelconque de pf^t_1, et p_j une variable sur ce *sous-chemin.*

Définition D 35.1

$Z_i := \cup_j N^t_j \, ; \, p_j \in pf^t_i$ C'est la réunion des ensembles des *proches* de tous les *points* de pf^t_i.

Il y a au moins deux raisons pour distinguer Z_i de pf^t_i. Premièrement les *proches* des *points terminaux* de pf^t_i n'appartiennent pas forcément à ce *chemin.* Ensuite la définition D 30.1 n'exige pas que $N^t_j \subset pf^t_i$. Il n'est donc pas possible d'affirmer immédiatement que les points d'un *chemin* pf^t_i soient sur une ligne, comme notre intuition euclidienne (construite) nous le dit. Il faut donc faire disparaître cette incertitude et parvenir au fondement de cette intuition. Cela est fait par les théorèmes qui suivent, et surtout le théorème TPfc 35.3. Nous allons ainsi démontrer que si des *points* forment un ensemble *connexe* et si chacun d'eux n'a au plus que deux *proches*, ils sont *alignés*. C'est dire que les points d'un *chemin* sont *alignés*. La relation entre cette notion et celle de droite n'est pas analysée ici.

– Successeurs d'un sous-chemin

Définition D 35.2
$\forall\ pf^t_l;\ pf^t_i\ ;\ pf^t_j\ \{[Suc(pf^t_j;\ \ pf^t_i)] \Leftrightarrow [((pf^t_i \subset pf^t_l) \wedge (pf^t_j \subset pf^t_l) \wedge (pf^t_j = pf^t_i \cup (Z_i \cap pf^t_l))]\}$

Le sous-chemin pf^t_j est le successeur du sous-chemin pf^t_i.
Pour simplifier l'écriture, nous écrirons pf^t_i' à la place de pf^t_j ssi $Suc(pf^t_j; pf^t_i)$.

Théorème TPfc 35.1
$\forall\ pf^t_n\ ;\ pf^t_n{}'[\ pf^t_n \subset pf^t_n{}']$

Preuve. D'après la définition.

Théorème TPfc 35.2
$\forall\ pf^t_l\ ;\ pf^t_i\ ;\ \ pf^t_j\ [\ (Suc(pf^t_i\ ;\ pf^t_j) \wedge Suc(pf^t_j\ ;\ pf^t_i)) \Rightarrow (pf^t_i = pf^t_j)\ ]$

Preuve. D'après le théorème qui précède.

– L'ensemble des successeurs

Considérons dans un *chemin* pf^t_l un *point* p_0 quelconque et le *chemin* $pf^t_0 = \{p_0\}$. Nous allons définir l'ensemble des *successeurs* dans pf^t_l à partir de pf^t_0.

Définition D 35.3
$SUC_0^{\sim} := \{\ pf^t_j |\ (pf^t_j = pf^t_0{}') \wedge \forall\ pf^t_j\ [((\ pf^t_j \in SUC_0) \wedge (pf^t_j{}' \subseteq pf^t_l\ )) \Rightarrow$
$\Rightarrow (\ pf^t_j{}' \in SUC_0)]\}$

Définition D 35.4

$SUC_0 := SUC_0^{\sim} \cup \{\{p_0\}\}$

Les deux ensembles $SUC_0^{\sim}$ et SUC_0 devraient porter un indice '1' relatif au *chemin* pf^t_1, mais il sera constamment sous-entendu pour simplifier l'écriture.

– *Prédécesseur d'un chemin*

Définition D 35.5

$\forall\ pf^t_i\ ;\ pf^t_j\ \{Pré(pf^t_i\ ;\ pf^t_j) \Leftrightarrow Suc(pf^t_j\ ;\ pf^t_i)\}$

Ecriture: $(pf^{t-}_j \equiv pf^t_i) \Leftrightarrow Pré(pf^t_i\ ;\ pf^t_j)$

On considère un *point* quelconque p_0 et le *sous-chemin* lui correspondant $\{p_0\}$, ainsi que l'ensemble SUC_0 de ses *successeurs* pf^t_i.

Théorème TPfc 35.3

$\forall\ pf^t_1;\ p_0\ \{[\cup_{(i\ ;\ suc0)}\ pf^t_i] = pf^t_1\}$

Preuve

1)	$X := \cup_i\ pf^t_i\ ;\ pf^t_i \in SUC_0$	définition
2)	$Y := pf^t_1 \setminus X$	définition
3)	$Y \neq \emptyset$	hypotèse
4)	$(Y \subset pf^t_1) \wedge (X \subset pf^t_1)$	1+2
5)	$\exists\ p_y;\ p_x\ [(p_y \in Y) \wedge (p_x \in X) \wedge N^t(p_y\ ;p_x)]$	D 43.1 (1)
6)	$(p_y \notin X) \wedge (p_x \notin Y)$ 2	
7)	$\exists\ pf^t_i[(pf^t_i \in X) \wedge (p_x \in pf^t_i)]$	1
8)	$\neg\ End^t_i(p_x)$	hypothèse
9)	$N^t_{px} \subset pf^t_i$	TPf 34.5
10)	$p_y \in N^t_{px}$	5
11)	$p_y \in pf^t_i$	9+10
12)	$(p_y \in X) \wedge (p_y \notin X)$	6+11+7 contrad.
13)	$End^t_i(p_x)$	hypothèse
14)	$(p_y \notin pf^t_i) \wedge (p_y \in pf^t$	6+ 2
15)	$p_y \in (Z_i \cap pf^t_1)$	5+14
16)	$\exists\ pf^t_j[(Z_i \cap pf^t_1) \subset pf^t_j]$	2 + 15 +D35.2

17) $p_y \in pf^t_j$ 15+16

18) $(p_y \in X) \wedge (p \notin X)$ 17+1+6 contrad.

Donc $Y := pf^t_l \setminus X = \varnothing$ et $pf^t_l = \cup_i pf^t_i$

Considérons un *chemin* pf^t_l et l'ensemble SUC_0 comme dans T Pfc 35.3.

Théorème TPfc 35.4

$\forall\ pf^t_i; pf^t_j; p_k \{[(End^t_l(p_k)) \wedge (End^t_i(p_k))] \Rightarrow [(pf^t_i \subset p^t_j) \Rightarrow (End^t_j(p_k))]\}$

(Une fois que l'un des *chemins* pf^t_i atteint le *point terminal* du *chemin* pf^t_l, tous ceux qui le contiennent s'arrêtent aussi à ce point.

Le théorème a un sens car, même si p_k est le *point terminal* de pf^t_i, pf^t_j et pf^t_l, le *chemin* pf^t_j peut déborder le *chemin* pf^t_i par l'autre but. On peut donc avoir $pf^t_i \subset p^t_j$ sans identité entre les deux *chemins*.)

Preuve

1) $\neg\, End^t_j(p_k)$ hypothèse

2) $|N^t_k \cap pf^t_j| = 2$ T Pf 34.4

3) $pf^t_j \subset pf^t_l$ hypothèse de départ

4) $(N^t_k \cap pf^t_j) \subset pf^t_l$ 2+3

5) $|N^t_k \cap pf^t_l| = 2$ 2+4

6) $\neg\, End^t_l(p_k)$ contrad.

On a aussi le théorème

Théorème TPfc 35.5

$\forall p_k ; pf^t_i\ [End^t_l(p_k) \Rightarrow [(p_k \in pf^t_i) \Rightarrow End^t_i(p_k)]]$

Preuve

1) $End^t_l(p_k)$ hypothèse

2) $|N^t_k \cap pf^t_l| \leq 1$ D 34.1

3) $\neg\, End^t_i(p_k)$ hypothèse

4) $|N^t_k \cap pf^t_i| = 2$ TPf 34.4

5) $pf^t_i \subset pf^t_l$

6) $|N^t_k \cap pf^t_l| = 2$ 2, contrad.

Le théorème suivant donne un critère pour savoir si l'ensemble X (du théorème TPf 34.6) est complètement construit.
Considérons un *chemin* pf^{t}_{1} et l'ensemble SUC_0 comme dans T Pf 35.3.

Théorème TPfc 35.6
$\forall\, pf^{t}_{i}\ [\ (pf^{t}_{i} = pf^{t}_{i}{}') \Rightarrow (pf^{t}_{i} = pf^{t}_{1})]$

Preuve

1)	$pf^{t}_{i} = pf^{t}_{i}{}'$	hypothèse de départ (D35.2)
2)	$Z_{i}{}' = Z_{i}$	1 + D35.1
3)	$pf^{t}_{i}{}'' = pf^{t}_{i}{}' \cup (Z_{i}{}' \cap pf^{t}_{1}) = pf^{t}_{i} \cup (Z_{i} \cap pf^{t}_{1}) = pf^{t}_{i}{}' = pf^{t}_{n}$	D35.2+1+2
4)	$\exists pf^{t}_{k}[(pf^{t}_{i} \subset pf^{t}_{k}) \wedge (pf^{t}_{i} \neq pf^{t}_{k})]$	hypothèse
5)	$pf^{t}_{k}{}^{-} \neq pf^{t}_{i}$	1+3
6)	$pf^{t}_{i} \neq pf^{t}_{i}$	5 + finitude de SUC_0 contrad.

Il faut remarquer que dans la dernière ligne on n'a pas utilisé un ordre sur SUC_0 construit avec la notion de *proximité temporelle* sur les *points*, mais seulement la finitude de cet ensemble.

Dans le théorème T Pf 34.6, le choix de p_0 est arbitraire. On peut donc aussi le choisir tel qu'il soit un *point terminal:* $End^{t}_{1}(p_0)$. Mais tout *chemin* n'a pas forcément un *point terminal.* C'est le cas des *volutes*. En effet la notion de *point terminal* est en contradiction avec la notion de *volute*. Mais on peut se ramener à ce cas en faisant abstraction de la relation de *proximité* entre deux *points* quelconque de la *volute*. Ce qui revient à considérer le *chemin* que l'on obtiendrait si elle était cassée entre deux *points* quelconques. On se ramène ainsi au cas considéré, dans lequel il y a un *point terminal.* Cela est possible car un *chemin* n'est qu'un ensemble de *points*. En faisant abstraction d'une relation entre deux *points*, on ne change pas de *chemin*, mais on oublie juste une propriété. Il est vrai qu'ainsi un *chemin* qui n'a pas de *points terminaux*, est considéré comme s'il en avait deux.
Théorème TPfc 35.7
$\forall\, pf^{t}_{1}\{\exists p_0[End^{t}_{1}(p_0) \wedge (pf^{t}_{0} = \{p_0\})] \Rightarrow \forall\, pf^{t}_{i}\ [(pf^{t}_{i}{}' = pf^{t}_{n}) \vee \exists\, p'(pf^{t}_{i}{}' \setminus pf^{t}_{i} = \{p'\})]\}$
c'est-à-dire
$\forall\, pf^{t}_{1}\{\exists p_0[End^{t}_{1}(p_0) \wedge (pf^{t}_{0} = \{p_0\})] \Rightarrow \forall\, pf^{t}_{i}\ [|\, pf^{t}_{i}{}' \setminus pf^{t}_{i}\, | \leq 1\}$

Preuve

1)	$End^t_1(p_0)$	hypothèse de départ
2)	$pf^t_1 = pf^t_0 = \{p_0\}$	hypothèse I
3)	$Z_0 \cap pf^t_1 = Z_0 \cap \{p_0\} = \varnothing$	définition D 29.3
4)	$(Z_0 \cap pf^t_0) \setminus pf^t_0 = \varnothing$	
5)	$pf^t_1 = pf^t_0 \cup (Z_0 \cap pf^t_1) = pf^t_0 \cup (Z_0 \cap pf^t_0) = pf^t_0$	TPf 34.6(4)
6)	$\mid pf^t_1 \setminus pf^t_0 \mid = \mid pf^t_0 \setminus pf^t_0 \mid = \mid\varnothing\mid \leq 1$	
7)	$pf^t_1 \neq pf^t_0$	hypothèse II
8)	$\mid Z_0 \cap pf^t_1 \mid = 1$	TPf 34.3
9)	$\{p_1\} := Z_0 \cap pf^t_1$	définition
10)	$pf^t_1 := pf^t_0 \cup (Z_0 \cap pf^t_1) = \{p_0\} \cup \{p_1\}$	définition (TPf 34.6(4)
11)	$\mid pf^t_1 \setminus pf^t_0 \mid = \mid\{p_1\}\mid \leq 1$	
12)	$pf^t_i{}' := pf^t_i \cup (Z_i \cap pf^t_1)$	D 35.2
13)	$pf^t_i = pf^t_1$	hypothèse III a
14)	$pf^t_i \subset pf^t_i{}' \subset pf^t_1 = pf^t_i$	12
15)	$pf^t_i = pf^t_i{}'$	
16)	$pf^t_i{}' \setminus pf^t_i = \varnothing$ et $\mid pf^t_i{}' \setminus pf^t_i \mid \leq 1$	
17)	$pf^t_i \neq pf^t_1$	hypothèse IIIb
18)	$pf^t_i \subset pf^t_i{}'$	13
19)	$((p \in pf^t_i) \wedge (p \neq p_0) \wedge (\neg End_i(p)) \Rightarrow (N^t_p \subset pf^t_i)$	TPf 34.5
20)	$[(pf^t_i \neq pf^t_i{}') \wedge (pf^t_i \subset pf^t_i{}')] \Rightarrow \exists p'[(p' \in pf^t_i{}') \wedge (p' \notin pf^t_i)]$	
21)	$p' \in (Z_i \cap pf^t_1)$	20+ 12
22)	$\exists p^*[(p^* \in pf^t_i) \wedge N^t(p^*;p')]$	
23)	$End_i(p^*)$	19
24)	$[(\mid N^t_{p^*}\mid \leq 2) \wedge (\mid N^t_{p^*} \cap pf^t_i\mid = 1)] \Rightarrow [\mid pf^t_i{}' \setminus pf^t_i\mid \leq 1]$	

La relation d'ordre sur l'ensemble SUC_0 sera construite à l'aide de la relation d'inclusion. Les quelques théorèmes qui suivent sont utiles pour cette définition.

Théorème TPfc 35.8

$\forall\ pf^t_i ; pf^t_j \{(pf^t_i \subset pf^t_j) \Rightarrow (pf^t_i{}' \subset pf^t_j)\}$

Preuve

1) $\exists p'((pf^t_i{}' \setminus pf^t_i = \{ p' \}) \wedge \forall p_i((p_i \neq p_0) \wedge End^t_i(p_i)) \Leftrightarrow N^t(p_i ; p'))$ *TPfc 35.7(22-23)*
2) $(pf^t_i{}' \not\subset pf^t_j)$ hypothèse
3) $(pf^t_i{}' \not\subset pf^t_j) \wedge (pf^t_i \subset pf^t_j)) \Rightarrow (p' \notin pf^t_j)$
4) $pf^t_j{}^* := pf^t_j \setminus pf^t_i$ définition
5) $(pf^t_j{}^* \subset pf^t_j) \wedge (pf^t_i \subset pf^t_j)$
6) $\exists p_i{}^* ; p_j{}^* \{(p_i{}^* \in pf^t_i) \wedge (p_j{}^* \in pf^t_j{}^*) \wedge N^t(p_i{}^* ; p_j{}^*)\}$ D 30.1(1)
7) $((p_j{}^* \notin pf^t_j{}^*) \wedge N^t(p_i{}^* ; p_j{}^*)) \Rightarrow (End^t_i(p_i{}^*) \wedge (p_i{}^* = p_i))$ 4+6
8) $N^t(p_i ; p') \wedge N^t(p_i{}^* ; p_j{}^*) \wedge (N^t_i \cap pf^t_i \neq \varnothing)$ 1+6+7+ TPf 34
9) $| N^t_i | > 2$ contrad. D 30.1(2)

Théorème TPfc 35.9

$\forall pf^t_i ; pf^t_j \{(pf^t_i \subset pf^t_j) \Rightarrow (pf^t_i{}^- \subset pf^t_j)\}$

Preuve

1) $pf^t_i{}^- \subset pf^t_i$ TPfc 35.1
2) $pf^t_i{}^- \subset pf^t_j$

Théorème TPfc 35.10

$\forall pf^t_i ; pf^t_j$

$\{(pf^t_i \subset pf^t_j) \Rightarrow \forall pf^t_k \{[(pf^t_k \in SUC_i) \wedge (pf^t_j \not\subset pf^t_k)] \Rightarrow (pf^t_k \subset pf^t_j)\}$

Preuve

1) $\exists pf^t_k [(pf^t_k \in SUC_i) \wedge (pf^t_k \not\subset pf^t_j)]$ hypothèse
2) $pf^t_k{}^- \not\subset pf^t_j$ TPfc 35.9
3) $(pf^t_k{}^-)^- \not\subset pf^t_j$ TPfc 35.9
4) $pf^t_i \not\subset pf^t_j$ finitude de SUC_0 : contradiction

Théorème TPfc 35.11

$\forall pf^t_i ; pf^t_j \{(pf^t_i \subset pf^t_j) \vee (pf^t_j \subset pf^t_i)\}$

Preuve

Il suffit de prendre $pf^t_i = \{p_0\}$ et $pf^t_j = pf^t_1$ dans le théorème précédent.
En référence à la ligne (23) du théorème TPfc 35.7, on peut démontrer le

Théorème TPfc 35.12

Considérons un *chemin* pf^t_1 et l'ensemble SUC_0.

$\forall\ p_i'[(\{p_i'\} = (pf^{t\,'}_i \setminus pf^t_i)) \Rightarrow End^t_{i'}(p_i')]$

Preuve

1)	$\{p_i'\} = (pf^{t\,'}_i \setminus pf^t_i)$	hypothèse
2)	$p_i' \notin pf^t_i$	
	1	
3)	$pf^{t\,'}_i = pf^t_i \cup \{p_i'\}$	
	1	
4)	$\exists\ p_i\ [(\ p_i \in pf^t_i) \wedge N^t(p_i; p_i')]$	Connexion D 30.1
5)	$(\ p_i \in pf^t_i) \Rightarrow \mid N^t_i \mid \leq 2$	D 30.1
6)	$\mid N^t_i \cap pf^t_i \mid \leq 1$	2 + 4 + 5
7)	$(pf^t_i = \{p_i\}) \Rightarrow End^t_i(p_i)$	TPf 34.2
8)	$(pf^t_i \neq \{p_i\}) \Rightarrow End^t_i(p_i)$	TPf 34.4
9)	$End^t_i(p_i) \wedge N^t(p_i; p_i')$	4 + 7 + 8
10)	$N^t_{i'} \cap pf^{t\,'}_i = \{p_i\}$	TPfc 35.7(23)
11)	$End_{i'}(p_i')$	1+10+D.34.1

§ 36 Relation d'ordre sur SUC_0

Définition D 36.1

$\forall\ pf^t_i\ ;\ pf^t_j\ ;\ SUC_0\ \{[\ pf^t_i < pf^t_j\ ] \Leftrightarrow [(\{pf^t_i\ ;\ pf^t_j\} \subseteq SUC_0) \wedge (pf^t_i \subseteq pf^{t\,-}_j\ )]\}$

Théorème TPfc 36.1

Cette relation est un ordre total

Preuve

A

1) $(pf^t_i < pf^t_j) \wedge (pf^t_j < pf^t_k)$
2) $pf^t_i \subseteq pf^{t\,-}_j$
3) $pf^{t\,-}_j \subset pf^t_j$
4) $pf^t_j \subseteq pf^{t\,-}_k$
5) $pf^t_i \subseteq pf^{t\,-}_k$
6) $pf^t_i < pf^t_k$

B

$\forall\ pf^t_i ; pf^t_j [(pf^t_i < pf^t_j) \vee (pf^t_j < pf^t_i)]$

Preuve

7) $(pf^t_i \subset pf^t_j) \vee (pf^t_j \subset pf^t_i)$ TPf 35.11

8) $(pf^t_i \subseteq pf^{t-}_j) \vee (pf^t_j \subseteq pf^{t-}_i)$

9) $(pf^t_i < pf^t_j) \vee (pf^t_j < pf^t_i)$

C

10) $[(pf^t_i < pf^t_j) \vee (pf^t_j < pf^t_i)] \Rightarrow (pf^t_i = pf^t_j)$ TPfc 35.2

On peut ainsi numéroter les éléments de l'ensemble SUC_0, ce qui permet des arguments par récurrence.

Il est facile de prouver que l'ensemble SUC_0 est unique.

Théorème TPfc 36.2

$\forall\ pf^t_1; SUC_0; SUC_0^*$

$\{\exists p_0[End^t_1(p_0) \wedge (pf^t_0 = \{p_0\}) \wedge (pf^t_0{}^* = \{p_0\})] \Rightarrow [SUC_0 = SUC_0^*]\}$

Preuve

1) $End^t_1(p_0)$ hypothèse

2) $pf^t_0 = pf^t_0{}^* = \{p_0\}$ hypothèse

3) $|N^t_0 \cap pf^t_1| = 1$ 1 + D 34.1

4) $\{p_1\} := N^t_0 \cap pf^t_1$ définition

5) $pf^t_1 := pf^t_0 \cup (N^t_0 \cap pf^t_1) = pf^t_0 \cup \{p_1\}$ définition

6) $(pf^t_1 \in SUC_0) \wedge (pf^t_1 \in SUC_0^*)$

7) $\forall\ pf^t_n \{[(pf^t_n \neq pf^t_1) \wedge (pf^t_n \in X) \wedge (pf^t_n \in X')] \Rightarrow$
$\Rightarrow [(pf^t_{n+1} \in SUC_0) \wedge (pf^t_{n+1} \in SUC_0^*)]\}$ TPf 34.9

8) $(SUC_0 \subset SUC_0^*) \wedge (SUC_0^* \subset SUC_0)$ récurrence 2-6

9) $SUC_0 = SUC_0^*$

Nous avons alors l'équivalence: $pf^t_{n+1} \equiv pf^t_n{}'$

Théorème TPf 36.3

$\forall\ pf^t_1 \{[|\ pf^t_1| > 1] \Rightarrow [(|END_l| = 0) \vee (|END_l| = 2)]\}$ (cf. D 34.2)

(Un *chemin* qui n'est pas une *volute* et qui contient plus qu'un *point* possède exactement deux *points terminaux*).

Si le *chemin* est une *volute,* il ne peut pas avoir de *points terminaux* car cette notion est en contradiction avec celle de *volute* (comme déjà remarqué). Si le *chemin* ne contient qu'un *point*, ce *point* est aussi son unique *point terminal.* Il reste à considérer des *chemins* contenant plus qu'un *point*, et qui ne sont pas des *volutes*. On peut alors admettre qu'il y ait

i) un *point* p_0 tel que $End^t_l(p_0)$ et

ii) l'ensemble de *chemins* couvrants SUC_0, contenant le

iii) *chemin* pf^t_n tel que $pf^t_n = pf^t_l$ et

iv) *le point* p_n , tel que $\{p_n\} = pf^t_n \backslash pf^t_{n-1}$.

D'après le théorème TPf 35.12, on a $End^t_l(p_n)$. Il reste à démontrer qu'il n'y a pas d'autres *points terminaux* du *chemin* pf^t_l. A prouver que

$\forall p\{[(p \in pf^t_l) \wedge (p_0 \neq p \neq p_n)] \Rightarrow \neg\ End^t_l(p)\}$

Preuve par récurrence

Si le *chemin* ne contient que deux *points*, il est facile de prouver qu'ils sont en même temps des *points terminaux*, et le *chemin* n'en possède évidemment pas d'autres. On peut donc commencer la récurrence en admettant que l'ensemble SUC_0 contient les trois *chemins* suivants:

1) $pf^t_0 = \{p_0\}$; $pf^t_1 = \{p_0; p_1\}$; $pf^t_2 = \{p_0; p_1; p_2\}$ hypothèse
2) $|N^t_1 \cap pf^t_2| = 2$ 1) + TPf 34.4
3) $\neg\ End^t_2(p_1) \wedge End^t_2(p_0) \wedge End^t_2(p_2)$
4) pf^t_j tel que
   i) $pf^t_j \in X$
   ii) $\{p_j\} = pf^t_j \backslash pf^t_{j-1}$
   iii) $\forall p\{[(p \in pf^t_j) \wedge (p_0 \neq p \neq p_j)] \Rightarrow \neg\ End^t_j(p)\}$ hypothèse
5) $End^t_j(p_j)$ 4 ii + TPf 34.11
6) $|N^t_j \cap pf^t_j| = 1$

A

7) $pf^t_j = pf^t_l$ hypothèse

Dans ce cas le théorème est prouvé

B

8) $pf^t_j \neq pf^t_l$ hypothèse

9) $pf^t_j \subset pf^t_l$

10) $pf^t_l \setminus pf^t_j \neq \varnothing$

11) $\exists p'; p''[(p' \in pf^t_j) \wedge (p'' \in (pf^t_l \setminus pf^t_j)) \wedge N^t(p';p'')]$ D 30.1(1)

12) $(p' \in pf^t_j) \wedge (p' \neq p_j)$ hypothèse

13) $| N^t_{p'}| > 2$ TPf 34.4 + 11: contrd.

14) $p' = p_j$ hypothèse (12)

15) $((p'' \in N^t_j) \wedge (p'' \in (pf^t_l \setminus pf^t_j))) \Rightarrow (| N^t_j| = 2)$

16) $\{p''\} = pf^t_{j+1} \setminus pf^t_j = pf^t_{j+1}$ TPf34.9

17) $End^t_{j+1}(p'')$ TPF34.11

18) $\forall p\{[(p \in pf^t_{j+1}) \wedge (p_0 \neq p \neq p_{j+1})] \Rightarrow \neg End^t_j(p)\}$ 4(iii)+ 15

Toujours avec les mêmes hypothèses, on a le

Théorème TPf 36.4

$\forall pf^t_l; p ;X\{[(p \in pf^t_l) \wedge (p \neq p_0)] \Rightarrow \exists pf^t_j ; pf^t_j [\{p\} = (pf^t_i \setminus pf^t_j)]\}$

(Pour chaque ensemble ne contenant qu'un point il existe exactement deux chemins (dans l'ensemble X) dont il est la différence)

Preuve

1) $pf^t_0 \subset pf^t_1 \subset ... \subset pf^t_i \subset ... \subset pf^t_l$ SUC_0

Considérons un ordre sur l'ensemble X défini comme suit:

2) $\forall pf^t ; pf^{t'} \{(pf^t \leq pf^{t'}) \Leftrightarrow (pf^t \subseteq pf^{t'})\}$

3) $X^-_p := \{ pf^t_i \mid (p \notin pf^t_i\}$ définition

4) $X^+_p := \{ pf^t_i \mid (p \in pf^t_i\}$ définition

5) $\forall pf^t ; pf^{t'}\{[(pf^t \in X^-_p) \wedge (pf^{t'} \in X^+_p)] \Rightarrow \neg(pf^{t'} \subset pf^t)\}$ 3 + 4

6) $\neg(pf^{t'} \subset pf^t) \Rightarrow [(pf^t \subseteq pf^{t'}) \wedge (pf^t \leq pf^{t'})]$ 1 + 2

7) $pf^{t-} := \text{Supremum}(X^-_p)$ définition

8) $pf^{t-'} := pf^{t-} \cup (Z \cap pf^t_l)$ définition

9) $p \notin pf^{t-'}$ hypothèse

10) $(pf^{t-'} \in X^-_p) \wedge (pf^{t-} < pf^{t-'})$ 9 + 3 et 8 + 2, contrd avec 7

11) $\{p\} = (pf^t_i \setminus pf^t_j)$

§ 37 Relation d'ordre donnée *sur un* chemin

Pour des raisonnements par récurrence sur les *points* d'un *chemin*, il est nécessaire de disposer d'une relation d'ordre sur les *points* eux-mêmes. D'où la définition qui va suivre.

Considérons un *chemin* quelconque pf^t_1, un de ses *points terminaux* p_0 (s'il s'agit d'une *volute* il suffit de l'ouvrir. (TPf 35.6)) et l'ensemble SUC_0.

Définition D.O/Pf. 37.1

$\forall p ; p'$

$\{[p \leq p' \text{ (relativement à } p_0 \text{ et } SUC_0)] \Leftrightarrow \forall\, pf^t_i\, [(p' \in pf^t_i) \Rightarrow (p \in pf^t_i)]\}$

Théorème T.O/Pf 37.1

La relation '≤' (D.O.35.1) est une relation d'ordre total.

Preuve

A

$(p \leq p' \leq p'') \Rightarrow (p \leq p'')$

Preuve

1) $(p' \leq p'') \Rightarrow \forall\, pf^t_i\, [(p'' \in pf^t_i) \Rightarrow (p' \in pf^t_i)]$

2) $(p' \leq p) \Rightarrow \forall\, pf^t_i\, [(p' \in pf^t_i) \Rightarrow (p \in pf^t_i)]$

3) $\forall\, pf^t_i\, [(p'' \in pf^t_i) \Rightarrow (p \in pf^t_i)]$ 1+2

4) $p \leq p''$

B

$[p \neq p'] \Rightarrow [(p < p') \vee (p' < p)]$

Preuve

5) $\exists\, pf^t_p; pf_{p'}\, [\, End^t_p(p) \wedge End^t_{p'}(p')]$ T.Pf 36.4 + T.Pf 35.12

6) $\forall\, pf^t_p; pf^t_{p'}[(pf^t_p \subset pf^t_{p'}) \vee (pf^t_{p'} \subset pf^t_p)]$ ordre sur SUC_0

7) $pf^t_p \subset pf^t_{p'}$ hypothèse

8) $\forall\, pf^t_i[(pf^t_{p'} \subset pf^t_i) \Rightarrow (pf^t_p \subset pf^t_i)]$ 7

9) $\forall\, pf^t_i\, [(p' \in pf^t_i) \Rightarrow (p \in pf^t_i)]$

10) $p < p'$

C
$[(p < p') \wedge (p' < p)] \Rightarrow (p = p')$
Preuve

11) $[(p < p') \wedge (p' < p)]$	hypothèse
12) $\exists\, pf^t_p; pf_{p'} [\, End^t_p(p) \wedge End^t_{p'}(p')]$	5
13) $(pf^t_p \subset pf_{p'}) \wedge (pf^t_{p'} \subset pf_p)$	12
14) $pf^t_p = pf_{p'}$	TPf 36.3
15) $p = p'$	

§ 38 Proche *immédiat*

Définition D 38.1
$\forall\, pf^t_l; p; p'[(p <. p') \Leftrightarrow \forall p^*[\, (p \leq p^* \leq p') \Rightarrow ((p = p^*) \vee (p^* = p'))]]$

Mais on a immédiatement que $\forall p; p'[(p <. p') \Leftrightarrow N^t(p; p')]$, ce qui rend la notion peu utile.

– Pointe d'un chemin

Comme symbole pour le prédicat 'être la pointe d'un chemin' on peut prendre '$Spi_l(\ )$' en pensant au terme allemand 'Spitze'.

Définition D 38.2
$\forall\, pf^t_l; p_i\, [Spi_l(p_i) \Leftrightarrow (End^t_l(p_i) \wedge (|N^t_i| = 1))]$

Il s'agit d'un *point terminal* d'un *chemin maximal*, et qui n'est pas *proche* de (n'est pas suivi par) un *point d'attache.*

Avec le symbole '$Pn_l(\ )$' on peut introduire la notion suivante:

– Point proche d'un chemin pf^t_l

Définition D 38.3
$\forall\, pf^t_l; p_i\, [Pn_l(p_i) \Leftrightarrow \exists\, p_j\, [(p_j \in pf^t_l) \wedge (p_i \notin pf^t_l) \wedge N^t(p_i\, ; p_j)]]$

Si pf^t_l est *maximal*, on a que $\forall\, pf^t_l; p_i\, [Pn_l(p_i) \Leftrightarrow Ber^t_l(p_i)]$, sinon $Pn_l(p_i) \Leftrightarrow (\{p_i\} = (pf^t_{l}{}' \setminus pf^t_l))$.

Pour faciliter les références pour les théorèmes suivants, il est utile de réunir ici les résultats obtenus au sujet des *chemins*. On les généralisera au niveau des *parcours* et finalement au niveau des *routes*.

Théorème TPf 38.1

Pour tout *chemin* pf et pour n'importe lequel de ses *points terminaux* p_0

1) il existe un ensemble SUC_0^* tel que $pf = \cup_i pf_i$; $pf_i \in SUC_0^*$
2) il existe un ordre total donné sur SUC_0^* tel que:
   $pf_0 < pf_1 < \ldots < pf_i < pf_j < \ldots . < pf$
3) il existe un ordre total donné sur $\Pi(pf)$, à savoir l'ensemble des *points* du *chemin* pf.

§ 39 Parcours

Dans les théorèmes qui précèdent il a été fait usage de l'exigence $|N^t_i| \leq 2$ (D 30.1). Si on veut tenir compte aussi des *points d'attache*, alors cette exigence n'est plus remplie. En plus cet élargissement peut avoir lieu de différentes manières. La définition du nouveau prédicat en devient un peu plus complexe. Il aurait pu être décomposé en plusieurs prédicats. Mais il s'avère qu'un seul, même s'il est un peu laborieux, suffit.

L'idée est la suivante:

i) on considère un *chemin maximal*

ii) on peut prendre un *sous-chemin*, mais il doit au moins contenir un *point terminal* du *chemin maximal*

iii) et si ce dernier possède des *points d'attache*, chaque *parcours* doit en contenir au moins un

iv) si le *chemin* est vide, ce qui est le cas pour deux points d'attache qui sont *proches*, alors ces deux *points* constituent un *parcours* (qui ne contient aucun autre *chemin* sauf le *chemin* vide!).

Si le *chemin maximal* n'a pas de *points d'attache*, alors il est aussi un *parcours*, et peut contenir des *sous-parcours*. Tout *sous-chemin* n'est pourtant pas un *parcours*.

Pourquoi une telle complication? La raison principale est la suivante. On veut considérer l'agrandissement des *chemins*, le long du *processus*. Si l'on ne prend que les *chemins maximaux* complétés par les *points d'attache*, plus aucune variation n'est possible. On veut aussi pouvoir considérer des *chemins* qui se complètent par un *point d'attache*, sans devoir changer de notion, c'est-à-dire sans devoir passer d'un *chemin* à un *parcours*. Il fallait donc que certains *chemins* puissent être aussi des *parcours*. Mais il se peut qu'un ensemble de *points* soit un *parcours* au moment t et qu'il ne le soit plus à un moment successif. Cela est possible si le *chemin maximal* n'a pas de *points d'attache* à t et qu'il en acquiert par la suite.

La notion est introduite sous forme de prédicat, avec le symbole '$St^t(\ )$'. Son domaine est l'ensemble $\mathcal{P}$(E) des sous-ensembles de l'ensemble E des points (D 29.1). L'exposant '..^{t}..' est introduit parce que nous n'avons pas encore atteint la structure spatiale. Il s'agit encore d'une notion temporelle. Il y aura la notion spatiale correspondante, sans cet exposant. (Nous continuons à passer sous silence le fait que l'ensemble E peut varier le long du processus. Mieux: qu'il peut y avoir plusieurs ensembles E dans un processus.)

Nous allons considérer des *chemins maximaux,* que nous pouvons définir comme d'habitude par

$\forall pf\{Ma(pf) \Leftrightarrow \forall\ pf^t_i[(pf \subset pf^t_i) \Rightarrow (pf \subset pf^t_i)]\}$.

Considérons alors une variable X sur P (E) et les *chemins maximaux* (D 32.1).

Définition D 39.1

$\forall\ X\ \{St^t(X) \Leftrightarrow$

1) $\exists\ pf^t_i$

i) $[(\ pf^t_i \neq \varnothing) \wedge Ma(pf^t_i) \wedge$

ii) $\forall p[(p \in (X \setminus pf^t_i) \Rightarrow Ber^t_i(p)] \wedge$

iii) $[(X \cap pf^t_i \neq \varnothing) \Rightarrow ((X \cap END_i) \neq \varnothing)] \wedge$

iv) $((BER^t_i \neq \varnothing) \Rightarrow (X \cap BER^t_i) \neq \varnothing))$

v) $\forall\ pf^t_j\ [(X \cap pf^t_j \neq \varnothing) \Rightarrow (pf^t_j \subseteq pf^t_i)]$

vi) $\forall Y\{[((Y \subset X) \wedge (Y \neq X) \wedge (Y \neq \varnothing))] \Rightarrow$

$\Rightarrow \exists\ p_i\ ;\ p_j\ [(\ p_i \in Y) \wedge (p_j \in (X \setminus Y)) \wedge N^t(p_i\ ;\ p_j)]\}$

ou bien

2) $\exists\ p\ ;\ p'\ [[((X = \{p\ ;\ p'\}) \wedge N^t(p\ ;\ p')) \vee (|X| = 1)] \wedge \neg\ Pf^t(X)]\}$

Un *point* isolé, sans *proches* temporels, est à la fois un *chemin* et un *parcours*. Les conditions iii) et iv) permettent de réduire le *parcours* à un *point d'attache*. La condition vi) exige la *connexité* pour tout *parcours*, comme pour tout *chemin*. Le point 2) permet d'avoir un *parcours* formé par deux *points d'attache proches,* mais n'ayant aucun *point* entre eux (c'est-à-dire ne contenant que le chemin vide) et aussi un *parcours* constitué d'un *seul point d'attache.*

Il est parfois utile de disposer des définitions suivantes:

Définition D 39.2

$ST^t := \{X| St^t(X)\}$ l'ensemble de tous les *parcours.*

Une variable sur cet ensemble sera notée st^t_i.

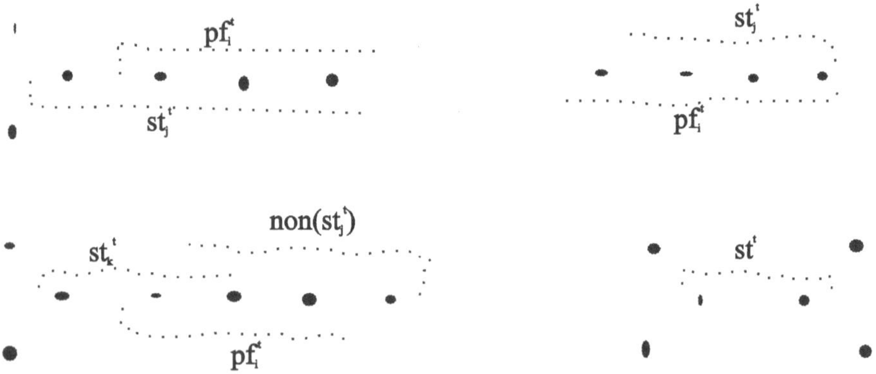

– *Point terminal d'un parcours*

Comme pour les *chemins* (D 34.1), on peut définir les *points terminaux* d'un *parcours*, en introduisant le prédicat '$End^t_{sti}(\ )$'.

Définition D 39.2

$\forall\ st^t_i\ ; p_j\{End^t_{sti}(p_j) \Leftrightarrow [(p_j \in st^t_i) \wedge (|N^t_j \cap st^t_i| \leq 1)]\}$

– *Pointe d'un parcours*

Il s'agit du prédicat correspondant au prédicat '$Spi_l(\ )$' (D 38.2).

Définition D 39.3

$\forall\ st^t_i\ ; p_j\{\ Spi_{sti}(p_j) \Leftrightarrow [End^t_{sti}(p_j) \wedge (|N^t_j| \leq 1)]\}$

En revanche, la notion de *nœud*, qui va être introduite ici par le prédicat '$Kn^t_{sti}(\ )$' (du substantif allemand Knoten, nœud) relativement aux *parcours*, ne pouvait pas avoir son équivalent pour les *chemins*.

– *Nœuds temporels*

Définition D 39.4
$\forall\ st^t_i\ ;\ p_j\{Kn^t_{sti}(p_j) \Leftrightarrow [(|\ N^t_j| > 2) \wedge (p_j \in st^t_i)]\}$

Par cette notion on traduit celle de bifurcation. Mais il s'agit de bifurcations pour des *parcours*. On peut avoir des *nœuds* avec des *chemins* vides. Un *point* peut en effet être un *nœud*, sans qu'il existe un *chemin* non vide, dont il serait un *point d'attache*. C'est même la situation que l'on espère atteindre par tout processus: qu'il n'y ait plus que des *chemins* vides et avec une triangularisation par des triangles ne contenant que trois *points*. Mais cela est pratiquement impossible si on en reste aux concepts introduits jusqu'ici. En effet, comme remarqué plus haut, la probabilité que chaque *point* devienne proche de tous les autres, et qu'il n'y ait plus aucune triangularisation, augmente à mesure que le processus se déroule.
Remarquons qu'un *point terminal* d'un *parcours* n'est pas forcément un *nœud*.

Si on ne veut retenir que la propriété d'être un *nœud*, sans référence à un *parcours* particulier, on peut introduire le prédicat suivant:

Définition D 39.5
$\forall\ p\{Kn^t(p) \Leftrightarrow \exists\ st^t_i\ [\ Kn^t_{sti}(p)]\}$

L'ensemble des *nœuds* d'un *parcours* peut être introduit par

Définition D 39.6
$\forall\ st^t_i\ \{KN^t_{sti} := \{p|\ Kn^t_{sti}(p)\}\}$

L'ensemble de tous les *nœuds* peut être défini par

Définition D 39.7
$KN^t := \{p|\ Kn^t(p)\}$

La notion de *pointe* (Spitze) (D 38.2) peut être aussi introduite pour les *parcours*.

Définition D 39.8
$\forall\ st^t_i;\ p_j\ [Spi_{sti}(p_j) \Leftrightarrow (End^t_{sti}(p_j) \wedge (|N^t_j| = 1))]$
Si on considère un *parcours* quelconque, il se peut qu'un *point terminal* ne soit ni un *nœud* ni une *pointe*. En aucun cas il ne sera les deux à la fois.

Théorème TSt 39.1
$\forall\ st^t_i;\ p_j\ [(p_j \in st^t_i) \Rightarrow (|N^t_j \cap st^t_i| \leq 2)]$

Preuve

1)	$\exists\ pf^t_i\ [(\ st^t_i \cap pf^t_i) \neq \varnothing]$	hypothèse I
2)	$st^t_i \subset pf^t_i$	hypothèse Ia
3)	$\|N^t_j \cap st^t_i\| \leq 2$	TPf 34.3 +34.4
4)	$p_j \in (st^t_i \setminus pf^t_i)$	hypothèse Ib
5)	$Ber^t_i(p_j)$	D 39.1 (1: iv + v +vi)
6)	$\exists\ p_k\ [(p_k \in pf^t_i) \wedge N^t(p_j\ ;\ p_k)]$	D 33.1
7)	$\forall\ p_k\ [(p_k \in pf^t_i) \wedge N^t(p_j\ ;\ p_k)] \Rightarrow End^t_i(p_k)$	TPf 34.1
8)	$\|\{\ p_k\ \|(p_k \in pf^t_i) \wedge N^t(p_j\ ;\ p_k)\}\| \leq 2$	TPf 36.3
9)	$\forall p_s\ [((p_s \notin pf^t_i) \wedge N^t(p_j\ ;\ p_s)) \Rightarrow (p_s \notin st^t_i)]$	D 39.1 (v)
10)	$\|N^t_j \cap st^t_i\| \leq 2$	
11)	$\forall\ pf^t_i\ [(\ st^t_i \cap pf^t_i) = \varnothing]$	hypothèse II
12)	$\|st^t_i\| \leq 2$	D 39.1 (2)
13)	$\|N^t_j \cap st^t_i\| \leq 2$	

Ce théorème montre que la notion d'être *aligné* est sauvegardée pour les *parcours*.

§ 40 Deux structures non spatialisables supplémentaires

– Lacets

Il est possible qu'un *parcours* soit fermé. Tel est le cas, si le *chemin* est une *volute*. Mais il y a maintenant une autre possibilité. Elle peut être caractérisée par le prédicat '…est un *lacet*', que l'on peut symboliser par 'Sh(…)', en se référant au substantif allemand 'Schlaufe'.

Définition D 40.1
$\forall st^t_i \{ Sh(st^t_i) \Leftrightarrow \exists p_j [Kn^t_{sti}(p_j) \wedge (|N^t_j \cap st^t_i| = 2)]\}$

Pour que tel soit le cas, le *parcours* doit être fermé et un autre *parcours* doit partir d'un de ces *points*, qui constitue ainsi le *nœud.* Il ne peut y avoir plus qu'un *nœud* sur un *lacet*, sinon il y a en réalité au moins deux *parcours* distincts (exclu par D39.1 (v)). Ce cas est couvert par le prédicat suivant (D 40.3):

Définition D 40.2
$SH := \{ st^t_i \mid Sh(st^t_i)\}$ l'ensemble de tous les *lacets.*

L'exposant '...^{t}...' n'a pas été ajouté car il n'y aura pas un concept spatial équivalent.

Une variable sur SH sera symbolisée par sh_i.

– *Rugby*

On a un *rugby* ssi deux ou plusieurs *parcours* ont en commun leurs deux *nœuds*. Pour le définir, on considère une variable X sur l'ensemble P (ST^t) des sous-ensembles de l'ensemble ST^t (D 39.2). Ce prédicat sera symbolisé par 'Ru( )'.

Définition D 40.3
$\forall X\{Ru(X) \Leftrightarrow [(|X| \geq 2) \wedge \exists p; p'[\forall st^t_i ((st^t_i \in X) \Rightarrow (Kn^t_{sti}(p) \wedge Kn^t_{sti}(p'))]\}$

Définition D 40.4
$RU := \{X| Ru(X)\}$ l'ensemble de tous les *rugby.*

Une variable sur RU sera symbolisée par ru_i.

En reprenant les considérations du début de ce chapitre (§ 25) et qui guident la construction, les *volutes* et les *chemins* contenus dans les *lacets* ou *rugby* ne seront pas tenus en compte pour la spatialisation. On n'exclut que les *chemins* des lacets et *rugby,* car on veut garder les *points d'attache.* Si on excluait aussi ces *points,* le tissu serait trop défait. L'idée directrice est de considérer comme spatialisables un ensemble de *parcours* avec au moins trois *nœuds* et se refermant sur lui. Il s'agira de la notion d'*enclos* (Gehege). Le cas le plus simple comporte ainsi trois *parcours,* et anticipe la notion de *triangles*. L'idée est de considérer toute structure plus simple comme trop ambiguë et donc de la dissoudre.

Pour parvenir à la notion visée il faut introduire une notion intermédiaire, celle de *route* temporelle.

Mais avant cela nous allons reprendre les résultats relatifs aux *chemins*. Considérons le *chemin* pf le plus grand qui soit contenu dans un *parcours* st. Considérons maintenant p_0 qui soit un *point terminal* du *parcours* st_i ($End^t_{sti}(p_0)$).

Théorème TSt 40.1

Preuve

1) Si p_0 est aussi *point terminal* du *chemin,* on peut considérer SUC_0*.

   a) Si $st_i = pf$

Le théorème TPf 38.1 vaut immédiatement.

   b) Si $st_i \neq pf$, alors le *parcours* pf contient un *nœud.* Il suffit de construire l'ensemble $SUC_{01}*^{sti} := SUC_0* \cup \{pf\}$.

Le théorème TPf 38.1 vaut pour l'ensemble $SUC_{01}*^{sti}$.

2) Si p_0 est un *nœud* pour st_i (dans ce cas il n'appartient pas à pf) et si st_i ne possède pas un deuxième *nœud,* il suffit de construire l'ensemble $SUC_{02}*^{sti} :=\{\{p_0\}\}\cup SUC_0*^{\sim}$ où $SUC_0*^{\sim} := \{st_j \mid \exists pf_j[\ st_j = \{p_0\}\cup pf_j]\}$.

Le théorème TPf 38.1 vaut pour l'ensemble $SUC_{02}*^{sti}$.

3) Si p_0 est un *nœud* pour st_i et si st_i possède un autre *point* p_0' qui est un *nœud* pour st_i, il suffit de considérer l'ensemble $SUC_{03}*^{sti} := \{\{p_0\}\}\cup SUC_0*^{\sim} \cup \{st_i\}$.

Le théorème TPf 38.1 vaut pour l'ensemble $SUC_{03}*^{sti}$.

§ 41 Routes *temporelles*

Pour des raisons de commodité et de cohérence dans l'écriture ensembliste il est indiqué d'introduire la notion de *proximité* temporelle entre les ensembles ne contenant qu'un *point*.

Définition D 41.1

$\forall\, p_i;\, p_j\{N^t_{\{\}}(\{p_i\};\{p_j\}) \Leftrightarrow N^t(p_i;\, p_j)\}$

Ensemble des *proches* d'un ensemble à un seul *point.*

Définition D 41.2

$\forall\, p_i[N^t_{\{i\}} := \{\{p_j\} \mid N^t_{\{\}}(\{p_i\};\{p_j\})\}]$

Nous pouvons maintenant définir le prédicat '...est une route temporelle', symbolisé par 'Wg^t(...)' (par contraction du mot allemand 'Weg').
Soit X une variable sur $\mathcal{P}(PF^t \cup ST^t)$.

Définition D 41.3

$\forall\, X\{Wg^t(X) \Leftrightarrow$

1) $\forall Y;Z\{[(\{Y;\, Z\} \subset (PF^t \cup ST^t)) \wedge (Y \subset Z) \wedge (Z \in X)] \Rightarrow (Y \in X)\}$
2) $\forall Y\, [((Y \subset X) \wedge ((X \backslash Y) \neq \varnothing \neq Y)) \Rightarrow$
   $\Rightarrow \exists p_x;\, p_y\, [(\{p_x\} \in X \backslash Y) \wedge (\{p_y\} \in Y) \wedge N^t(\{p_x\};\{p_y\}) \wedge (\{p_i\, ;p_j\} \in X)]$
3) $\forall p_i\, [|(N^t_{\{i\}} \cap X)| \leq 2\,]\}$

Le point 1) dit que tous les *chemins* et *parcours* inclus dans une *route* ou dans un des ses éléments sont aussi éléments de cette *route.* Sans cela, le point 3) pourrait ne pas avoir de sens. Une *route* n'est donc pas un ensemble de *points.* Le point 2) exige que chaque *route* soit *connexe* et le point 3) exclut qu'une *route* se divise en deux ou plus. Cela n'exclut pas qu'elle contienne des ensembles (singletons) qui sont des *nœuds* (pour les *chemins*), mais à chaque *nœud* il faut choisir un seul *parcours* ou *chemin* pour continuer. Il est ainsi à remarquer qu'il n'est pas exigé que l'on ait $(|N^t_{\{i\}}| \leq 2)$, comme pour les *chemins* ou *parcours*. Dans le point 2), on exige $(\{p_i\, ;p_j\} \in X)$. En effet il est possible d'avoir
$\exists p_x;\, p_y\, [(\{p_x\} \in X \backslash Y) \wedge (\{p_y\} \in Y) \wedge N^t(\{p_x\};\{p_y\})]$ sans avoir $(\{p_i\, ;p_j\} \in X)$. Il suffit de considérer deux *routes* disjointes, dont deux *points terminaux* (D 41.7) sont *proches*. Si on prend leur union, on a bien tous les *points*, mais cela n'introduit pas la *connexion*. Donc leur union n'est pas une *route*, à moins d'ajouter la *sous-route* $\{p_i\, ;p_j\}$. C'est pourquoi il a été important d'avoir défini la *route* sur l'ensemble $\mathcal{P}(PF^t \cup ST^t)$ et non sur $\mathcal{P}(E)$ (D 29.1).

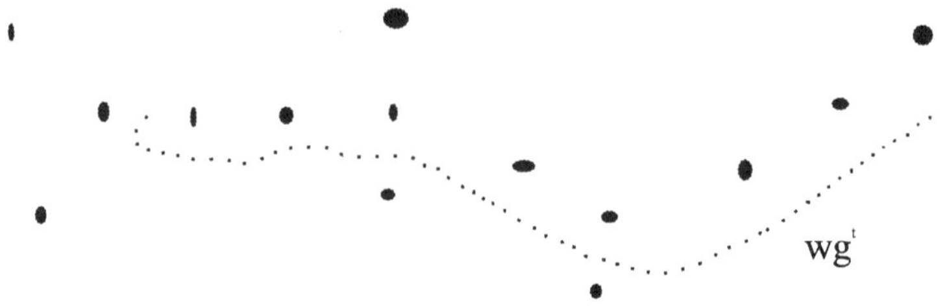

Définition D 41.4
$WG^t := \{X|\ Wg^t(X)\}$ l'ensemble de toutes les *routes*. Une variable sur cet ensemble sera symbolisée par wg^t_i.

On peut avoir $(\{p_i\} \in wg^t_i)$ et $(\{p_j\} \in wg^t_i)$ avec $N^t(\{p_x\}\ ;\{p_y\})$ et pourtant ne pas pouvoir conclure que $(\{p_i\,;\ p_j\} \in wg^t_i)$. Cela dérive des points 2) et 3) de la définition D 41.3. Le point 2) exige d'avoir $(\{p_i\ ;p_j\} \in X)$, mais le point 3) pose des limites. En utilisant ces deux points, on peut construire la notion de *proximité* restreinte à une *route*. Nous voulons l'exprimer par un prédicat symbolisé par '$N^t_{wgi}(\ldots\ ;\ldots)$'.

– *Proximité restreinte à une route*

Définition D 41.5
$\forall\ wg^t_i\ ;\ p_j\ ;\ p_k\ \{\ N^t_{\{\};wgi}(\{p_j\};\{p_k\}) \Leftrightarrow [\ N^t_{\{\}}(\{p_j\};\{p_k\}) \wedge (\{p_j;\ p_k\ \} \in wg^t_i)]\}$

On peut alors définir l'ensemble des *proches* d'un *point* (D 29.3), mais selon cette *proximité* restreinte.

Définition D 41.6
$N^t_{\{i\}\ ;wgi} := \{\{p_j\}|\ N^t_{\{\};wgi}\ (\{p_j\};\{p_i\})\}$

On peut transposer ces définitions sur les *points* par les deux définitions

Définition D 41.5 bis
$N^t_{\{\};wgi}(\{p_j\};\{p_k\}) \Leftrightarrow N^t_{wgi}(p_j;p_k)$
Et

Définition D 41.6 bis

$N^t_{i;wgi} := \{p_j | N^t_{wgi}(p_j;p_i)\}$.

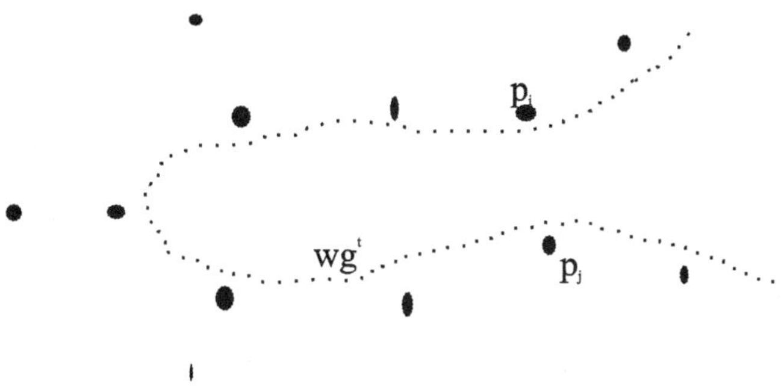

On peut avoir $\neg(N^t_{wgi}(p_j;p_i))$ et $N^t(p_j;p_i)$

– Point terminal d'une route

Cette notion et la suivante correspondent à celles introduites pour les *chemins* (D 34.1) et les *parcours* (D39.2).

Définition D 41.7

$\forall\, p_i;\, wg^t_j\, \{End^t_{wgj}(p_i) \Leftrightarrow [(\{p_i\} \in wg^t_j) \wedge (|N^t_{\{i\}} \cap wg^t_j| \leq 1)]\}$

ou bien

$\forall\, p_i;\, wg^t_j\, \{End^t_{wgj}(p_i) \Leftrightarrow [(\{p_i\} \in wg^t_j) \wedge (|N^t_{\{i\};wegj}| \leq 1)]\}$

Définition D 41.8

$\forall\, wg^t_j\, \{END^t_{wgj} := \{p_i | End^t_{wgj}(p_i)\}\}$ l'ensemble des *points terminaux* d'une *route*, et soit 'end^t_{wgj}' le symbole pour une variable sur cet ensemble.

– Pointe d'une route

Il s'agit d'un prédicat symbolisé par '$Spi^t_{wgj}(\ldots)$', et correspondant au prédicat '$Spi_l(\ )$' (D38.2)

Définition D 41.9

$\forall\, p_i;\, wg^t_j\, \{Spi^t_{wgj}(p_i) \Leftrightarrow [End^t_{wgj}(p_i) \wedge (|N^t_i| = 1)]\}$

– Nœuds d'une route

Les *points* qui sont les *nœuds* d'un *parcours* appartenant à une *route*, constituent les ensembles (singletons) qui sont des *nœuds* pour cette *route*. Mais au lieu de considérer ces ensembles à un seul élément, nous considérons les *points* eux-mêmes. Nous introduisons ainsi le prédicat '$Kn^{t}_{wgj}(\ldots)$'.

Définition D 41.10
$\forall\ p_i;\ wg^{t}_{j}\ \{Kn^{t}_{wgj}(p_i) \Leftrightarrow [(\{p_i\} \in wg^{t}_{j}) \wedge (|N^{t}_{\{i\}}| > 2)]\}$

Définition D 41.11
$KN^{t}_{wgj} := \{p_i |\ Kn^{t}_{wgj}(p_i)\}$

La notion de *point d'attache* n'est pas introduite pour les *routes*. En effet un *point d'attache* d'un *chemin* ne peut appartenir à aucun des *chemins*, tandis qu'une *route* peut être poursuivie sans autre, en y englobant un *point* quelconque, proche de son *point terminal,* ce qui n'est pas le cas des *chemins*. Une *route* peut être continuée au-delà d'un *nœud*, ce qui n'est pas le cas pour les *parcours*. Elle peut même avoir des *points* qui ne sont pas *terminaux* et qui sont *proches* d'un *nœud*. La notion de *point d'attache* ne semble donc pas transposable aux *routes*. Il s'ensuit que le théorème TPF 34.1 à son tour n'est pas transposable aux *routes*, à moins de dénicher une définition pour un *point d'attache* d'une *route* et/ou de modifier l'énoncé du théorème.

§ 42 Construction d'une route

Si les *chemins (maximaux)* ne peuvent être reliés entre eux (car le *point* commun ne pourrait être qu'un *point d'attache* (D 33.1) qui ne peut leur appartenir), les *parcours* le peuvent, ce qui permet de construire des *routes*. Une *route* se construit en partant des *chemins* et des *parcours,* et en respectant la définition D41.3. On peut commencer une *route* complexe par une qui ne possède qu'un *point* p_0. Cette manière de s'exprimer n'est pas correcte car une *route* n'a pas les *points* comme éléments. Il est pourtant souvent commode de pouvoir l'utiliser, l'écriture correcte étant $wg := \{\{p_0\}\}$. On est ainsi amené à introduire une relation entre chaque *route* et les *points* qui sont concernés par elle. Cette relation peut être appelée «Π_E» en pensant à la notion de projection.

Définition D 42.1
$\Pi_E : WG^t \longrightarrow P(E)$; $\Pi_E(wg_i) = \{p | \{p\} \in wg^t_i\}$

On dira par abus de langage que p appartient à wg_i ssi {p} y appartient.

On peut généraliser la relation ainsi introduite, ce qui sera utile pour plusieurs définitions.

Soit X une variable sur $WG^t \cup ST^t \cup PF^t$.

Définition D 42.1bis
$\Pi_E : WG^t \cup ST^t \cup PF^t \longrightarrow P(E)$; $\Pi_E(X) = \{p | (\{p\} \in X) \vee (\{p\} \subset X)\}$

Reprenons la construction d'une *route* quelconque. Le choix du premier *point* p_0 n'est pas important, car, dans le but d'organiser une structure spatiale, on va considérer toutes les *routes* (existantes à un moment donné). En revanche, pour simplifier la description de la construction des *routes,* on peut ne considérer que les *chemins* et le *parcours maximaux.*

Cas I

Par le premier choix on peut avoir pris une *pointe* d'un *chemin* et qui est donc aussi *pointe* d'un *parcours*.

Cas Ia
$N^t_i = \emptyset$, le *point* n'a pas de *proches*. Dans ce cas la *route* se réduit à $wg^t_0 = \{\{p_0\}\}$

Cas Ib
En considérant le *chemin maximal* on a $N^t_i \neq \emptyset$. Dans ce cas on a $|N^t_i| = 1$ d'après la définition d'une *pointe* D 38.2 et 39.3.

On peut construire alors le *chemin* $weg_1 = \{\{p_0\}; \{p_1\}; \{p_0; p_1\}\}$.

Le *chemin maximal* peut ne contenir que le *point* p_0 mais il peut aussi en contenir plus.

La *route* peut être interrompue avant l'autre *point terminal* (D 34.1) du *chemin maximal*. Mais une fois ce *point* atteint, elle peut continuer en englobant le *point d'attache* (D 33.1) s'il existe, c'est-à-dire arriver au *nœud* du *parcours* dans lequel est contenu ce *chemin*.

Après le *nœud*, on peut choisir un et un seul nouveau *point proche*, s'il existe, en respectant ainsi l'exigence D 41.3 (3).
On peut ainsi continuer.

Cas II
On ne commence pas par une *pointe* d'un *chemin*. On se trouve alors déjà dans la situation du cas Ib. Après avoir choisi un *point*, il faut choisir par quel point proche on continue.

Il y a le cas intéressant d'une *route* qui se referme sur elle-même, en revenant au *point* de départ.

Il faut traduire cette notion dans la définition d'un nouveau concept, celui d'*enclos*.

Avant d'introduire ce nouveau concept, cette rapide description de la construction d'une *route* nous permet de transposer les résultats des théorèmes TPf 38.1 et TSt 40.1.

Théorème TWg^t 42.1

I
$\exists pf^t$ tel que $\forall X\{(X \in wg^t) \Rightarrow (X \subset pf^t)\}$
Alors
$\exists wg_0 ; wg^t_1; \ldots ;wg^t_n \{\Pi_E(wg^t_0) = \{p_0\}; \Pi_E(wg^t_1) =\{ p_0; p_1\}; \ldots; \Pi_E(wg^t_n) = \Pi_E\{wg^t\}\}$
Il suffit de prendre wg_i tel que $\Pi_E(wg^t_i) = \Pi_E(pf^t_i)$; $pf^t_i \in SUC_0*$
On a alors comme pour le Théorème TPF 38.1 que

i) $wg^t_0 \subset wg^t_1 \subset \ldots \subset wg^t_n$ et donc
ii) il existe un ordre total $wg^t_0 < wg^t_1 < \ldots < wg^t_n$
iii) et un ordre total sur $\Pi_E(wg^t)$: $p_0 < p_1 < \ldots < p_n$

ces deux ordres construits à partir de l'alignement des *chemins*, alignement qui est donné.

II
$\exists$ (le *parcours*) st tel que $\forall X\{(X \in wg^t) \Rightarrow (X \subset st^t)\}$
On a des affirmations équivalentes en prenant les ensembles $SUC_{0i}*^{st}$.

III

$\exists\{st^t_0; st^t_1; \ldots ; st^t_s\}$ tel que $\Pi_E(wg^t) = \cup_i \Pi_E(st^t_i)$ et $| st^t_i \cap st^t_{i+1}| =1$

On peut alors construire un ensemble de *routes* emboîtées qui couvrent st_0, analogue aux ensembles SUC_0* ou $SUC_{0i}*^{st}$. Appelons $SUC\text{-}wg_{00}$ cet ensemble de *routes* emboîtées. Et soit x une variable sur l'ensemble WG^t (des *routes*).

$wg^t_{0,0,0} = \{\{p_0\}\}$

.

.

$wg^t_{0,0,k} = \{x|(\Pi_E(x) \subset \Pi_E(st^t_k)); st^t_k \in SUC_0*^{stt0}\}$ pour le premier *parcours* st^t_0.

$SUC\text{-}wg_{00} := \{ wg^t_{0,0,0} ;\ldots; wg^t_{0,0,k}\}$

Pour les suivantes il suffit de coller les *routes* à la suite.

Soit

$SUC\text{-}wg_{0m}$ le même de ces ensembles, et $wg^t_{0,m,p}$ la *route maximale* de $SUC\text{-}wg_{0m}$. On construira les *parcours* de $SUC\text{-}wg_{0m+1}$, en prenant en considération st^t_{m+1}, comme suit:

$wg^t_{0,m+1;0} =$

$= \{x|(\Pi_E(x) \subset [\Pi_E(wg^t_{0,m,p}) \cup \Pi_E(st^t_{m+1;0})]) \text{ et } (st^t_{m+1;0} \in SUC_0*^{sttm+1})\}$

où $|\Pi_E(st^t_{m+1;0})| = 1$

$wg^t_{0,m+1; 1} =$

$= \{x| (\Pi_E(x) \subset [\Pi_E(wg^t_{0,m; p}) \cup \Pi_E(st^t_{m+1;1})]) \text{ et } (st^t_{m+1;1} \in SUC_0*^{stm+1})\}$

Remarque:

On ne peut pas demander

$Wg_{0,m+1; 0} = \{x|x \in (wg^t_{0mp} \cup st^t_{m+1;0}); st^t_{m+1;0} \in SUC_0*^{sttm+1}\}$

car il peut y avoir des x tels que

$x \in wg^t_{0,m+1; 0}$ avec $x \notin wg^t_{0mp}$ et $x \notin \mathcal{P}(st^t_{m+1;0})$!

Cela est dû au fait que $\mathcal{P}(X \cup Y) \neq \mathcal{P}(X) \cup \mathcal{P}(Y)$. De plus une telle union mélangerait des ensembles de niveaux différents.

$wg^t_{0,m+1; r} = \{x|\Pi_E(x) \subset [\Pi_E(wg^t_{0,m; p}) \cup \Pi_E(st^t_{m+1})]\}$

et pour $SUC\text{-}wg_{0n}$

$wg^t_{0,n; t} = \{x|\Pi_E(x) \subset (\Pi_E(wg^t_{0,n-1; s}) \cup \Pi_E(st^t_n))\}$

L'ensemble SUC-wg_{0n} correspond à l'ensemble des *successeurs* d'un *chemin*. Comme pour le théorème TEt

On a alors comme pour le théorème TPF 38.1 que

iv) $wg^{t}_{000} \subset wg^{t}_{001} \subset \ldots \subset wg^{t}_{0nt}$ et donc

v) il existe un ordre total $wg^{t}_{000} < wg^{t}_{001} < \ldots < wg^{t}_{0nt}$

vi) et un ordre total sur $\Pi_{E}(wg^{t})$: $p_{00} < p_{01} < \ldots < p_{nt}$

Remarque

Une *route* est un ensemble de *chemins* et de *parcours*. Si nous considérons l'union de deux *routes* nous obtenons évidemment un ensemble de *chemins* et de *parcours*. Mais nous avons plusieurs cas possibles.

1) L'ensemble wg $\cup$ wg' n'est pas *connexe*. Il n'y a donc aucune *route* (ou *chemin* ou *parcours*) qui soit commune aux deux.
2) L'ensemble wg $\cup$ wg' est *connexe*, mais il n'y a pas une *route maximale* qui contienne tous ses éléments et seulement eux.
3) Il y a une *route* wg* telle que wg* = wg $\cup$ wg'.

Un cas intéressant est celui dans lequel il y a deux *points terminaux*, un pour chaque *route*, qui sont *proches*. On peut alors construire une *route* qui contient wg et wg' mais qui n'appartient pas à wg $\cup$ wg'. Ces remarques anticipent un argument par l'absurde qui sera utilisé dans des théorèmes sur les notions d'*intérieur* et d'*extérieur* des *enceintes*. On montrera que la *route* supposée devrait contenir des *chemins* ou des *parcours* qui ne sont pas contenus dans les ensembles dont on considère l'union. Cela est surtout intéressant, lorsque par de telles *routes* on fait appel à une *proximité* qui n'est pas encore justifiée par le processus. C'est dire que l'on ne peut pas glisser sans autre vers la notion d'infini et encore moins vers celle de continu.

§ 43 Enclos

La notion spatiale qui correspondra à la notion temporelle d'*enclos* sera fondamentale. Elle sera l'anticipation de ce que sont les polygones dans une géométrie euclidienne et autre. Elle sera appelée *enceinte.* C'est relativement aux *enceintes* qu'il faudra préciser les notions d'*intérieur* et d'*extérieur.* Mais ici, au niveau temporel, il n'est pas raisonnable de construire de telles notions, toujours à cause du collapse possible de la structure temporelle, lorsque chaque *point* devient *proche* de tous les autres. Il faut pourtant définir la notion de base, à savoir celle d'*enclos* car c'est bien elle qu'il faut transposer au niveau spatial. Le fil de la construction ne sera ainsi pas rompu. Il semble plus aisé d'utiliser deux termes différents au lieu d'un seul combiné avec les adjectifs 'temporel' ou 'spatial'.

L'idée directrice est simple, c'est celle d'une *route* (temporelle) qui revient au même *point.* Mais la notion de 'revenir' peut cacher des notions spatiales, qui ne peuvent figurer dans la définition. Elle sera introduite comme prédicat, symbolisé par 'Gh(   )', en pensant au terme allemand 'Gehege'.

Considérons l'ensemble WG^t de toutes les *routes* et une variable wg^t_i sur cet ensemble.

Définition D 43.1
$\forall\, wg^t_i\, \{Gh(wg^t_i) \Leftrightarrow$
1) $\forall\, p_j\, [(\{p_i\} \in wg^t_i) \Rightarrow (|N^t_{\{i\};wgi}| = 2)]$ D 41.6 et 41.3(3)
2) $\forall wg^t_j\, [(wg^t_j \subset wg^t_i) \Rightarrow \exists\, wg^t_k\, ((wg^t_j \cup^{+w} wg^t_k) = wg^t_i)]$ D 42.2
3) $\neg(Vol(\Pi_E(wg^t_i)) \vee Sh(\Pi_E(wg^t_i)) \vee Ru(wg^t_i))\}$ D 31.1 + 40.1+ 40.3

Dans 2) on ne peut exiger seulement
'$\Rightarrow \exists\, wg^t_k\, (\Pi_E(wg^t_j \cup^{+w} wg^t_k) = \Pi_E(wg^t_i))$' car cette condition peut être remplie avec pourtant $(wg^t_j \cup^{+w} wg^t_k) \neq wg^t_i$)!

Définition D 43.2
$GH := \{wg^t_i \mid Gh(wg^t_i)\}$

Une variable sur GH sera symbolisée par 'gh_j'. L'exposant '…g^t…' n'est pas nécessaire, car la notion spatiale équivalente sera dénommée par 'um'.

Il s'ensuit immédiatement le

Théorème TGh 43.1
$\forall\ gh_j\ (\ |\Pi_E(gh_j)| \geq 3)$

Théorème TGh 43.2
$\forall\ gh_i;\ gh_j\ \{(\ gh_i \subset gh_j)\ \Rightarrow (\ gh_i = gh_j)\}$

Preuve
1) $X := gh_j \backslash gh_i$ définition
2) $\exists p_x;\ p_i\ [(\{p_x\} \in X) \wedge (\{p_i\} \in gh_i) \wedge N^t(\{p_x\};\{p_i\}) \wedge (\{p_i\ ;p_j\} \in gh_j)]$ D 41.3(2)
3) $(\{p_x\} \notin gh_i\ ) \wedge (\{p_x\} \in gh_j)$ 2
4) $(\{p_i\} \in gh_i) \Rightarrow\ (|N^t_{\{i\}\ ;ghi}\ | = 2)$ D 43.1(1)
5) $(\ gh_i \subset gh_j)\ \Rightarrow (\ N^t_{\{i\}\ ;ghi}\ \subset gh_j)$
6) $|N^t_{\{i\}\ ;ghi}\ | > 2$ 2+4+5 contr.D41.3(3)

On en déduit immédiatement le

Théorème TGh 43.3
$\forall\ gh_i;\ gh_j\ ;\ X\{\ [\Pi_E(X) = (\Pi_E(gh_i\ ) \cup \Pi_E(gh_j))] \Rightarrow \neg Gh(X)\}$

Pour tout couple de *routes* qui ne sont pas un *enclos* et qui n'ont en commun que leurs *points terminaux,* il existe un *enclos,* dont la projection sur l'ensemble E des *points* est identique à celle de leur union. On peut généraliser cela en considérant un nombre n quelconque de ces *routes*.

Théorème TGh 43.4
$\forall\ weg_1;\ \ldots\ ;\ weg_n$
$\{[\exists p_a;\ p_b\{End^t_{wg1}(p_a) \wedge \ldots \wedge End^t_{wegn}(p_a) \wedge \ldots \wedge End^t_{weg1}(p_b) \wedge \ldots;\ End^t_{wegn}(p_b)\} \wedge$
$\wedge\ \{(weg_1 \cap \ldots \cap weg_n) = \{\ p_a;\ p_b\}\}] \Rightarrow$
$\Rightarrow \forall\ weg_i;\ weg_j\ [\exists\ gh_{i;j}\ (\Pi_E(gh_{i;j}) = \Pi_E(\ weg_i \cup weg_j))]]\}$

On obtient ainsi (n-1)(n-2)…..(n-n+1) = (n-1)!= (n(n-1)/2) *enclos*.

Nous voulons utiliser le théorème TPF 38.1 pour les *routes* aussi. Il suffit de procéder comme pour le théorème TSt 40.1.
Tous les *points* ne sont pas pris dans des *enclos*. Pour couvrir tous les cas il nous faut introduire de nouveaux concepts.

§ 44 Arborescences *temporelles*

Le nom de ce nouveau prédicat a été choisi car il correspond bien à une structure qui ne comporte pas de trajets fermés. Ici seule la notion fondamentale sera donnée. Dès que nous aurons atteint la structure spatiale, des prédicats supplémentaires seront introduits. On évite ainsi de les formuler deux fois. Tel va être le cas pour les concepts déjà introduits jusqu'ici. Mais il fallait bien les introduire pour construire les théorèmes et pouvoir définir les critères pour passer à la structure spatiale.

Nous considérons une variable X sur l'ensemble $\mathcal{P}$ ($ST^t \cup PF^t$). En général il ne s'agit pas de *routes*. Le prédicat sera symbolisé par 'Arb^t( )'

Définition D 44.1
$\forall X\{Arb^t(X) \Leftrightarrow$
1) $\forall Y; Z[((Y \subset Z) \wedge (Z \subset X)) \Rightarrow (Y \subset X)]$
2) $\forall Y[(X \setminus Y \neq \varnothing \neq Y) \Rightarrow$
$\Rightarrow \exists p_x; p_y [(\{p_x\} \in X \setminus Y) \wedge (\{p_y\} \in Y) \wedge N^t(p_x; p_y) \wedge (\{ p_x; p_y\} \in X)]]$
3) $\forall[(Y \subseteq X) \Rightarrow \neg Gh(Y)]\}$

Définition D 44.2
$ARB^t := \{X| Arb^t(X)\}$ l'ensemble de tous les *arborescences.*

Une variable sur cet ensemble sera notée arb^t_i.

Ces notions seront développées un peu plus avec la notion d'*arborescence* spatiale (§ 56).

§ 45 Transition vers l'espace

L'idée initiale était bien d'utiliser la structure temporelle pour construire la structure spatiale. La justification en était que toute vérification d'une structure spatiale se développe dans un processus temporel. Cela n'exclut pourtant pas encore qu'il faille introduire à un moment ou à un autre de nouveaux prédicats primitifs, spatiaux cette fois-ci. Pour prouver que tel n'est pas le cas, il faut exhiber une construction explicite. Ce qui précède en constitue les premières étapes. Mais il a déjà été remarqué que tout processus tend à une structure de voisinage temporel, dans laquelle tout *point* devient proche de tout *point.* Il faut trouver des critères pour l'éviter. Les structures de *volute*, *lacet* et *rugby* semblent fournir des candidats à ne

pas spatialiser. L'idée est alors la suivante. On commence la spatialisation. Tant qu'aucune de ces structures ne se forme, on considère la proximité temporelle comme étant aussi spatiale. Dès qu'une de ces structures se forme, ses *points* perdent la *proximité* spatiale, et l'ancienne *proximité* temporelle n'est plus retenue comme pertinente. En d'autres mots, on recommence un processus, mais en gardant la *proximité* spatiale pour tous les points qui ne l'ont pas perdue lors de la fermeture d'une des trois structures. Dans ce nouveau processus, les nouvelles relations de *proximité* temporelle qui surgissent génèrent une *proximité* spatiale, jusqu'à la prochaine formation (fermeture) d'une des trois structures. On détermine ainsi des intervalles de validité de la structure spatiale.
Mais la fermeture d'une des trois structures ne va pas rester le seul critère. Dès que les relations d'*interne* et d'*externe* par rapport aux *enceintes* (le correspondant spatial de la notion d'*enclos*) seront définies, on pourra aussi refuser la spatialisation des *routes* qui sautent par-dessus les *enceintes*. Tout cela doit être évidemment précisé. On obtient ainsi un autre critère pour définir les limites des intervalles (temporels) de validité du passage de la *proximité* temporelle à la *proximité* spatiale.

Tout cela ne correspond plus ni à une fixité platonicienne de la géométrie, ni à l'immuabilité d'une forme a priori de notre sensibilité. Mais comme le dit Piaget, si la construction suffit, elle est préférable.

II-1 B Proximité spatiale

§ 46 Considérations introductives

La relation de proximité spatiale sera décrite par un prédicat symbolisé 'N(… ;…)'. Il s'agit du même symbole que pour la proximité temporelle mais sans l'exposant '$\ldots^{t}\ldots$'. L'affirmation que deux points sont proches spatialement ne vaut pas à tout moment. Il faut donc indiquer le moment considéré, par exemple en ajoutant un indice 'N(;)$_t$'. Mais dans la mesure du possible, pour alléger l'écriture un tel indice restera implicite si cela n'engendre aucune ambiguïté. La relation de proximité spatiale ne sera définie qu'après avoir introduit les intervalles temporels pendant lesquels on peut affirmer l'équivalence entre la proximité temporelle et la proximité spatiale. Nous les appellerons simplement des 'intervalles d'équivalence'.

Mais avant même de les définir, on peut considérer la relation entre les deux notions de proximité (sur les points) au début du processus, c'est-à-dire au début aussi du premier de ces intervalles.
D'une façon générale on a l'implication suivante:

$$\forall p; p'; t\, [N(p; p')_t \Rightarrow \exists t'((t' \leq t) \wedge N^t(p; p')_{t'}]$$

Cela ne dit rien d'autre sinon que la relation de proximité spatiale dérive de la temporelle.

L'implication inverse n'est pas acceptable. Il n'y aurait plus de distinction entre les deux, ce qui est exclu. Il s'agit justement de savoir dans quels cas elle est acceptable.

Pour attribuer une première fois la proximité temporelle, il faut attendre au moins le troisième moment. Ainsi deux points peuvent avoir changé. (On garde toujours l'hypothèse qu'à chaque moment un seul ek (§3 (4) et D 29.1) change (§28.1 +I)).

Il se peut évidemment que pendant les trois premiers moments un seul point change deux fois (ce qui est compatible avec les exigences du paragraphe 8 et l'application d'enchaînement En()). Dans ce cas la relation de proximité temporelle ne peut être attribuée. Mais si ce sont deux points qui ont changé, on peut alors passer de la proximité temporelle à la proximité spatiale. En effet, avec deux points seulement, ni *volutes* ni *lacets* ou *rugby* ne peuvent être constitués, figures aux *points* desquelles nous voulons nier la *proximité* spatiale.

On peut donc affirmer que

$$\forall p; p'[(N^t(p;p') \wedge (|T^G| = 3)) \Rightarrow N(p; p')]$$

La cardinalité de T^G (D12.1) peut croître jusqu'à ce qu'une *volute, lacet* ou *rugby* n'apparaisse.

Il y a pourtant une difficulté. Chaque intervalle d'équivalence s'arrête quand un des critères (fermeture d'une *volute* etc.) est rempli. Mais pour définir ces critères on ne tient pas compte de la relation de proximité temporelle relative à l'ensemble T^G tout entier. Il faut restreindre cette relation à l'intervalle de validité en question. Il nous faut ainsi construire toutes ces notions.

La notion fondamentale est celle d'intervalle d'équivalence. Il s'agit de sous-ensembles *connexes* de T^G. Les limites de ces intervalles sont ou t_0 ou t, tel que $t = max(T^G)$ ou c) un moment auquel un des critères (fermeture d'une des trois figures citées plus haut ou autre cf. saut par dessus une enceinte) est rempli. De tels moments seront appelés des *'changements de temps'*, en allemand 'Zeitwende'. Si nous voulons donner immédiatement une définition générale des intervalles de validité, nous devons alors utiliser la notion de *'changement de temps'*. L'ennui est que, pour être définie, cette notion exige celle de *proximité* temporelle restreinte à un intervalle d'équivalence. Il y a donc risque de circularité dans les définitions. Tel n'est pas le cas, car le premier (dans le temps) intervalle d'équivalence ne nécessite pas la notion de *'changement de temps'*. Au lieu de définir d'abord ce premier intervalle, nous suivrons la procédure suivante:

Procédure:

1) On peut supposer la notion (prédicat) de *changement de temps*
2) définir les intervalles de validité,
3) définir la *proximité* restreinte à un intervalle de validité,
4) définir la notion de *changement de temps* et
5) procéder à la construction des premiers intervalles de validité,
6) ce qui permettra d'enclencher leur construction le long de tout le processus.

§ 47 Changement de temps

Il y a un *changement de temps* lorsqu'une structure (ou figure) se forme, aux *points* de laquelle on veut nier ou soustraire la relation de *proximité* spatiale. Jusqu'ici seules trois figures ont été définies: *volutes, lacets* et *rugby*. Plus tard on introduira un autre cas, sans fermer la porte à d'autres possibilités. Mais comme remarqué plus haut, la définition correcte de cette notion de fermeture exige au préalable d'autres notions, qui à leur tour utilisent la notion de *changement de temps*. Ici seul le symbole pour ce nouveau prédicat sera introduit.

Le symbole choisi est celui de 'Zw( )' en pensant au terme allemand 'Zeitwende'. Son domaine est l'ensemble T^G (implicitement indexé par le temps présent). Si T^G n'est pas *connexe*, on considère l'intervalle *connexe* T qui contient le temps actuel (présent). Le premier (infimum) de T peut être aussi défini comme t_0 tel que $\exists\, d_0^m[f_{id_i}^{-1}(t_0) = \{d_0^m\}]$ (§8 +15). Voir D12.2 pour Max(T). Le dernier moment de cet ensemble T, est le moment actuel (D 18.1). Il n'est pas forcément un changement de temps.

Définition D 47.1
$ZW := \{t | Zw(t)\}$

Une variable sur cet ensemble sera dénommée par zw_i.

§ 48 Intervalles d'équivalence spatio-temporelle Iest( )

Les intervalles que nous voulons définir sont ceux à l'intérieur desquels nous postulons l'équivalence entre *proximité* temporelle et *proximité* spatiale. Un si long prédicat sera symbolisé par Iest( ) (Intervalle de l'équivalence spatio-temporelle). Il a comme domaine $\mathcal{P}(T^G)$. Une patiente recherche a abouti à définir d'abord les intervalles maximaux d'équivalence spatio-temporelle.

– Le prédicat m-Iest( )

Par le symbole 'm-Iest( )' est dénommé le prédicat: '... est un intervalle maximal d'équivalence...'. Le domaine en est l'ensemble $\mathcal{P}(T^G)$. Soit alors δ_i une variable sur cet ensemble.

Pour simplifier nous considérons le cas où l'on a un seul intervalle connexe maximal, c'est-à-dire $Zh(T^G)$. La définition est la même pour chaque intervalle *connexe* maximal, s'il y en a plusieurs.

Il est commode de disposer de la notion de 'extremum'. On peut la définir sur un ensemble quelconque complètement ordonné au moyen des notions de 'infimum' et 'maximum'.

Soit X un ensemble quelconque et x une variable sur X

Définition 48.1
$\forall X ; x\{(x = extr(X)) \Leftrightarrow [(x = inf(X)) \vee (x = max(X))]\}$

Définition D 48.2
$\forall \delta_i \{m\text{-}Iest(\delta_i) \Leftrightarrow$

1) $(\delta_i \subset T^G) \wedge$
2) $Zh(\delta_i) \wedge$
3) $\forall t\, [((t \in \delta_i) \wedge Zw(t)) \Rightarrow [t = extr(\delta_i)]] \wedge$
4) $\forall t\{[(t \in \delta_i) \wedge (\neg(t = extr(T^G))) \wedge (t = extr(\delta_i))] \Rightarrow Zw(t)\}$

On peut ordonner complètement les δ_i en utilisant l'ordre temporel.

Cela permet des affirmations facilement démontrables avec la définition donnée.

(– Chaque δ_i a un seul point en commun avec son prédécesseur ou successeur.
– L'union de tous les δ_i est égale à l'ensemble entier T^G.
– Tout moment compris entre deux moments appartenants au même δ_i, y appartient aussi.
– Pour tout couple de moments proches, il y a un δ_i auquel ils appartiennent tous les deux.
– Tout moment t entre deux moments d'un même δ_i ne peut être un changement de temps ($\neg Zw(t)$).)

Dans une étape antérieure, la définition utilisée était bien plus compliquée et ces affirmations ont dû être démontrées (avec peine!). Mais voilà, les choses se sont simplifiées…

– Le prédicat s-Iest( )

Par le symbole 's-Iest( )' est dénommé le prédicat: '… est un sous-intervalle d'équivalence…'. Le domaine en est l'ensemble $\mathcal{P}(T^G)$. Soit alors δ_{ij} une variable sur cet ensemble.

Définition D 48.3
$\forall\delta_{ij}\,\{\text{s-Iest}(\delta_{ij}) \Leftrightarrow$
1) $\exists\delta_i\,[\delta_{ij} \subset \delta_i] \wedge$
2) $Zh(\delta_{ij}) \wedge$
3) $\forall t[(t = \inf(\delta_{ij})) \Leftrightarrow (t = \inf(\delta_i))]\}$

La raison de la condition 3) apparaîtra dans le § 49.

– Le prédicat Iest( )

Par le symbole 'Iest( )' est dénommé le prédicat: '… est un intervalle d'équivalence…'. Le domaine en est l'ensemble $\mathcal{P}(T^G)$. Soit alors δ une variable sur cet ensemble.

Définition D 48.4
$\forall\delta\,\{\text{Iest}(\delta) \Leftrightarrow [\text{m-Iest}(\delta) \vee \text{s-Iest}(\delta)]\}$

Définition D 48.5
$\Delta := \{\delta|\ \text{Iest}(\delta)\ \}$

Une variable sur Δ sera notée simplement par δ si l'on ne veut faire aucune distinction. Si l'on veut souligner qu'il s'agit d'un intervalle maximal, on utilisera δ_i. Les sous-intervalles seront dénotés par δ_{ij}.

§ 49 Ensembles des points *ayant une relation de* proximité *spatiale au début d'un intervalle δ*

Au moment où commence un δ il se peut que des *points* soient reliés par la *proximité* spatiale. La dissolution de la relation de *proximité* qui a lieu au moment initial d'un intervalle δ ne concerne pas forcément tous les *points.* Heureusement, sinon on ne pourrait pas s'attendre à parvenir à une structure spatiale globale. Au contraire, les intervalles δ successifs, hériteront d'un ensemble toujours plus grand de *points* reliés par la *proximité* spatiale. Si T^G est un seul intervalle *connexe*, alors à son premier moment t_0 il n'y a pas de points reliés par *la proximité* spatiale. Il n'y a même pas de *proximité* temporelle. S'il y a plusieurs intervalles maximaux T^{ma}, qui ne sont donc pas *connexes* entre eux, pour celui qui contient le moment présent (Act(t) (D 18.1)), à son premier moment, il peut exister des *points* reliés par la *proximité* spatiale constituée pendant les intervalles précédents. Nous pouvons donc introduire la définition suivante:

Définition D 49.1
$E_{Rt} := \{p|\exists\ p'\ (N(p\ ;\ p')_t)\}$

C'est l'ensemble des *points* reliés par la *proximité* spatiale au moment t. L'indice '$.._R..$' a été choisi en pensant au terme allemand 'Raum'.

Soit t_{0i} tel que $t_{0i} = \inf(\delta_i)$. D'après la définition D 48.3 (3) on a $\forall\delta_{ij}\,(t_{0i} = \inf(\delta_{ij}))$. On a alors, d'après D 49.1

Définition
$E_{Rtoi} := \{p|\exists\ p'(N(p\ ;\ p')_{t0i})\}$

C'est l'ensemble des *points* qui ont une relation de *proximité* spatiale au commencement de δ_i.

§ 50 Relation de proximité *temporelle restreinte à un δ*

Considérons un intervalle quelconque de validité δ_i. Nous pouvons maintenant définir le prédicat 'Relativement à l'intervalle … , …et … sont proches temporellement'. Ce prédicat peut être symbolisé par '$N^t_{\delta...}$(… ; …)'.

Définition D 50.1
$\forall p ; p' ; \delta_i \{ N^t_{\delta i}(p; p') \Leftrightarrow$
1) $N(p ; p')_{toi}$ ou
2) $\exists$ $ä_{it}$; $ä_{jt'}[[(t <. t') \vee (t <. t')] \wedge (\{t ; t'\} \subset \delta_i)]$ }

Dans le point 2) est utilisée la définition D 29.2 (+ D10.9 + D28.1), en y ajoutant la restriction $(\{t ; t'\} \subset \delta_i)$. Dans le point 1) on remonte de la *proximité* spatiale à une *proximité* temporelle (restreinte). Ce qui est visé par ce point 1) est de retrouver une relation de *proximité* temporelle valable pour tous les *points* et qui permette exactement les mêmes définitions et théorèmes construits avec la relation de *proximité* non restreinte. En particulier, on obtient les définitions de *volute, lacet* et *rugby* en utilisant la relation de *proximité* temporelle restreinte. Or dans ces figures peuvent intervenir des éléments de E_{Rtoi}. Il fallait donc leur attribuer la relation de *proximité* temporelle restreinte. D'où le point 1).

Nous n'allons pas re-proposer les définitions de *volute, lacet* et *rugby*. Il suffit de remplacer N^t(… ;…) par $N^t_{\delta...}$ (… ; …) dans les définitions D31.1, D41.1 et D40.3 ou les notions dérivées, comme N^t_i. A la place de cette dernière, on peut introduire la notion $N^t_{\delta...,i}$. Mais dès le moment que nous n'allons plus travailler qu'avec la relation $N^t_{\delta...}$ (… ; …), on peut oublier l'indice '$..._{\delta...}...$', (qui ne sera ajouté que s'il est nécessaire) et garder exactement les mêmes définitions avec les mêmes symboles. Nous pouvons ainsi garder la même définition aussi pour les *enclos* (D 43.1). Avec ces simplifications d'écriture, nous pouvons définir la notion de fermeture de ces quatre figures.

§ 51 Fermeture des Volutes, Lacets, Rugby *et* Enclos

Le prédicat que nous voulons introduire ici dit ceci: '…est fermée au moment…et il s'agit d'un ….'. Dire que '… est fermée …' équivaut à dire que '…est constitué….'.

Le symbole pour ce prédicat sera 'Fer-…(….)$_{...}$'. La première place avant la parenthèse sera occupée par le prédicat concerné (Vol( ) , Sh( ), Ru( ) ou Gh( )). Il nous faut donc une variable sur l'ensemble {Vol( ); Sh( ); Ru( ); Gh( )}, contenant les quatre prédicats en question.

La place entre parenthèse est un peu plus problématique car pour un *rugby* ru_i on a que (D 40.3 et 40.4) $ru_i \in \mathcal{P}(ST^t)$, pour des *volutes* vol_i (D 31.1 et 31.2) on a que $vol_i \in \mathcal{P}(E)$ de même que pour les *lacets* sh_i (D 40.1 et 40.2 et D 39.1), $sh_i \in \mathcal{P}(E)$. Pour tout *enclos* gh_i on a que $gh_i \in \mathcal{P}(PF^t \cup ST^t)$ (D 43.1 et D41.3). Nous avons ainsi différents types d'ensembles: $\mathcal{P}(E)$, $\mathcal{P}(ST^t)$ et $\mathcal{P}(PF^t \cup ST^t)$.

Il semble pourtant que l'on puisse donner une définition générale en prenant comme ensemble $\mathcal{P}(E) \cup \mathcal{P}(ST^t) \cup \mathcal{P}(PF^t \cup ST^t)$. Le prédicat en question ne concernera qu'un des trois ensembles dont on considère l'union. A première vue il ne semble pas y avoir des difficultés qui nous obligeraient à diviser la définition en trois énoncés distincts. La deuxième plage sera ainsi occupée par un élément de $\mathcal{P}(E) \cup \mathcal{P}(ST^t) \cup \mathcal{P}(PF^t \cup ST^t)$. La troisième plage, à savoir l'indice, indiquera le moment auquel la fermeture a lieu. L'adjonction d'une plage pour indiquer l'intervalle δ_m concerné n'est pas nécessaire, car dès le moment que l'on considère deux moments *proches* appartenant au même intervalle, ce dernier est déterminé d'une manière unique.

Soit alors

X une variable sur {Vol( ); Sh( ); Ru( ); Gh( )},

y une variable sur $\mathcal{P}(E) \cup \mathcal{P}(ST^t) \cup \mathcal{P}(PF^t \cup ST^t)$ et

t une variable sur un intervalle quelconque δ_m:

Définition D 51.1

$\forall X; y; t\{\text{Fer-}X(y)_t \Leftrightarrow \exists y'; p; p'; t'; \delta_{ni}; \delta_{nj}$

1) $[(\delta_{ni} \subset \delta_{nj}) \wedge (\delta_{nj} \setminus \delta_{ni} = \{t\}) \wedge (t' <. t) \wedge$

2) $\wedge \text{End}_{y'}(p')_{t'} \wedge \text{End}_{y'}(p)_{t'} \wedge$

3) $\wedge(\neg N^t_{\delta ni}(p; p') \wedge N^t_{\delta nj}(p; p')) \wedge$

4) $\wedge(\Pi_E(y) = \Pi_E(y'))\wedge$
5) $\wedge X(y)_t]\}$

Dans le point 4) on se réfère à D 42.1 bis.
Il n'est pas nécessaire au point 4) d'exiger que '$(\Pi_E(y) = \Pi_E(y') \cup \{ p; p'\})$' car, le point 2) implique '$\{ p; p'\} \subset \Pi_E(y)$'. Le point 3) soulève quelques questions.

Il semble que par $(\neg N^t_\delta (p; p') \wedge N^t_\delta (p; p'))$ on affirme une proposition et sa négation et qu'on élimine la contradiction en disant que $(\neg N^t_\delta (p ; p'))$ est relié à un moment (à travers δ_{ni}) et $N^t_\delta (p; p')$ à un autre (à travers δ_{nj}). Mais s'il s'agit de la même proposition, ce qui correspond à un même état dans un sujet, il se trouve que la contradiction n'est pas évitée: le sujet est et n'est pas dans cet état. L'erreur est donc de considérer qu'il s'agit de la même proposition.

Par $(\neg N^t_{\delta ni} (p; p'))$ on affirme
1) $\{p ; p'\} \not\subset E_{Rtoi}$ et
2) $\forall t ; t'[((t <. t') \wedge (\{t ; t'\} \subset \delta_{ni})) \Rightarrow ((\chi_{ip}(t) = \chi_{ip}(t'))\wedge(\chi_{ip'}(t) = \chi_{ip'}(t')))]\}$
Par $(N^t_{\delta nj} (p; p'))$ on affirme
1) $\{p ; p'\} \subset E_{Rtoi}$ ou
2) $\exists\, ä_{it} ; ä_{jt'}[[(t <. t') \vee (t <. t')] \wedge(\{t ; t'\} \subset \delta_{nj})] \}$
Ce n'est pas la même proposition qui est affirmée et niée. La première reste niée même si le moment présent (Act(t)) n'est plus le dernier moment de δ_{ni}. Donc les deux propositions sont simultanément vraies.

§ 52 Changements de temps (Zeitwende)

Les *changements de temps* sont les moments extrêmes des intervalles d'équivalence spatio-temporelle. Pour le moment nous ne disposons que de la fermeture des *Volutes, Lacets* et *Rugby* comme critère pour fixer un *changement de temps*. Dès le moment qu'ils ne seront pas les seuls critères, il n'est pas possible de proposer ici une définition en utilisant la double implication. Il s'agit d'une définition partielle.

Les *enclos* sont au contraire considérés comme des structures spatialisables.

Soit alors X une variable sur {Vol( ); Sh( ); Ru( )} (D 51.1),

Définition D 52.1
$\forall t \{\exists X,y\ [\text{Fer-}X(y)_t] \Rightarrow Zw(t)\}$

– *Les intervalles* δ_0, δ_1, ..., δ_n, δ_{n+1}, ...

a) Au début du temps donné on a $T^G = \{t_0\}$ et $E_{Rt0} = \varnothing$ (D 49.1). Il n'y a qu'un intervalle *connexe* maximal δ_0, et l'on a Iest(δ_0) d'après la définition D48.2.
Si $T^G = \{t_0; t_1\}$, on a le premier *point* par le premier changement (D 28.1 et D 29.1). Ainsi $|E| = 1$ et aucune fermeture ne peut pas encore avoir lieu.
Si $T^G = \{t_0; t_1; t_2; t_3\}$, une première fermeture est possible.

b) On peut aussi avoir le début d'un nouvel intervalle *connexe* donné T, T = $\{t_0\}$ et il se peut qu'on ait $E_{Rt0} \neq \varnothing$. On n'a pourtant pas encore un nouveau *point*. Mais le moment successif est relié à un *point*, et il peut être nouveau ou appartenir à E_{Rt0}. Dans les deux cas on n'a pas de fermeture car il n'y a pas encore une nouvelle relation de *proximité* temporelle, celle-ci exigeant deux *changements proches* dans le même intervalle *connexe*. Une première fermeture n'est possible que pour $T^G = \{t_0; t_1; t_2\}$.

c) D'une façon générale, au moment initial t_{0i} d'un intervalle d'équivalence δ_i, on a un ensemble $R_{t0i} \neq \varnothing$. Au moment suivant il est possible qu'une relation de *proximité* temporelle restreinte soit déjà établie. Cela dépend du fait que le *point* qui a varié au moment t_{0i} peut appartenir à R_{t0i} ou perdre toute relation de *proximité* spatiale. S'il la perd, il faut attendre encore un moment supplémentaire, comme pour le cas b).

§ 53 Equivalence entre proximité *temporelle restreinte et* proximité *spatiale*

L'affirmation de *proximité* spatiale dépend toujours du moment dans le temps, elle est en particulier relative à un intervalle d'équivalence. En d'autres mots, elle est toujours restreinte à un intervalle d'équivalence, ce qui n'empêche pas qu'elle puisse être conservée d'un intervalle au suivant. C'est bien ce que l'on espère obtenir. Comme d'habitude, nous argumentons sur un intervalle d'équivalence quelconque, sans l'indiquer.

Au moment initial t_{0i} d'un intervalle δ_i, qui est aussi le moment final de l'intervalle précédent, ce qui fait de lui aussi un *changement de temps* (Zw(t_{0i})), on hérite d'un ensemble E_{Rt0i} de *points proches* spatialement. Cela est défini immédiatement par la définition suivante D 53.1. D'après la définition D 50.1, ces *points* sont aussi reliés par la *proximité* temporelle restreinte [$N^t_{\delta i}$ (p; p')]. Le déroulement du processus pendant l'intervalle δ_i permet d'établir à chaque moment l'ensemble des *points* reliés par la relation de *proximité* temporelle restreinte. Tant qu'un *changement de temps* n'intervient pas, cela se fait par l'équivalence suivante, définie pour chaque moment, au moyen de laquelle est définie le prédicat '...,... sont proches spatialement au moment...' symbolisé par $N(\ldots ; \ldots)_t$.

Définition D 53.1
$\forall \delta_i ; t ; p ; p' ; X ; y\{ N(p ; p')_t \Leftrightarrow$
i) $[(t > t_{0i}) \wedge (\neg(Zw(t)) \wedge N^t_{\delta i}(p ; p')] \vee$
ii) $[(t > t_{0i}) \wedge Zw(t) \wedge Fer\text{-}X(y)_t \wedge(\{p ; p'\} \not\subset y)] \}$
Le point ii) définit déjà la

– *perte (ou dissolution/Aufhebung) de la proximité spatiale*

pour toute paire de *points* appartenant à une des figures exclues de la spatialisation (*volutes, lacets* et *rugby*) et dont la fermeture constitue un *changement de temps*. Un *point* peut appartenir à une telle figure, définie temporellement, et garder une relation de *proximité* spatiale avec un *point* qui n'y appartient pas. Dans ce cas, il est un *nœud*, et la figure ne peut pas être une *volute*.

C'est cette définition D 53.1 qui est censée permettre la spatialisation à partir de l'ordre temporel. L'autre grand pas sera traité avec les axiomes qui fixent les notions d'*intérieur* et d'*extérieur*. Mais il faut pour cela retraduire toutes les notions temporelles sur les *points* dans les notions spatiales équivalentes. Les définitions restent cependant les mêmes, en utilisant la relation '$N(\ldots ; \ldots)_t$' (si possible sans indiquer l'indice de temps (donc N(... ; ...))) à la place de '$N^t(\ldots ;\ldots)$'.

§ 54 Figures spatiales

Sont réunies ici les traductions spatiales des définitions temporelles sur les *points*.

Définition D 54 .1
$E_{Rt} := \{p | \exists\ p' N(p;\ p')_t\}$, l'ensemble des *points* reliés par la *proximité* spatiale.

On a $E_{Rt} \subseteq E_t$ (D 29.1).

– Les proches d'un point

Définition D 54.2
$N_i := \{p|N(p; p_i)\}$ l'ensemble des *proches* du *point* p_i.

– Chemins

Définition D 54.3 (D 30.1)
$\forall X\{ Pf(X) \Leftrightarrow$
3) $\forall Y\{[((Y\subset X)\wedge (Y \neq X)\wedge(Y \neq \varnothing))] \Rightarrow \exists\, p_i ; p_j\, [(p_i \in Y)\wedge(p_j\in (X \setminus Y))\wedge$
$\wedge N(p_i ; p_j)]\} \wedge$
4) $\wedge\ \forall p_i\ \{(p_i\in X) \Rightarrow |N_i\,| \leq 2\}\}$

Définition D 54.4
$PF := \{X|\ Pf(X)\}$

Une variable sera notée pf_i.

– Chemins maximaux

Définition D 54.5 (D 32.1)
$\forall pf\,\{Ma(pf) \Leftrightarrow \forall pf'[(pf \subset pf') \Rightarrow (pf = pf')]\}$

– Points d'attache

Définition D 54.6 (D 33.1)
$\forall p_i\ \{\ Ber_j(p_j) \Leftrightarrow [(N_i \cap pf_j \neq \varnothing) \wedge (|N_i| > 2)]\}$

Définition D 54.7 (D 33.2)
$BER^t_i := \{\ p|\ Ber_i(p)\}$ l'ensemble des *points d'attache* du *chemin* pf_i.

– Point terminal d'un chemin

Définition D 54.8(D 34.1):
$\forall p_i; pf_j \{End_j(p_i) \Leftrightarrow [(p_i \in pf_j) \wedge (|N_i \cap pf_j| \leq 1]\}$

– Pointe d'un chemin

Définition D 54.9 (D 38.2)
$\forall\ pf_l; p_i\ [Spi_l(p_i) \Leftrightarrow (End_l(p_i) \wedge (|N_i| = 1))]$

– Point proche d'un chemin pf_l

Définition D 54.10 (D 38.3)
$\forall\ pf_l; p_i\ [Pn_l(p_i) \Leftrightarrow \exists\ p_j\ [(p_j \in pf_l) \wedge (p_i \notin pf_l) \wedge N(p_i\ ;\ p_j)]]$

– Parcours

Définition D 54.11 (D 39.1)
$\forall\ X\ \{St\,(X)\ \Leftrightarrow$
2) $\exists\ pf_i$
i) $[(\ pf_i \neq \emptyset) \wedge Ma(pf_i) \wedge$
ii) $\forall p[(p \in (X \setminus pf_i) \Rightarrow Ber_i(p)] \wedge$
iii) $[(X \cap pf_i \neq \emptyset) \Rightarrow ((X \cap END_i) \neq \emptyset)] \wedge$
iv) $((BER_i \neq \emptyset) \Rightarrow (X \cap BER_i) \neq \emptyset))$
v) $\forall\ pf_j\,[(X \cap pf_j \neq \emptyset) \Rightarrow (pf_j \subseteq pf_i)]$
vi) $\forall Y\ \{[((Y \subset X) \wedge (Y \neq X) \wedge (Y \neq \emptyset))] \Rightarrow$
$\Rightarrow \exists\ p_i\ ;\ p_j\ [(\ p_i \in Y) \wedge (p_j \in (X \setminus Y)) \wedge N(p_i\ ;\ p_j)]\}$
ou bien
2) $\exists\ p\ ;\ p'\ [[((X = \{p\ ;\ p'\}) \wedge N(p\ ;p')) \vee (|X| = 1)] \wedge \neg\ Pf(X)]\}$

– Point terminal d'un parcours

Définition D 54.12 (D 39.2)
$\forall\ st_i\ ;\ p_j\{End_{sti}(p_j) \Leftrightarrow [(p_j \in st_i\ ) \wedge (|N_j \cap st_i\,| \leq 1)]\}$

– Pointe d'un parcours

Définition D 54.13 (D 39.3)
$\forall\ st_i\ ;\ p_j\{\ Spi_{sti}(p_j) \Leftrightarrow [End_{sti}(p_j) \wedge (|N_j| \leq 1)]\}$

– *Nœuds d'un parcours*

Définition D 54.14 (D 39.4)
$\forall\ st_i ; p_j\{Kn_{sti}(p_j) \Leftrightarrow [(|\ N_j| > 2) \wedge (p_j \in st_i)]\}$

Définition D 54.15 (D 39.5)
$\forall\ p\{Kn(p) \Leftrightarrow \exists\ st_i\ [\ Kn_{sti}(p)]\}$

Définition D 54.16 (D 39.6)
$\forall\ st_i\ \{KN_{sti} := \{p|\ Kn_{sti}(p)\}$

Définition D 54.17 (D 39.7)
$KN^t := \{p|\ Kn^t(p)\}$

Définition D 54.18 (D 39.8)
$\forall\ st_i; p_j\ [Spi_{sti}(p_j) \Leftrightarrow (End_{sti}(p_j) \wedge (|N_j| = 1))]$

– *Routes*

Définition D 54.19 (D 41.1)
$\forall\ p_i ; p_j\{N_{\{\}}(\{p_i\}\ ;\{p_j\}) \Leftrightarrow N(p_i ; p_j)\}$

Définition D 54.20 (D 41.2)
$\forall\ p_i[N_{\{i\}} := \{\{p_j\}|\ N_{\{\}}(\{p_i\}\ ;\{p_j\})\}]$

Définition D 54.21 (D 41.3)
$\forall\ X\{Wg(X) \Leftrightarrow$
4) $\forall Y ;Z\{[(\{Y ; Z\} \subset (PF \cup ST)) \wedge (Y \subset Z) \wedge (Z \in X)] \Rightarrow (Y \in X)\}$
5) $\forall Y\ [((X \setminus Y) \neq \varnothing \neq Y) \Rightarrow$
$\Rightarrow \exists p_x ; p_y\ [(\{p_x\} \in X \setminus Y) \wedge (\{p_y\} \in Y) \wedge N(\{p_x\}\ ;\{p_y\}) \wedge (\{p_i ;p_j\} \in X)]$
6) $\forall p_i ; Y[((Y \subset N_{\{i\}}) \wedge \forall y(\{y ; p_i\} \in X)) \Rightarrow (|Y| \leq 2)]\}$

Définition D 54.22 (D 41.4)
$WG := \{X|\ Wg(X)\}$ l'ensemble de toutes les *routes* (spatiales). Une variable sur cet ensemble sera symbolisée par wg_i.

– *Proximité restreinte à une route*

Définition D 54.23 (D 41.5)
$\forall\ wg_i\ ;\ p_j;\ p_k\ \{\ N_{wgi}(p_j;p_k) \Leftrightarrow [\ N_{\{\}}(\{p_j\};\{p_k\}) \wedge (\{p_j;\ p_k\ \} \in wg_i)]\}$

On peut alors définir l'ensemble des *proches* d'un *point* (D 54.2), mais selon cette *proximité* restreinte.

Définition D 54.24 (D 41.6)
$N_{i\ ;wgi} := \{p_j |\ N_{wgi}\ (p_j;p_i)\}$

– *Point terminal d'une route*

Définition D 54.25 (D 41.7)
$\forall\ p_i;\ wg_j\ \{End_{wgj}(p_i) \Leftrightarrow [(\{p_i\} \in wg_j) \wedge (|N_i \cap wg_j| \leq 1)]\}$
ou bien
$\forall\ p_i;\ wg_j\ \{End_{wgj}(p_i) \Leftrightarrow [(\{p_i\} \in wg_j) \wedge (|N_{i;wgj}| \leq 1)]\}$

Définition D 54.26 (D 41.8)
$\forall\ wg_j\ \{END_{wgj} := \{p_i|End_{wgj}(p_i)\}\}$ l'ensemble des *points* terminaux d'une *route*, et soit 'end_{wgj}' le symbole pour une variable sur cet ensemble.

– *Pointe d'une route*

Définition D 54. 27 (D 41.9)
$\forall\ p_i;\ wg_j\ \{Spi_{wgj}(p_i) \Leftrightarrow [End_{wgj}(p_i) \wedge (|N_i| = 1)]\}$

– *Nœuds d'une route*

Définition D 54. 28 (D 41.10)
$\forall\ p_i;\ wg_j\ \{Kn_{wgj}(p_i) \Leftrightarrow [(\{p_i\} \in wg_j) \wedge (|N_i| > 2)]\}$

La notion suivante est celle qui correspond à la notion temporelle d'*enclos*. Il s'agit de la notion d'*enceinte*. Nous la symbolisons en pensant au mot allemand 'Umzäunung'. Vu son importance, nous lui réservons un paragraphe.

Les théorèmes relatifs aux *routes* temporelles sont aussi valables pour les *routes* (spatiales).

§ 55 Enceintes

Pour définir cette notion, il suffit de reprendre, ici aussi, la définition des *enclos* en utilisant la notion de *proximité* spatiale, à la place de la temporelle. Mais pour bien marquer que nous sommes maintenant au niveau spatial, le prédicat correspondant à 'Gh( )', sera dénommé par un nouveau symbole 'Um( )', avec comme domaine l'ensemble WG des *routes* spatiales.

Définition D 55.1 (D 43.1)
$\forall\, wg_i \{Um(wg_i) \Leftrightarrow$
4) $\forall\, p_j\, [(\{p_i\} \in wg_i) \Rightarrow (|N_{\{i\};wgi}| = 2)]$ D 41.6 et 41.3(3)
5) $\forall\, wg_j\, [(wg_j \subset wg_i) \Rightarrow \exists\, wg_k\, ((wg_j \cup^+ wg_k) = wg_i)]$ D 42.1

Le point 3) qui exigeait $\neg(Vol(\Pi(wg_i)) \vee Sh(\Pi(wg_i)) \vee Ru(wg_i))$ n'est plus nécessaire, car les trois figures concernées ne sont de toute façon pas spatialisées.

On pourrait aussi exiger que pour une *enceinte* il existe un *enclos*, défini avec la relation de *proximité* temporelle restreinte, ayant le même ensemble de *points* par l'application $\Pi_E(\ )$.

Définition D 55.2
UM := {wg| Um(wg)} l'ensemble de toutes les *enceintes*.
On retrouve les théorèmes relatifs aux *enclos*.

Théorème TUm 55.1 (TGh 43.1)
$\forall\, um_j\, (|\Pi(um_j)| \geq 3)$

Théorème TUm 55.2 (TGh 43.2)
$\forall\, um_i; um_j\, \{(um_i \subset um_j) \Rightarrow (um_i = um_j)\}$

Théorème TUm 55.3 (TGh 43.3)
$\forall\, um_i; um_j\, (\neg Um(um_i \cup um_j)$

Théorème TUm 55.4 (TGh 43.4)
$\forall\, weg_1; \ldots ; weg_n$
$\{[\exists p_a; p_b \{End^t_{wg1}(p_a) \wedge \ldots \wedge End^t_{wgn}(p_a) \wedge \ldots \wedge End^t_{wg1}(p_b) \wedge \ldots; End^t_{wgn}(p_b)\} \wedge$
$\wedge \{(wg_1 \cap \ldots \cap wg_n) = \{ p_a; p_b\}\}] \Rightarrow$

$\Rightarrow \forall\ wg_i;\ wg_j\ [\exists\ um_{i;j}\ (\Pi_E(um_{i;j}) = \Pi_E(\ wg_i \cup wg_j))]]\}$

On obtient ainsi (n-1)(n-2).....(n-n+1) = (n-1)!= (n(n-1)/2) *enceintes*.

Théorème TUm 55.5
$\forall\ um_i;\ um_j\{[(um_i \neq um_j) \wedge (um_i \cap um_j \neq \varnothing) \wedge Wg(um_i \cap um_j)] \Rightarrow$
$\Rightarrow \exists\ wg_1;\ wg_2;\ wg_3;\ um_l\ [(\Pi_E(um_i) = \Pi_E(\ wg_1 \cup wg_3)) \wedge$
$\wedge\ (\Pi_E(um_j) = \Pi_E(\ wg_2 \cup wg_3)) \wedge (\Pi_E(um_l) = \Pi_E(\ wg_1 \cup wg_2))]\}$

Preuve
Il suffit de poser
$wg_1 := um_i \backslash (um_i \cap um_j)$
$wg_2 := um_j \backslash (um_i \cap um_j)$
$wg_3 := (um_i \cap um_j)$
et appliquer le théorème TUm 55.4.

– *Nœuds d'une enceinte*

Définition D 55.3 (D 54. 28 +D 41.10)
$\forall\ p_i;\ um_j\ \{Kn_{umj}(p_i) \Leftrightarrow [(\{p_i\} \in um_j) \wedge (|N_{\{i\}}| > 2)]\}$

– *Arête d'une enceinte*

L'*arête* d'une *enceinte* est définie avec le prédicat 'Kan$_{(\ )}$( )', ayant comme domaine l'ensemble UM×ST. Le symbole 'Kan' a été choisi en relation avec le mot allemand 'Kante'.

Définition D 55.4
$\forall st;\ um_j\{Kan(st) \Leftrightarrow [(st \in um_j) \wedge (|KN_{st}| = 2)]\}$
avec «KN_{st}» comme dans D 41.11.

§ 56 Arborescences

Dans ce paragraphe nous reprenons au niveau spatial les notions introduites au paragraphe 44, en les développant.

Nous considérons une variable X sur l'ensemble $\mathcal{P}\ (ST^t \cup PF^t)$. En général il ne s'agit pas de routes. Le prédicat sera symbolisé par 'Arb( )'.

Définition D 56.1(D 44.1)

$\forall X\{Arb(X) \Leftrightarrow$

1) $\forall Y; Z[((Y \subset Z) \wedge (Z \subset X)) \Rightarrow (Y \subset X)]$

2) $\forall Y[(X \setminus Y \neq \emptyset \neq Y) \Rightarrow$

$\Rightarrow \exists p_x; p_y [(\{p_x\} \in X \setminus Y) \wedge (\{p_y\} \in Y) \wedge N(p_x; p_y) \wedge (\{p_x; p_y\} \in X)]]$

3) $\forall[(Y \subseteq X) \Rightarrow \neg Um(Y)]\}$

Définition D 56.2 (D 44.2)

ARB := {X| Arb(X)} l'ensemble de tous les *arborescences*.

Une variable sur cet ensemble sera notée arb_i.

– Nœuds d'une arborescence

Pour rester dans la métaphore de l'arbre, on pourrait parler ici d'embranchements, mais il est peut-être plus commode de garder la même terminologie que pour les autres figures.

Le prédicat sera symbolisé par '$Kn_{(\ )}(\ \ )$', avec l'ensemble $ARB \times E_R$ comme domaine

Définition D 56.3

$\forall\ arb_i ; p\{Kn_{arbi}(p) \Leftrightarrow \exists st_j[(st_j \in arb_i) \wedge Kn_{stj}(p)]\}$

– Epine d'une arborescence

Prédicat: '$Epi_{()}(\ )$'. Domaine: ARB× ST.

Définition D 56.4

$\forall\ arb_i ; st_j\{Epi_{arbi}(st_j) \Leftrightarrow$

$\Leftrightarrow [(st_j \in arb_i) \wedge (|KN_{stj}| = 1) \wedge \forall\ st_l[((st_j \subset st_l) \wedge (st_j \neq st_l)) \Rightarrow (st_l \notin arb_i)]\}$

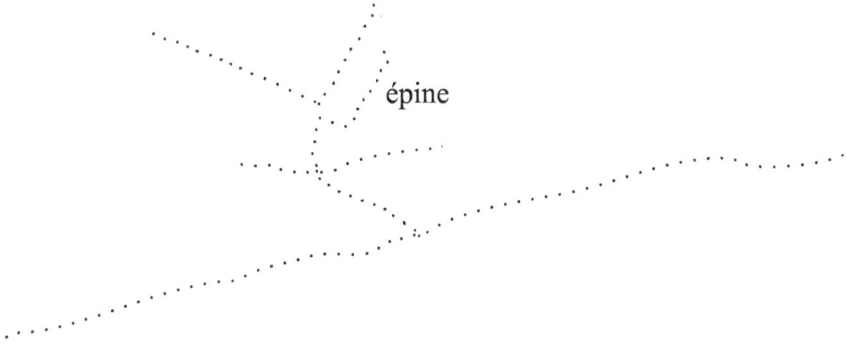

– *Pied d'une arborescence*

Prédicat: '$\text{Pie}_{(\,)}(\,)$'. Domaine: $ARB\times E_R$.

Définition D 56.5
$\forall\ arb_i\,;\, p\{\ Pie_{arbi}(p) \Leftrightarrow$
$\Leftrightarrow \exists\ st_j\ [Kn_{stj}(p) \wedge (st_j \in arb_i) \wedge \forall st_k[\ Kn_{stk}(p) \Rightarrow (st_k \notin arb_i)]]\}$

Le fait d'exiger $Kn_{stj}(p)$ implique l'existence d'autres *parcours* st_k tels que p en soit le *nœud*, sinon p ne peut pas être le *nœud* du parcours st_j (D 54.14). Si l'on n'exigeait pas $Kn_{stj}(p)$, on retomberait sur d'autres notions (*épine*).

– *Tronc d'une arborescence*

Prédicat: '$\text{Tro}_{(\,)}(\,)$'. Domaine: $ARB\times ST$.

Définition D 56.6
$\forall\ arb_i\,;\, st_j\{Tro_{arbi}(st_j) \Leftrightarrow \exists\ p\ [\ Pie_{arbi}(p) \wedge (p \in st_j) \wedge\ (st_j\ \in arb_i\ )]\}$
Un *tronc* est forcément un *parcours* à cause de '$Pie_{arbi}(p) \wedge (p \in st_j)$'.

– *Arborescence maximale*

Prédicat: 'Max( )'. Domaine: ARB.

Définition D 56.7
$\forall\ arb_i\ \{Max(arb_i) \Leftrightarrow \forall\ arb_j\ [(arb_i \subset arb_j) \Rightarrow (arb_i = arb_j)]\}$

– Sous-arborescence

Prédicat: ‘S-Arb$_{( )}$( )’. Domaine: ARB×ARB.

Définition D 56.8
$\forall$ arb$_i$; arb$_j$ {S-Arb$_i$(arb$_j$) $\Leftrightarrow$ (arb$_j \subset$ arb$_i$)}

– Branche d’une arborescence

Prédicat: ‘Bran$_{( )}$( )’. Domaine: ARB×ARB

Définition D 56.9
$\forall$ arb$_i$; arb$_j$ {Bran$_{arbi}$(arb$_j$) $\Leftrightarrow$
$\exists$ arb$_k$; p[Pie$_{arbj}$(p) $\wedge$(arb$_k \cap$ arb$_j$ ={p})$\wedge$(Π_E(arb$_i$) = Π_E(arb$_k \cup$ arb$_j$))]}

Dans cette définition il n’est pas exclu que l’on ait arb$_k$ = ∅. Cela permet de considérer une *arborescence* sur une *enceinte* (qui n’est pas une *arborescence*) comme une *branche*.

– Sous-branche d’une arborescence

Prédicat: ‘S- Bran$_{( )}$( )’. Domaine: ARB×ARB

Définition D 56.10
$\forall$ arb$_i$; arb$_j$ {S-Bran$_{arbi}$(arb$_j$) $\Leftrightarrow$ [(arb$_j \subset$ arb$_j$) $\wedge \forall$p(Pie$_{arbj}$(p) $\Leftrightarrow$ Pie$_{arbi}$(p))]}

Il s’ensuit qu’une sous-*branche* est une sous-*arborescence*, mais non l’inverse.

La construction de ces notions est exigée par le fait qu’avant d’avoir une *enceinte*, avant qu’elle ne soit fermée, on a une *arborescence*. En d’autres mots, une *enceinte* se construit à partir d’une *arborescence*. D’où le paragraphe suivant:

§ 57 Fermeture d’une enceinte

Pour définir cette notion, il suffit de reprendre la définition D 51.1, avec les petits aménagements nécessaires.

Soit alors y une variable sur WEG et ‘Fer-Um( )$_t$’ le prédicat correspondant.

Définition D 57.1

$\forall y\ ; t\{Fer\text{-}Um(y)_t \Leftrightarrow \exists y'; p; p'; t'; \delta_{ni}; \delta_{nj}$

6) $[(\delta_{ni} \subset \delta_{nj}) \wedge (\delta_{nj} \setminus \delta_{ni} = \{t\}) \wedge (t' < .t) \wedge$

7) $\wedge End_{y'}(p')_{t'} \wedge End_{y'}(p)_{t'} \wedge$

8) $\wedge(\neg N^t_{\delta ni}(p; p') \wedge N^t_{\delta nj}(p; p')) \wedge$

9) $\wedge(\Pi_E(y) = \Pi_E(y'))\wedge$

10) $\wedge\ Um(y)_t]\}$

On pourrait définir la fermeture, en se ramenant à la fermeture de l'*enclos* (temporel) correspondant.

– *Arête de fermeture d'une enceinte*

Par '*arête* de fermeture' on veut désigner l'*arête* de l'*enceinte* qui contient le couple de *points*, dont l'établissement de la relation de *proximité* a permis de former l'*enceinte* elle-même.

Prédicat '$Kan_{fer(\ )}(\ )_{(\ )}$', avec l'ensemble $UM \times ST \times T$ comme domaine

Définition D 57.2

$\forall um_i; st_j\ \{Kan_{fer\text{-}umi}(st_j)_t \Leftrightarrow \exists t; t'; p; p'$

$[Fer\text{-}Um(um_i)_t \wedge Kan_{umi}(st_j) \wedge (\{p; p'\} \subset st_j) \wedge (t' < .t) \wedge(\neg N^t_{\delta nit'}(p; p')_{t'} \wedge$

$\wedge\ N^t_{\delta nt}(p; p')_t)]\}$

– *Sous-route de fermeture d'une enceinte*

Est *route* de fermeture d'une *enceinte* celle qui y appartient, qui contient l'*arête* de fermeture et qui juste avant la fermeture n'appartenait à aucune autre *enceinte*. Mais cette dernière condition présente plusieurs cas possibles. D'où les deux définitions suivantes.

Le prédicat 'Sous-*route* de fermeture', symbolisé par '$S\text{-}Wg_{fer\text{-}(\ )}(\ )_{(\ )}$', avec $UM \times WG \times T$ comme domaine.

Définition D 57.3

$\forall\ um_i\ ; wg_j\ ; t\{\ S\text{-}Wg_{fer\text{-}umi}(wg_j)_t \Leftrightarrow$

1) $[(wg_j \subset um_i) \wedge$

2) $\wedge\forall\ st_k\ ((Kan_{fer\text{-}umi}(st_k) \Rightarrow (st_k \in wg_j)) \wedge$

3) $\wedge\ [(|\Pi_E(wg_j)| > 2\ ) \Rightarrow$

$\Rightarrow \exists x; y; t'\ [(t' < .t) \wedge (Arb(x)_{t'} \wedge (Arb(y)_{t'} \wedge (\Pi_E(wg_j) \subset \Pi_E(x \cup y))]]\}$

Dans la condition 3) on admet que l'un des deux (ou les deux) ensembles x et y puisse(nt) être vide(s).

– *Route de fermeture d'une enceinte*

Le prédicat 'Route de fermeture' symbolisé par '$Wg_{fer\text{-}(\ )}(\ )_{(\ )}$' peut être défini par la notion de maximalité sur les sous-*routes*.

Définition D 57.4
$\forall$ um_i; wg_j; t{$Weg_{fer\text{-}umi}(wg_j)_t \Leftrightarrow$
$\Leftrightarrow \forall wg_k[(S\text{-}Wg_{fer\text{-}umi}(wg_k)_t \wedge (wg_j \subset wg_k)) \Rightarrow (wg_j = wg_k)]$}

§ 58 Fermeture d'une enceinte *dans une* arborescence

Un cas intéressant est celui où une *enceinte* se ferme dans une *arborescence.* Dans ce cas l'*enceinte* entière constitue sa propre *route* de fermeture. Il est à noter qu'on a le

Théorème T Um 58.6
Dans une *arborescence*, une fermeture d'*enceinte* (avec la supposition qu'il n'y ait qu'un *changement* à chaque moment (§28)) ne pourra engendrer qu'une seule *enceinte* sinon il ne s'agirait pas d'une *arborescence.* S'il ne s'agit pas d'une *arborescence,* plusieurs *enceintes* peuvent se fermer simultanément, toujours avec l'hypothèse d'un seul *changement* à chaque moment.

II-1 C L'*intérieur* et l'*extérieur* d'une *enceinte*

Lorsqu'une *route* se forme et relie deux *points* d'une *enceinte*, sa localisation par rapport à celle-ci n'est pas déterminée, à moins d'admettre qu'on voit où elle passe, ce qui revient à supposer soit qu'il y ait une forme spatiale préalable (ou a priori), soit que la structure spatiale est donnée dans la perception. Si on ferme les yeux, et qu'on ne s'en tient qu'à l'ordre temporel (lui-même résultant d'une construction), on voit bien que si on veut fixer la localisation de la *route* (en représentant cela sur une feuille de papier), on a le choix, ce qui montre qu'elle n'est pas déterminée. Même la notion d'*intérieur* ou d'*extérieur* d'une *enceinte* n'est pas univoque. Il suffit de dessiner une *enceinte* sur une sphère pour voir que ces rôles sont interchangeables. A cela s'ajoute le fait qu'il s'agit d'une théorie qui ne considère que des ensembles finis (au plus dénombrables). On ne peut donc pas affirmer qu'une *route* qui relie un *point interne* à une *enceinte* avec un *point externe*, doive avoir une intersection avec elle, ce qui augmente l'ambiguïté. On ne peut de plus même pas s'appuyer sur la structure spatiale de la page sur laquelle on écrit. Il a fallu reconstruire toutes ces notions et trouver un sentier dans ces sables mouvants.

§ 59 Le Tissu *spatial*

Les notions construites jusqu'ici permettent d'obtenir des *routes* reliées entre elles, dont certaines sont des *enceintes* (les précurseurs des polygones). On dispose ainsi d'une espèce de tissu. Pour chaque *enceinte* il faut y découper les morceaux qui en constituent l'*intérieur* et l'*extérieur.* Décrivons alors d'abord le tissu.

– Routes reliées

Deux *routes* qui ne se croisent pas peuvent pourtant être reliées par une autre *route.* Pour exprimer cela on peut utiliser le prédicat 'Re(…;…)' dont le domaine est WG×WG. ('Re(;)' pour relié.)

Définition D 59.1
$\forall wg ; wg'\{Re(wg ;wg') \Leftrightarrow \exists wg''[(wg \cap wg'' \neq \varnothing) \wedge (wg' \cap wg'' \neq \varnothing)]\}$

Du fait que chaque *enceinte* est aussi une *route*, par D 59.1 on a aussi la définition de la liaison entre les *enceintes.*
On peut appliquer cette notion aux *chemins* et aux *parcours.*

Définition D 59.2
$\forall st; st'$
$\{Re(st ;st') \Leftrightarrow \exists wg[(\Pi_E(st) \cap \Pi_E(wg) \neq \varnothing) \wedge \ \Pi_E(st') \cap \Pi_E(wg) \neq \varnothing)]\}$

Il ne faut pas oublier qu'une *route* n'est pas un ensemble de *points* mais un ensemble de *chemins* et de *parcours.*

Définition D 59.3
$\forall pf; pf'$
$\{Re(pf ;pf') \Leftrightarrow \exists wg[(\Pi_E(pf) \cap \Pi_E(wg) \neq \emptyset) \wedge(\Pi_E(pf') \cap \Pi_E(wg) \neq \emptyset)]\}$

On peut aussi construire une relation croisée, entre *chemins, parcours* et *routes*. Soit alors x une variable sur $PF \cup ST$.

Définition D 59.4
$\forall wg; x\{Re(wg; x) \Leftrightarrow \exists wg'[(\Pi_E(x) \cap \Pi_E(wg') \neq \emptyset) \wedge(wg \cap wg' \neq \emptyset)]\}$

– La trame d'une route

Par *trame* d'une *route*, nous entendons l'ensemble de tous les *chemins* et *parcours* reliés avec elle. Pour la *route* wg_i, cet ensemble sera dénommé par TR_i. Soit alors y une variable sur l'ensemble $ST \cup PF$. Il a fallu décider si les *routes* elles-mêmes étaient à considérer comme des éléments de l'ensemble TR_i. Mais vu leur définition, il suffit de les considérer comme des sous-ensembles (c'est-à-dire $wg \subset TR_i$), ce qui évite de mélanger des ensembles de niveaux différents. Cette décision sera justifiée en plus par le fait qu'elle permet l'énoncé de l'axiome A I-Ä 64.4.

Définition D 59.2
$TR_i := \{y | Re(wg_i;y)\}$

La *trame* d'une *route* peut contenir des *arborescences*, qui ont *pied* sur elle ou sur une autre *route* qui lui est reliée. Mais la localisation des *arborescences* (c'est-à-dire leur attribution à l'*intérieur* ou à l'*extérieur* d'une enceinte) se révèle indécidable. Il faut donc construire une nouvelle notion, de laquelle les *arborescences* sont exclues. De plus, dès le moment que le problème est relatif aux notions d'*intérieur* et extérieur d'une *enceinte*, il faut considérer la liaison avec uniquement les *enceintes*.

D'où la notion suivante:

– Tissu d'une enceinte

La notion de 'tissu de l'enceinte…' sera introduite par le prédicat '$Tis_{( )}( )$', dont le domaine sera $UM \times \mathcal{P}(PF \cup ST)$.

Soit alors X une variable sur $\mathcal{P}(PF \cup ST)$ et x une variable sur $PF \cup ST$.

Premier essai.

Définition

$\forall um_i; X\{Tis_i(X) \Leftrightarrow$

$\forall x[(x \in X) \Rightarrow \exists wg; wg'; p; p'; p''; p'''$

1) $[(x \in wg) \wedge$

2) $((p \neq p') \wedge \{\{p\};\{p'\}\} = (wg \cap um_i)) \wedge$

3) $\Pi_E(wg) = \Pi_E(wg') \cup \{p;p'\} \wedge$

4) $\{\{p''\};\{p'''\}\} \subset wg' \wedge$

5) $N(p;p'') \wedge N(p';p''') \wedge$

6) $((p''= p''') \vee (p'' \neq p''')]]\}$

Les points 3) à 6) sont conçus à la fois pour exclure les arborescences, par l'exigence d'un chemin wg' (qui appartient ainsi à un chemin plus grand (wg ou wg complété par un chemin dans um_i *et ayant p et p' comme points terminaux) qui est une enceinte, ce qui est exclu pour une arborescence), mais aussi pour permettre d'avoir* $N_{wgi}(p\ ;\ p')$ *(D 54.23). Le chemin wg' peut se réduire à un ensemble ne contenant qu'un point. Dans ce cas on a (p''= p'''), mais il ne faut pas qu'on ait une des figures exclues de la spatialisation.*

La condition 2) exclut une enceinte qui n'ait qu'un (ensemble à un) seul point en commun avec l'enceinte um_i *ou qui ne soit reliée que par un seul chemin (comme un ballon d'enfant gonflé mais avec arborescences pour qu'il ne s'agisse pas d'un lacet).*

Cela est voulu parce qu'une telle enceinte n'est pas non plus localisable d'une façon univoque.

Ceci nous amène à une meilleure définition.

Définition D 59.3

$\forall um_i; X\{Tis_i(X) \Leftrightarrow \forall x$

$[(x \in X) \Rightarrow \exists\, um_k; p; p'[(x \in um_k) \wedge (p \neq p') \wedge (\{\{p\};\{p'\}\} \subseteq (um_k \cap um_i))]]\}$

Il n'est pas demandé que $(um_k \neq um_i)$, ce qui permet d'avoir $(Tis_i(X) \wedge (um_i = X))$, ce qui est le cas lors d'une fermeture d'*enceinte* dans une *arborescence.*

Un ensemble X, tel que $Tis_i(X)$ sera rebaptisé TIS_i. On a évidemment que $\forall x; um_i[(x \in TIS_i) \Rightarrow (x \in TR_i)]$ mais pas le contraire.

On a

Théorème T TIS 59.1
$\forall um_i\{um_i \subseteq TIS_i\}$

Théorème T TIS 59.3
i) $\forall i\,;j\{(um_i \subset TIS_j) \Rightarrow (TIS_i = TIS_j)\}$
ii) $\forall i\,;j\{\exists x[(|\Pi_E(x)| \geq 2) \wedge (x \in um_i) \wedge (x \in TIS_j)] \Rightarrow (TIS_i = TIS_j)\}$

plus généralement
iii) $\forall i\,;j\{[|\Pi_E(TIS_i \cap TIS_j)| \geq 2\,] \Rightarrow (TIS_i = TIS_j)\}$

Esquisse de la preuve de iii).
Pour cette esquisse on suppose deux *enceintes*, um_i et um_j, ayant une intersection nulle et une *route* x, incluse dans aucune d'elles mais telle que
1) $x \in TIS_i \cap TIS_j$ hypothèse
Il faut démontrer qu'un *chemin* ou *parcours* quelconque z, qui appartient à TIS_i appartient aussi à TIS_j. Soit alors z un tel *chemin* ou *parcours:*
2) $z \in TIS_i$ hypothèse
3) $\exists\, um_{zi}; a_{zi}\,; b_{zi}\,[(\,z \in um_{zi}) \wedge (\{\{a_{zi}\}\,;\{b_{zi}\}\} \subset (um_{zi} \cap um_i))]$ D 59.3
En utilisant l'ordre sur les *routes* (en partant d'un *point* quelconque de z) (D 42.2), on peut affirmer
4) $\exists\, wg_{zi}[(z \in wg_{zi}) \wedge End_{wgzi}(a_{zi}) \wedge End_{wgzi}(b_{zi})]$
On peut même exiger que ces deux *points* a_{zi} et b_{zi} soient les premiers appartenant aux deux *enceintes*. En prenant les *points* terminaux a_z et b_z de z (et en choisissant correctement leur dénomination), on peut construire les deux *routes*
5) wg_{zai} (entre a_{zi} et a_z) et
6) wg_{zbi} (entre b_{zi} et b_z)
qui rencontrent donc l'*enceinte* um_i pour la première fois en a_{zi} et b_{zi}, en partant de a_z et b_z.

Un dessin peut être clarifiant:

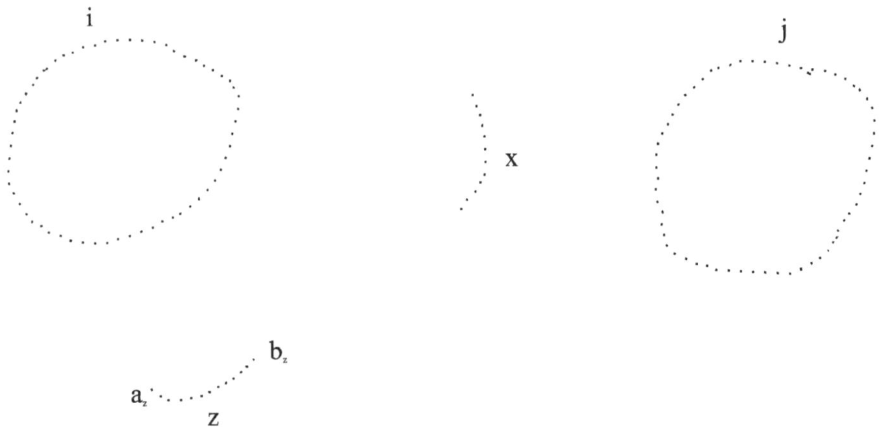

Il s'agit maintenant de construire une *enceinte* um_{zj} contenant z et ayant deux *points* en commun avec um_j. Pour démontrer que cela est toujours possible, on utilise le fait que x se trouve à la fois sur une *enceinte* um_{xi} qui croise l'*enceinte* um_i et sur une *enceinte* um_{xj} qui croise l'*enceinte* um_j. Pour identifier les *routes* utilisées dans cette construction, on procède d'une façon analogue. On prend les *points* terminaux de x, c_x et d_x.

7) $\exists wg_{xi}$; um_{xi}; c_{xi}; d_{xi}
$[(wg_{xi} \subset um_{xi}) \wedge (\{\{c_{xi}\};\{d_{xi}\}\} \subset (um_{xi} \cap um_i)) \wedge (x \in wg_{xi})]$ D 59.3
Nous pouvons supposer que les *points* c_{xi} et d_{xi} soient les premiers dans $(um_{xi} \cap um_i)$ en partant respectivement de c_x et d_x. Nous pouvons alors construire les deux *routes*
8) wg_{xci} (entre c_{xi} et c_x) et
9) wg_{xdi} (entre d_{xi} et d_x).

De même, mais en considérant x et um_j.

10) $\exists wg_{xj}$; um_{xj}; e_{xj}; f_{xj}

$[(wg_{xj} \subset um_{xj}) \wedge (\{\{e_{xj}\} ;\{f_{xj}\}\} \subset (um_{xj} \cap um_j)) \wedge (x \in wg_{xi})]$ D 59.3

Nous pouvons supposer que les *points* e_{xj} et f_{xj} soient les premiers dans $(um_{xj} \cap um_j)$ en partant respectivement de c_x et d_x. Nous pouvons alors construire les deux *routes*

11) wg_{xej} (entre e_{xj} et c_x) et

12) wg_{xfj} (entre f_{xj} et d_z).

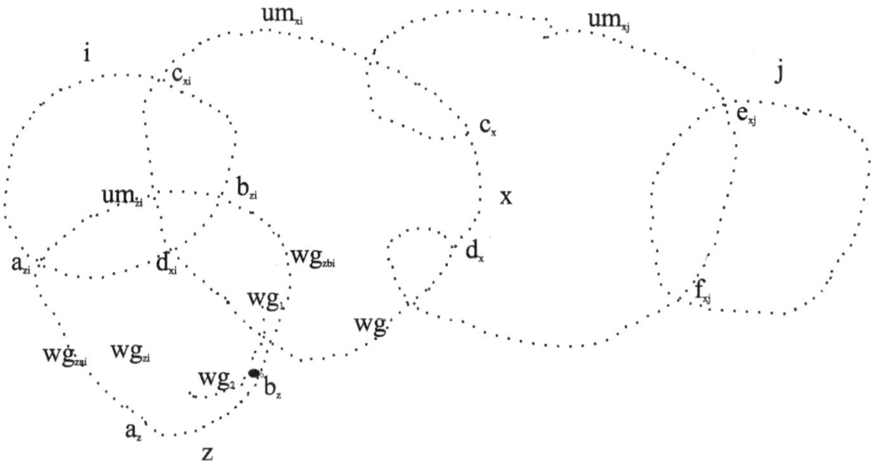

Il s'agit maintenant de construire une *enceinte* qui contienne z et croise um_j au moins en deux *points*. Pour cela
13) on commence par un des *points* terminaux de z. Prenons b_z.
14) On construit une *route* wg_1 qui contient en premier la *route* wg_{zbi}. Remarque: wg_{zbi} ne peut croiser la *route* wg_{zai} car elles sont sur la même *enceinte*. On parvient ainsi au *point* b_{zi}. Il s'agit d'un *nœud*, il y a donc deux suites possibles de la *route*, sur l'*enceinte* um_i. Il faut poursuivre de telle façon que l'on rencontre c_{xi} ou d_{xi} sans rencontrer a_{zi}. Cela est possible. On le voit par le fait que l'on peut ordonner les *points* de um_i en partant de b_{zi} et cela de deux manières possibles. Si dans un des ordres, a_{zi} précède c_{xi} et d_{xi}, dans l'autre, tel ne peut pas être le cas. On se fonde ici sur le théorème TPfc 54.3 et tout ce qui s'ensuit, en particulier l'ordre. Admettons d'être arrivé au *point* c_{xi}. On termine la construction avec la *route* wg_{xci}.
15) On construit de même une *route* wg_2 qui commence par b_z et contient z comme élément. On continue avec la *route* wg_{zai} et on part ensuite à l'opposé jusqu'à c_{xi} et on ajoute la *route* wg_{xdi}.
16) Pour construire l'*enceinte* voulue, il faut s'arrêter aux deux premiers points p_1 et p_2 qui appartiennent à l'*enceinte* um_{xj}. Il y en a forcément, car c_x et d_x existent.
17) Il se peut toutefois que l'une des *routes* wg_{zbi} et wg_{zai}, ou les deux, rencontrent l'*enceinte* um_{xi} avant l'*enceinte* um_i. Dans un cas comme dans l'autre, on quitte wg_{zbi} ou wg_{zai}, ou les deux, pour suivre l'*enceinte* um_{xi} jusqu'à la première rencontre avec l'*enceinte* um_{xj}, de façon à ne pas rencontrer l'autre *chemin* $wg_{1 \text{ ou } 2}$.
18) Il se peut aussi que l'une des *routes* wg_{zbi} et wg_{zai} ou les deux, rencontrent l'*enceinte* um_{xj} avant l'*enceinte* um_i ou um_{xi}. Dans ce cas, on a déjà atteint un des *points* p_1 ou p_2.
19) Il suffit alors de réunir 1) le morceau de la *route* wg_1 qui s'arrête au *point* p_1 et 2) *route* wg_2 qui s'arrête au *point* p_2 et 3) d'y ajouter le morceau de l'*enceinte* um_{xj} qui se termine aux *points* c_x et d_x et qui passe par les *points* e_{xj} et f_{xj}. Nous avons ainsi l'*enceinte* souhaitée.

Il faut remarquer qu'il est impératif de dévier aux premiers *points* pour éviter qu'il y ait des croisements, car dans un tel cas on n'aurait pas construit une *enceinte*, comme cela est exigé. On évite justement les croisement en utilisant le fait que l'on suit toujours des *routes* sur une *enceinte*, qui ne peuvent donc pas se croiser si elles prennent des sens opposés.

L'exigence $[|\Pi_E(TIS_i \cap TIS_j)| \geq 2]$ est importante, car s'il n'y avait qu'un *point* en commun, il faudrait forcément joindre les *routes* en ce *point*, et l'*enceinte* souhaitée ne pourrait être construite.

Nous pouvons maintenant passer aux deux notions fondamentales d'*intérieur* ou d'*extérieur* d'une *enceinte.*

§ 60 Intérieur *et* Extérieur *d'une* enceinte

Pour fixer les notions d'*intérieur* et d'*extérieur*, il faut introduire, pour chaque *enceinte* um_i, deux prédicats (propriétés). Nous les avons dénommés respectivement '$In_{(\ )}(\ )$' et '$Äu_{(\ )}(\ )$' en référence aux termes allemands 'das Innere' et 'das Äussere', qui traduisent respectivement 'l'Intérieur' et 'l'Extérieur'. L'indice '$.._{i}..$' court donc sur l'ensemble UM de toutes les *enceintes*, et, pour chacun de ces indices, le deuxième terme du prédicat est un élément de $\mathcal{P}(TIS_i)$, c'est-à-dire un sous-ensemble du *tissu*. Si on tient compte de tous les indices possibles (de tous les *tissus*), le deuxième terme court sur $\cup_j\mathcal{P}(TIS_j)$. Il s'ensuit que le domaine des ces deux prédicats est $UM \times \mathcal{P}(TIS)$. Mais si les conditions du théorème T TIS 59.3 sont réunies, on a $\forall i\,;\,j\{TIS_i = TIS_j\}$. Or il faut supposer que tel soit le cas, car ce n'est qu'ainsi, sur un *tissu*, que ces notions ont un sens. Nous allons ainsi taire l'indice '$.._{i}..$'. Il s'agit de fixer les contraintes qui définissent ces prédicats. Après une longue recherche, nous en avons trouvé six. La première contrainte est formulée dans l'axiome suivant:

Axiome A IÄ 60.1

$\forall um_i;\, X\,;\, Y\{[In_i(X) \wedge Äu_i(Y)] \Rightarrow [(X\cup Y = TIS_i) \wedge (X\cap Y = um_i)]\}$.

S'agit-il d'un axiome ou d'une définition? Nous n'avons que l'implication « $\Rightarrow$ » et non la double implication « $\Leftrightarrow$ ». Cela est dû aux fait que, même si l'on a $[(X\cup Y = TIS_i) \wedge (X\cap Y = um_i)]$, on n'a pas $[In_i(X) \wedge Äu_i(Y)]$. En effet on pourrait avoir $[In_i(Y) \wedge Äu_i(X)]$. On pourrait contourner cette première objection en fixant pour tout X et Y que
$\{[(In_i(X)\wedge Äu_i(Y))\vee(In_i(X) \wedge Äu_i(Y))] \Leftrightarrow [(X\cup Y = TIS_i) \wedge (X\cap Y = um_i)]\}$.
Mais il semble que la condition $[(X\cup Y = TIS) \wedge (X\cap Y = um_i)]$ ne détermine pas d'une façon univoque deux ensembles. Il se pourrait même qu'il ne s'agisse pas d'ensembles auxquels ces prédicats conviennent.

Exemple:

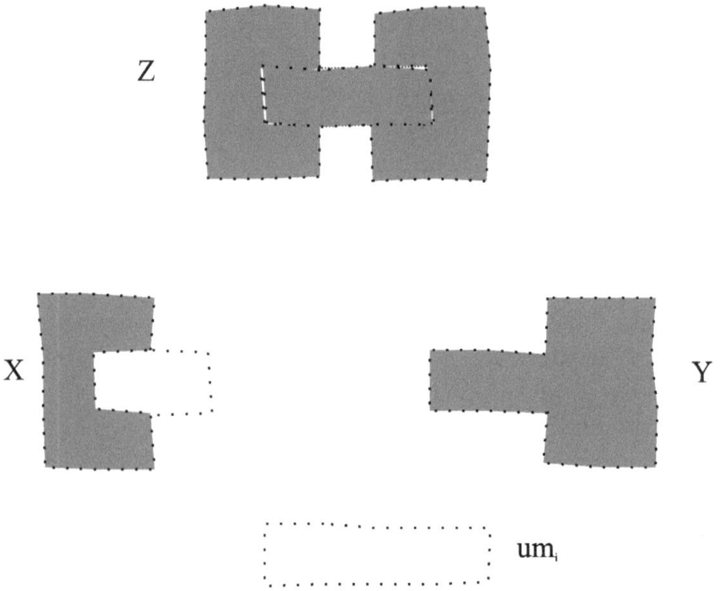

$X \cap Y = um_i$

Dans ce modèle, ni X ni Y ne sont un *intérieur* ou un *extérieur*, et pourtant la condition $[(X \cup Y = TIS_i) \wedge (X \cap Y = um_i)]$, avec $Z = TIS_i$, est satisfaite.

Il s'agit donc d'un axiome.

Il faut aussi remarquer qu'on n'exige pas
$\forall\ TIS_i\ ;\ um_i$
$\{[um_i \subset TIS_i\ ] \Rightarrow \exists\ X_i\ ; Y_i\ \{In_i(X) \wedge Äu_i(Y) \wedge (X \cup Y = TIS_i)\}\}$.

Il se peut en effet que pour certaines *enceintes* d'un *tissu* à un moment donné, les ensembles IN et ÄU correspondants ne soient pas déterminés.

Axiome A IÄ 60.2

$\forall x;\ y;\ X\{[\ In_i(X) \vee Äu_i(X)] \Rightarrow [((x \subset y) \wedge (y \in X)) \Rightarrow (x \in X)]\}$

Ecriture
Au lieu d'écrire 'X tel que $In_i(X)$' et 'X tel que $Äu_i(X)$' nous écrirons IN_i et $ÄU_i$.

Il est parfois commode de disposer d'un prédicat qui ne porte pas sur un de deux ensembles mais sur leurs éléments (à savoir les *chemins* ou *parcours*) ou sur les *routes* qui, elles, en sont des sous-ensembles. Nous introduisons pour cela les deux prédicats '$In_{(\ )}(\ )$' et '$Äu_{(\ )}(\ )$', ayant comme domaine $UM \times (ST \cup PF \cup WG)$.
Soit x une variable sur $ST \cup PF \cup WG$, (ou plus précisément $TIS \cup WG$).

Définition D 60.1
1) $\forall i; x\{In_i(x) \Leftrightarrow [(x \in IN_i) \vee (x \subset IN_i)]\}$
2) $\forall i; x\{Äu_i(x) \Leftrightarrow [(x \in ÄU_i) \vee (x \subset ÄU_i)]\}$

Pour l'énonciation des autres axiomes, de nouvelles notions doivent être introduites.

§ 61 Intérieurs *et* Extérieurs flottants

Par la notion de *flottaison* on veut exprimer le fait que les *chemins* ou *parcours* considérés n'ont pas de *point* en commun avec l'*enceinte*.

Définition D 61.1:
1) $°IN_i := \{x | In_i(x) \wedge (\Pi(x) \cap \Pi(um_i) = \emptyset)\}$
2) $°ÄU_i := \{x | Äu_i(x) \wedge (\Pi(x) \cap \Pi(um_i) = \emptyset)\}$
On pourrait remplacer '$(\Pi(x) \cap \Pi(um_i) = \emptyset)$' par '$\forall y((y \in m_i) \Rightarrow$
$\Rightarrow (x \cap y = \emptyset))$'.

On a ainsi également défini les deux prédicats suivants:

Définition D 61.2:
1) $\forall x \{°In_i(x) \Leftrightarrow (In_i(x) \wedge (\Pi(x) \cap \Pi(um_i) = \emptyset))\}$
2) $\forall x \{°Äu_i(x) \Leftrightarrow (Äu_i(x) \wedge (\Pi(x) \cap \Pi(um_i) = \emptyset))\}$

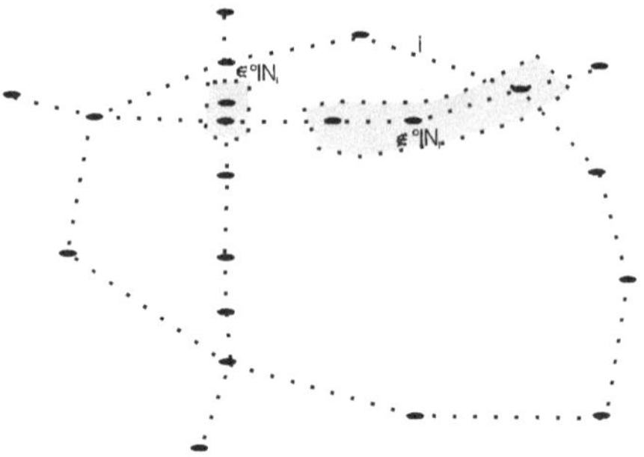

Soit p un *point* et x un *chemin* ou un *parcours* mais non une *route*:

Axiome A IÄ 61.3

1) $\forall x; p\{[°In_i(\{p\}) \wedge (p \in x)] \Rightarrow In_i(x)\}$
2) $\forall x; p\{[°Äu_i(\{p\}) \wedge (p \in x)] \Rightarrow Äu_i(x)\}$

Cet axiome exige qu'un *chemin* ou un *parcours* appartienne complètement à IN_i ou à $ÄU_i$. C'est dire qu'il ne peut enjamber l'*enceinte* de référence um_i ! En revanche x peut atteindre cette *enceinte* de référence. C'est cet axiome qui fonde la localisation des *chemins* et *parcours*. L'idée intuitive est que pour passer de l'*intérieur* à l'*extérieur* (ou vice-versa), il faut croiser l'*enceinte* (Ce qui est un théorème dans le cas *continu*). Et ce croisement ne peut être qu'un *nœud*, sinon comment le savoir? Il s'ensuit que tout *chemin* ou *parcours* se trouve tout entier dans l'*intérieur* ou dans l'*extérieur*, sauf éventuellement les *points* de croisement avec l'*enceinte*, qui se trouvent dans les deux. En revanche une *route*, pouvant contenir plusieurs *noeds*, peut enjamber une *enceinte*, et il faut nécessairement une *route* pour faire cela. C'est ce qui est exprimé par l'axiome AbI-Ä 61.3

§ 62 Chemins à l'intérieur (extérieur) d'une enceinte

– Passerelles internes (et externes)

Par *passerelle interne* (ou *externe*) on entend un *parcours* qui a au moins un *nœud* sur l'*enceinte*. Un tel *parcours* ne peut donc être *flottant*. Il suffit donc d'en définir l'ensemble de la manière suivante:

Définition D 62.1:
1) $\text{I-Pass}_i := IN_i \setminus {}^\circ IN_i$
2) $\text{Ä-Pass}_i := ÄU_i \setminus {}^\circ ÄU_i$

Bien que l'on ait $\text{I-Pass}_i \cap {}^\circ IN_i = \emptyset$ (et $\text{Ä-Pass}_i \cap {}^\circ ÄU_i = \emptyset$), une *passerelle* peut contenir des *chemins* qui sont *flottants*. Tout *parcours*, contenant ainsi des *nœuds* (D 39.1), qui appartient à l'*enceinte* est une *passerelle.*

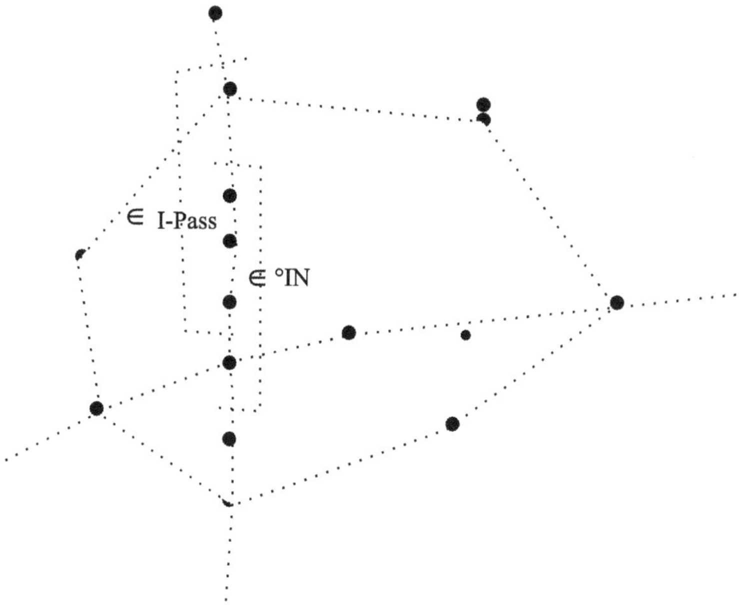

Dans les dessins suivants les *points* ne seront plus représentés, ni les différents *parcours* qui partent des *nœuds* et qui font qu'il ne s'agit pas de figures exclues (*volutes, lacets* ou *rugby*). Seule la relation de *proximité* sera indiquée par une ligne pointillée, reliant les endroits où les *points* peuvent être représentés.

– *L'intérieur (extérieur) accroché*

L'ensemble de tous les *chemins* et *parcours* qui appartiennent à l'*intérieur (extérieur)* d'une *enceinte* à l'exclusion de tous les éléments de cette dernière sera appelé *intérieur (extérieur) accroché.*

Définition D 62.2:

1) $\text{Acc-I}_i := \text{IN}_i \setminus \text{um}_i$
2) $\text{Acc-Ä}_i := \text{ÄU}_i \setminus \text{um}_i$

Les *parcours* qui se réduisent à un *point* et qui appartiennent à l'*enceinte*, n'appartiennent pas à l'*intérieur* (ou *extérieur*) *accroché*. Mais peuvent être contenus dans un *parcours* qui lui appartient à l'*intérieur* (ou *extérieur*) *accroché*.

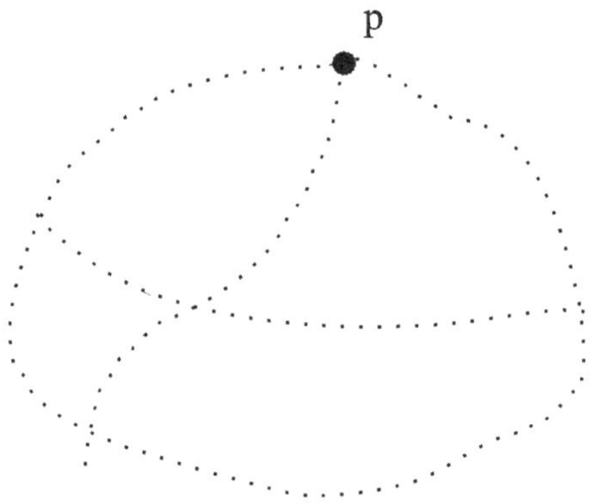

On a $\{p\} \notin \text{Acc-I}_i$ mais le *point* p peut appartenir à un *parcours* qui appartient à Acc-I_i.

– *Raccourcis*

On peut encore distinguer un cas particulier, celui des *parcours* i) qui ne sont ni dans l'*intérieur* ni dans l'*extérieur flottants*, ii) dont tous les *points* se trouvent sur l'*enceinte* et iii) sans appartenir pourtant à cette dernière. Pour décrire ces cas, on peut introduire le prédicat '$\text{Rac}_{(\,)}(\ )$'.
Soit x une variable sur TIS:

Définition D 62.3
$\forall x;\ \text{um}_i\{\text{Rac}_i(x) \Leftrightarrow [(x \in \text{IN}_i) \wedge (x \notin (\text{um}_i \cup {}^\circ\text{IN}_i)) \wedge (\Pi(x) \subset \Pi(\text{um}_i))]\}$

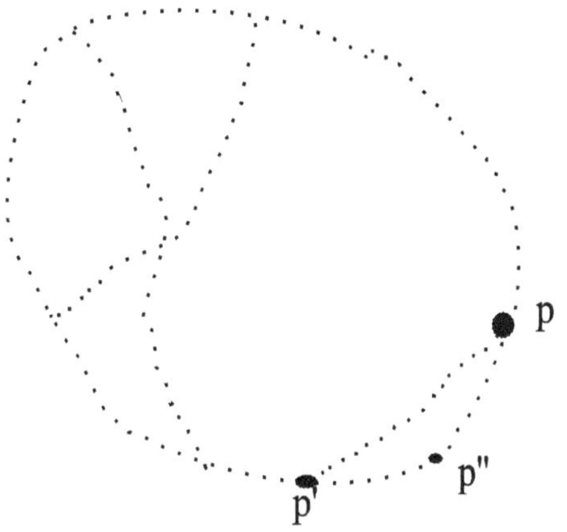

Le *parcours* {p,p'} est un *raccourci.*

Définition D 62.3
$RAC_i := \{x| Rac_i(x)\}$

Et soit $rac_{i;j}$, ou simplement rac_j, une variable sur RAC_i.
On a le théorème suivant

Théorème T 62.1
$\forall i ;j[(x \in RACi) \Rightarrow (|\Pi(x)| = 2)]$

Preuve

1)	$(x \notin (um_i \cup °IN_i \cup °ÄU_i)) \wedge(\Pi(x) \subset \Pi(um_i))$	hypothèse D 62.3
2)	$|\Pi(x)| = 1$	hypothèse
3)	$(\Pi(x) \subset \Pi(um_i)) \Rightarrow (x \in um_i)$	contradiction
4)	$|\Pi(x)| > 2$	hypothèse
5)	$\forall p_i; p_j\{ N_x(p_j;p_i) \Rightarrow N_{umi}(p_j;p_i)\}$	hypothèse

Pour cela il a été fait usage de D 41.5, en l'appliquant aux *parcours*. Par l'hypothèse on suppose donc que toute *proximité* dans x est aussi un proximité dans l'*enceinte* um_i.

6)	$x \in um_i$	contradiction
7)	$\exists\ p_i; p_j\{ N_x(p_j;p_i) \wedge \neg N_{umi}(p_j;p_i)\}$	hypothèse

8) $\forall\, p_i \{(p_i \in x) \Rightarrow (\{p_i\} \in um_i)\}$ 1)
9) $|N^t_{\{i\};umi}| = 2 = |N^t_{\{j\};umi}|$ D 41.6 et D 55.1
10) $(|N^t_{\{i\}}| > 2) \wedge (|N^t_{\{j\}}| > 2)$ 7)
11) $Kn_x(p_i) \wedge Kn_x(p_j)$ D 39.4
12) $x = \{p_i; p_j\}$ D 39.1 (2)
13) $|\Pi(x)| = 2$

– *Enceinte vide*

Le fait qu'une *enceinte* soit vide, c'est-à-dire qu'elle n'a pas un *intérieur* autre qu'elle-même, sera exprimé par le prédicat 'Vid-I( )'.

Définition D 62.4:
$\forall\, um_i \{\text{Vid-I}(um_i) \Leftrightarrow (IN_i = um_i)\}$

– *Enceinte dans le vide*

Le fait qu'une *enceinte* soit dans le vide, c'est-à-dire que son *extérieur* se réduit à elle-même, sera exprimé par le prédicat 'Vid-Ä( )'.

Définition D 62.5:
$\forall\, um_i \{\text{Vid-Ä}(um_i) \Leftrightarrow (ÄU_i = um_i)\}$

Il est toujours utile de rappeler que les deux rôles d'intérieur et d'*extérieur* sont, pour l'instant, interchangeables. Donc 'être vide' ou 'être dans le vide' sont deux prédicats non absolus mais qui dépendent de l'attribution des deux rôles en question.

§ 63 Régionalisation *d'un* tissu

Les trois axiomes A I-Ä 61.1; 61.2 et 62.3 ne fixent pas encore le rôle d'*intérieur* ou d'*extérieur* pour les deux ensembles X et Y de l'axiome A IÄ 60.1. Ces rôles sont pour le moment permutables, ils peuvent être choisis arbitrairement. Il s'agira de limiter cette marge de liberté par des axiomes. Mais pour cela il nous faut d'abord décrire justement les choix possibles, avant de les limiter. A chaque *enceinte* um_i il faut faire correspondre un couple d'ensembles X_i et Y_i qui satisfasse les trois axiomes déjà énoncés. Un choix consistera à fixer les rôles d'*intérieur* et d'*extérieur* pour les éléments de ce couple relatif à l'*enceinte*. Appelons *Démarcation*$_i$ un tel choix relatif à l'*enceinte* um_i. Cette notion sera exprimée par le prédicat '$Dem_{()}(\ )$' : 'le couple...est une démarcation de l'enceinte ...'.

Soit alors $(X_i\,;Y_i)$ une variable sur P (TIS) × P (TIS). L'ensemble $(X_i\,;Y_i)$ est compris ici comme un couple ordonné.

– Démarcations

Définition D 63.1:
$\forall\ um_i\,;\ (X_i\,;Y_i)\ \{Dem_i((X_i\,;Y_i)) \Leftrightarrow (In_i(X_i) \wedge \ddot{A}u_i(Y_i))\}$

A la place d'écrire «$(X_i\,;Y_i)$ tel que $Dem_i((X_i\,;Y_i))$», nous écrirons 'dem_{il}', que nous appellerons tout simplement: *démarcation*. Le deuxième indice de 'dem_{il}' est justifié par le fait qu'il y a au moins deux couples qui peuvent être une *démarcation* pour chaque *enceinte* qui n'est pas vide ou qui n'est pas dans le vide, à savoir $(X_i\,;Y_i)$ et $(Y_i\,;X_i)$. C'est dire que les rôles peuvent être échangés. Le premier indice renvoie à l'*enceinte* dont on considère la *démarcation*. Un troisième indice sera ajouté s'il y a plus d'un *tissu*.

Implicitement nous avons admis qu'il n'y a qu'une seule paire $\{X_i\,;Y_i\}$ (sans ordre) pour chaque *enceinte*, et que seuls les rôles (d'*intérieur* ou d'*extérieur*) peuvent varier. Ce qui revient à dire qu'il y a tout au plus deux *démarcations* par *enceinte*. Cela sera une conséquence des six axiomes (dont trois sont encore à formuler). La preuve explicite sera fournie par le théorème T IÄ 65.11. Pour ne pas préjuger ici de la démonstration, admettons qu'il puisse y avoir plus d'une paire pour chaque *enceinte*.

Définition D 63.2
$DEM := \{(X_i;Y_i)|\ \exists\ um_i\ (Dem_i((X_i\,;Y_i)))\}$

On peut aussi écrire
$DEM := \{\ldots\,;\ dem_{il}\,;\ldots\,\}_{i,l}$

– Régionalisation dans un tissu

Pour avoir une *régionalisation* dans un *tissu* nous exigeons ce qui suit:
1) Un ensemble X_i d'*enceintes*, toutes incluses dans le *tissu*.

2) Le choix d'une *démarcation* pour chacune de ces *enceintes*. Chaque *démarcation* doit satisfaire les axiomes AIÄ 60.1/2/3.
3) Pour certaines *enceintes* du *tissu* la *démarcation* peut être indéterminée à un moment donné. C'est dire que l'attribution du prédicat $Dem_{()}( )$, et donc des prédicats $In_{()}( )$ et $Äu_{()}( )$ est indéterminée à ce moment pour certaines *enceintes*. C'est pourquoi X_i peut ne pas contenir toutes les *enceintes* d'un *tissu*.
4) L'ensemble d'*enceintes* doit être maximal: toutes les *enceintes* possédant une *démarcation* (dont la *démarcation* est donc déterminée) doivent lui appartenir.

En reprenant, nous avons un *tissu* TIS_i. Un ensemble X_i d'*enceintes* incluses dans ce *tissu*. Cet ensemble, étant supposé maximal, ne nécessite pas d'indice supplémentaire, car il en devient unique.

A chaque *enceinte* um_j de cet ensemble X_i correspond une *démarcation* dem_{ijl}.

Considérons l'ensemble $UM_i :=\{um_j|um_j \subset TIS_i\}$ des *enceintes* inclsues dans le *tissu*. A chaque *démarcation* dem_{ijl} correspond ainsi un couple $(X_{ijl};Y_{ijl})$, $(X_{ijl};Y_{ijl})\in$ $(P(UM_i) \times P(UM_i))$.

Considérons l'ensemble $DEM_i:=\{dem_{ijl}\}_{jl}$, l'ensemble des *démarcations* possibles pour les *enceintes* de l'ensemble X_i. Une *régionalisation* sera alors caractérisée par une application injective de X_i dans DEM_i. Appelons $f_{reg,i,k}$ cette application. Avec les trois axiomes suivants on pourra démontrer que cette application est injective. Non seulement à chaque *enceinte* il ne correspond qu'une paire $\{X_i ;Y_i\}$, mais chacune de ces paires ne correspond qu'à une et une seule *enceinte*.

Une *régionalisation* 'reg_{ik}' est alors définie par la donnée suivante:

Définition D 63.3:
$reg_{ik} := < TIS_i ; UM_i ; X_i ; DEM_i ; f_{reg,i,k}>$
1) TIS_i un *tissu*.
2) $UM_i :=\{um_j|um_j \subset TIS_i\}$
3) $X_{ik} \subset UM_i$
4) $DEM_i:=\{dem_{ijl}\}_{jl}$; dem_{ijl} est une *démarcation* de l'*enceinte* um_j (D 63.1)
5) $f_{reg,i,k}: X_{ik} \longrightarrow DEM_i$; $f_{reg,i,k}(um_j) = (X_j ;Y_j)$ avec $In_j(X_j)$ et $Äu_j(Y_j)$.
$f_{reg,i,k}$ une application.

6) X_{ik} est maximal

Définition D 63.4
$REG_i := \{ reg_{ik}\}$ l'ensemble des *régionalisations* dans le *tissu* TIS_i.
Et
$REG := \cup_i REG_i$

L'ensemble X_i peut être appelé une *région* s'il possède une *régionalisation*. Mais une autre notion sera introduite, celle de *rosace*, qui ne portera pas simplement sur l'ensemble mais tiendra également compte de la *régionalisation* et d'autres exigences.

Si on considère notre espace quotidien, il est évident que toute *régionalisation* n'est pas possible. Par exemple on ne peut accepter l'affirmation suivante:

$(um_i \subset IN_j) \wedge (IN_i \subset ÄU_j)$.

Ne sont acceptables que les *régionalisations* ne contenant que des *démarcations* compatibles. Mais c'est justement cette notion de compatibilité qu'il s'agit de cerner avec les trois axiomes suivants. De telles *régionalisations* compatibles peuvent être considérées tout simplement comme *spatialisées*.

Mais, d'une part, nous ne pouvons espérer trouver une propriété, dérivée fondamentalement du temps, qui puisse les caractériser et, d'autre part, aucune donnée spatiale n'est supposée. Il faut donc chercher les axiomes nous permettant de fixer les rôles d'une façon compatible. Or pour ne pas se trouver devant une tâche rendue impossible par une ambiguïté toujours plus grande, il faut espérer qu'on puisse, en suivant pas à pas le processus, choisir correctement les démarcations. La première étape est constituée par la fermeture de la première *enceinte* dans une *arborescence*. Il se trouve que dans ce cas, l'*enceinte* est à la fois vide et dans le vide. Il n'y a donc aucun choix de *démarcation* à faire. Le premier choix n'intervient pas forcément à la fermeture de la deuxième *enceinte*, mais seulement si cette deuxième fermeture n'engendre pas à son tour un nouveau *tissu*, réduit à cette *enceinte*. Dans ce dernier cas il y a des *enceintes* non vides ou qui ne sont pas dans le vide. Une description plus détaillée est utile ici, surtout parce qu'elle sera aussi utilisée pour l'énonciation des axiomes.

Admettons une première *enceinte*. Un *tissu* ne se réduisant pas à cette *enceinte* apparaît lorsqu'une *route* rejoint deux *points* de cette *enceinte*.

Nous obtenons alors trois *routes* et trois *enceintes* (T Um 55.4). Donnons-leur des noms:

1) $um_i = wg_1 \cup wg_3$
2) $um_j = wg_2 \cup wg_3$
3) $um_l = wg_1 \cup wg_2$
4) $wg_1 \cap wg_2 = wg_1 \cap wg_3 = wg_2 \cap wg_3 = \{p; p'\}$

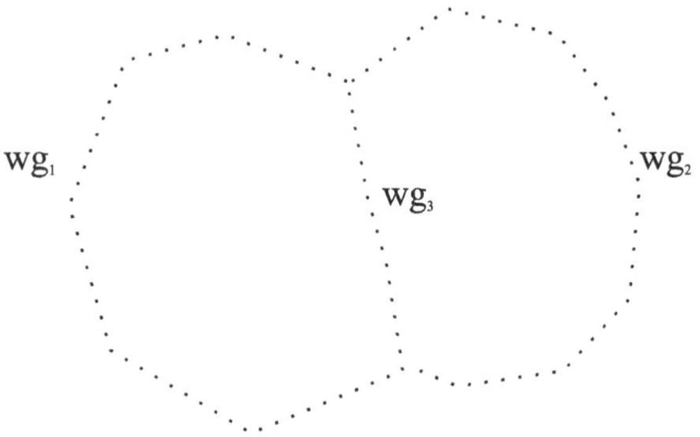

Si on les représente dans l'espace quotidien, on voit que des contraintes apparaissent. Il s'agit de les identifier. Mais ce qui est rassurant (toujours en admettant l'hypothèse fondamentale que nous sommes dans le premier cas § 28) est le fait que chaque nouveau pas, chaque nouvelle fermeture nous ramène toujours à ce premier pas. C'est dire que lorsque nous avons trouvé les axiomes pour le premier pas, nous pouvons utiliser les mêmes axiomes pour les autres. Mais il faut dire que ces axiomes ne fixent pas encore le choix des rôles, mais seulement la compatibilité de tels choix. Une fixation possible des rôles, conformes à ces axiomes, sera proposée plus loin.

§ 64 Axiomes pour la spatialistiona *d'une* régionalisation

Considérons les trois *routes* précédentes et les trois *enceintes* qu'elles définissent. Commençons par la *route* weg_3. Selon les lignes 1) et 2), on peut affirmer $wg_3 \subset (um_i \cup um_j)$. Selon l'axiome A I-Ä 60.1, nous avons $wg_3 \subset ((IN_i \cap ÄU_i) \cap (IN_j \cap ÄU_j))$. Nous n'avons donc pas de choix relativement aux deux *enceintes* um_i et um_j. En revanche, le choix est possible relativement à um_l. On peut avoir $wg_3 \subset IN_l$, ce qui est modélisé dans la figure qui précède, ou avoir $wg_3 \subset ÄU_l$, ce que l'on peut modéliser comme suit:

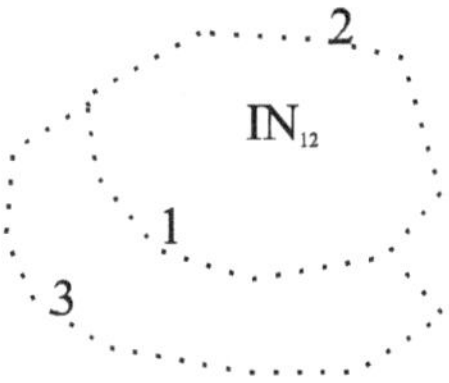

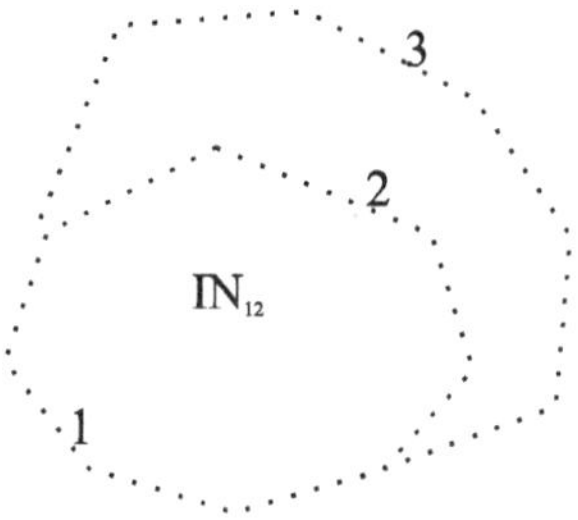

Des considérations analogues, montrent que pour la *route* wg_2 on a seulement deux cas possibles: $wg_2 \subset IN_i$ ou $wg_2 \subset ÄU_l$. De même pour la *route* wg_1 : $wg_1 \subset IN_j$ ou $wg_1 \subset ÄU_j$. Si on combine les différentes possibilités, on obtient huit combinaisons possibles.

1	2	3	4
$wg_3 \subset IN_l$	$wg_3 \subset IN_l$	$wg_3 \subset IN_l$	$wg_3 \subset IN_l$
$wg_2 \subset IN_i$	$wg_2 \subset IN_i$	$wg_2 \subset ÄU_l$	$wg_2 \subset ÄU_l$
$wg_1 \subset IN_j$	$wg_2 \subset ÄU_l$	$wg_1 \subset IN_j$	$wg_2 \subset ÄU_l$
5	6	7	8
$wg_3 \subset ÄU_l$	$wg_3 \subset ÄU_l$	$wg_3 \subset ÄU_l$	$wg_3 \subset ÄU_l$
$wg_2 \subset IN_i$	$wg_2 \subset IN_i$	$wg_2 \subset ÄU_l$	$wg_2 \subset ÄU_l$
$wg_1 \subset IN_j$	$wg_2 \subset ÄU_l$	$wg_1 \subset IN_j$	$wg_2 \subset ÄU_l$

Tous les cas ne correspondent pas à des *régionalisations* compatibles, c'est dire que tous ne sont pas spatiaux. Une première restriction est heureusement fournie par un axiome intuitif.

Axiome A IÄ 64.4 (Coupe d'une enceinte)

$(wg_3 \subset IN_l) \Rightarrow [\ (IN_i \cap IN_j = wg_3) \wedge (IN_l = N_i \cup IN_j\ ]$

Remarque

Ici apparaît bien l'utilité d'avoir défini les *tissus*, et donc les ensembles N_i sur les *chemins* et les *parcours*. A part le fait que la notion de *route* n'est pas du même niveau, il se trouve que l'ensemble des *routes* qui sont incluses dans $N_i \cup IN_j$ n'est pas l'union des ensembles des *routes* contenues dans N_i et dans IN_j. C'est un cas particulier de l'affirmation $(\mathcal{P}(X) \cup \mathcal{P}(Y)) \subset \mathcal{P}(X \cup Y)$.

Pour trouver les autres axiomes, il est utile de travailler sur un modèle pris dans l'espace quotidien (euclidien). On peut très bien prendre un modèle sur une sphère, mais nous en resterons à une surface plane.

Il est commode d'introduire des simplifications d'écriture. A la place d'écrire 'wg_n', nous écrirons simplement 'n'. A la place d'écrire 'um_i; um_j; um_l' nous écrirons respectivement '13; 23, 12', en relation avec les *routes* qui constituent les *enceintes*.

Commençons par modéliser le cas numéro 5), à savoir (selon nos conventions d'écriture) $3 \subset \ddot{A}U_{12}$; $2 \subset IN_{13}$; $1 \subset IN_{23}$.

Nous devons tenir compte du fait que les rôles d'*intéreieur* et d'*extérieur* peuvent être permutés. Ce qui nous donne deux modèles.

Introduisons d'abord les deux choix possibles pour l'*intérieur* et l'*extérieur* de 12.

choix I choix II

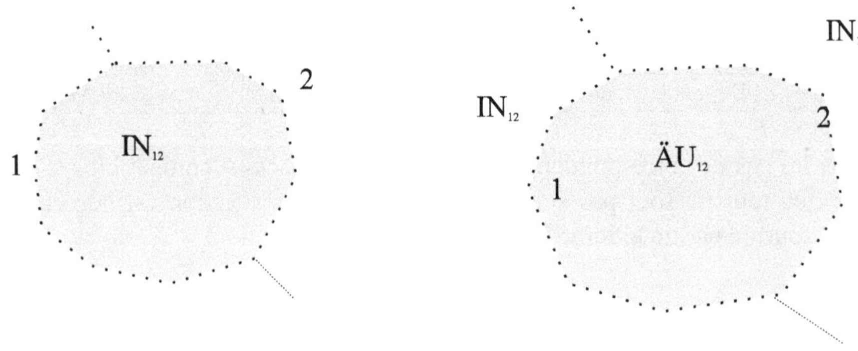

Modélisons l'affirmation $3 \subset \ddot{A}U_{12}$ pour chaque cas. Pour le choix I, nous avons deux possibilités de modélisation.

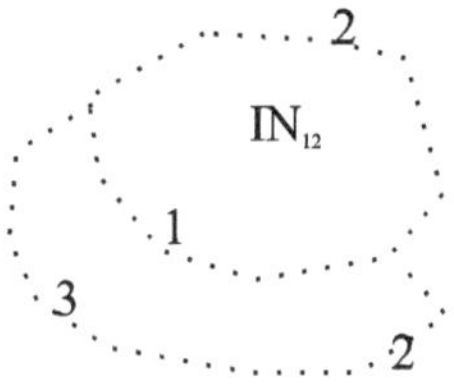

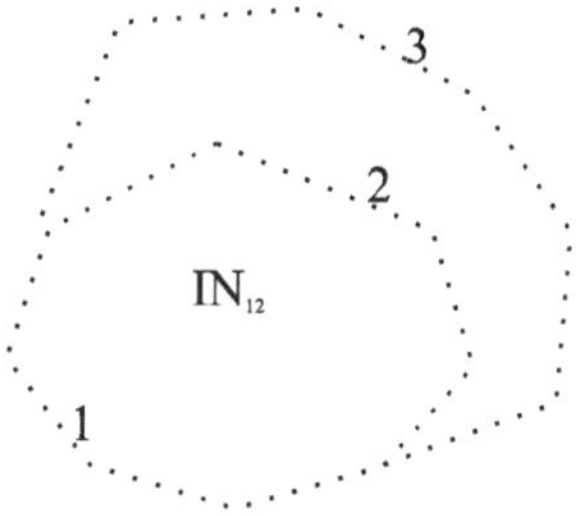

Par le modèle Ia on affirme $1 \subset IN_{23}$.

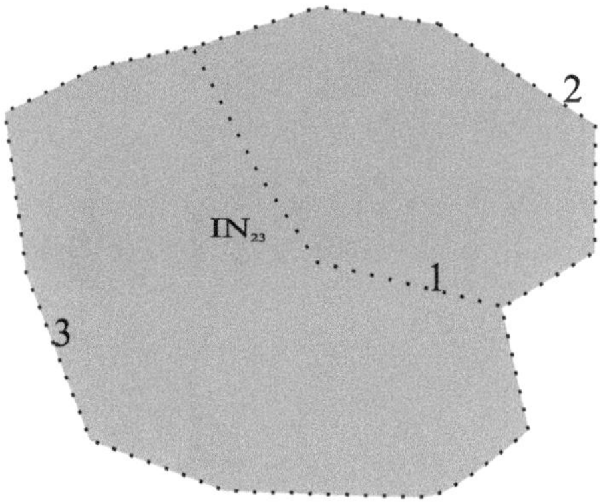

Par l'axiome A I-Ä 64.4, on a

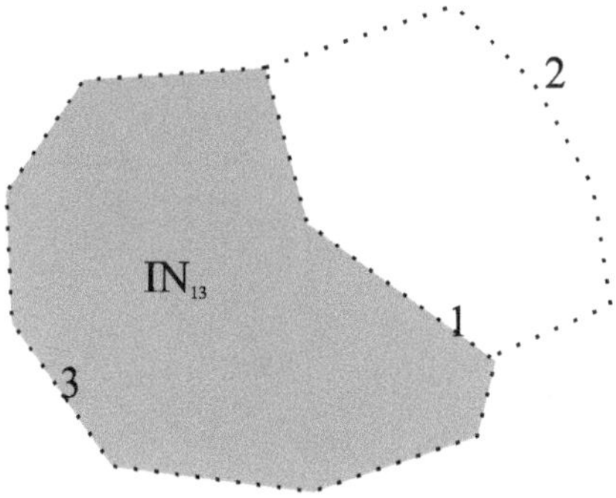

Mais alors il est exclu d'avoir 2$\subset$ IN_{13} comme exigé pour le cas 5.
Par le modèle Ib on affirme 2 $\subset$ IN_{13}.

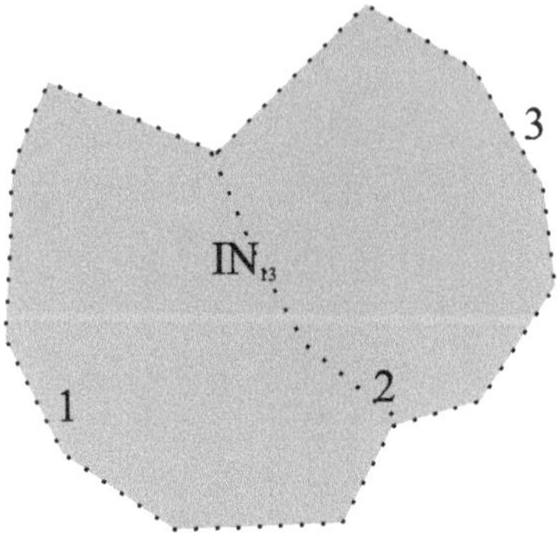

Par l'axiome A I-Ä 64.4 on a

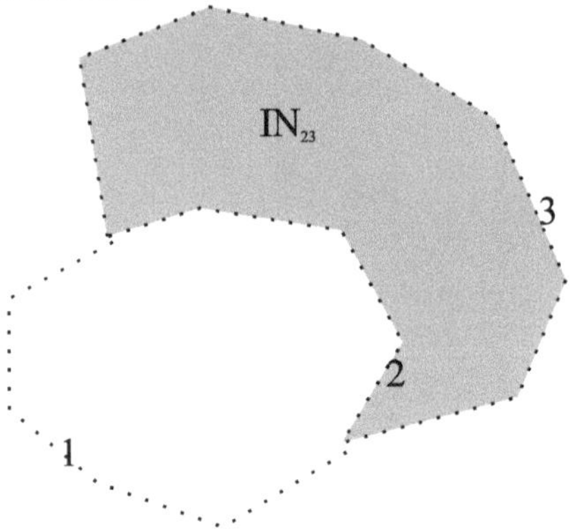

Dans ce cas on n'a pas 1$\subset$ IN_{23} comme demandé. Prenons maintenant le choix des rôles II, et modélisons l'affirmation 3$\subset$ $ÄU_{12}$ pour ce choix.

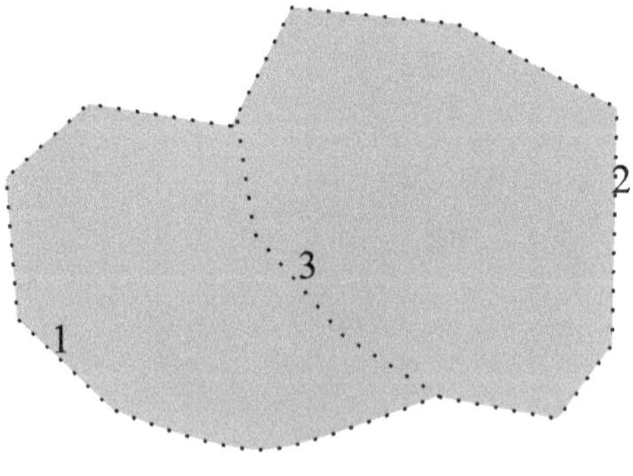

L'affirmation $1 \subset IN_{23}$ sera modélisée comme suit:

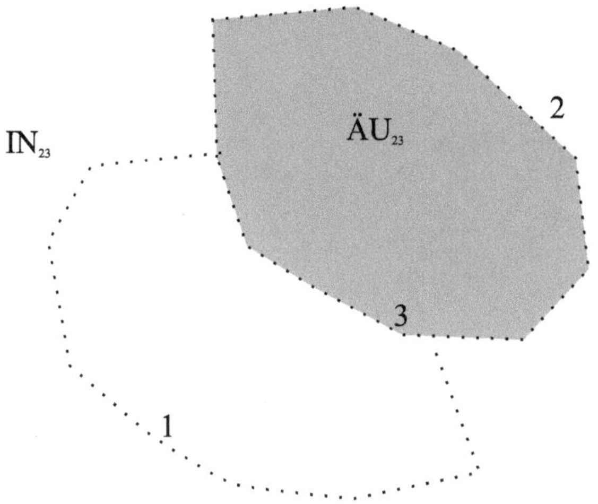

Pour éviter des contradictions, ce que l'on voit intuitivement, nous devons alors affirmer que

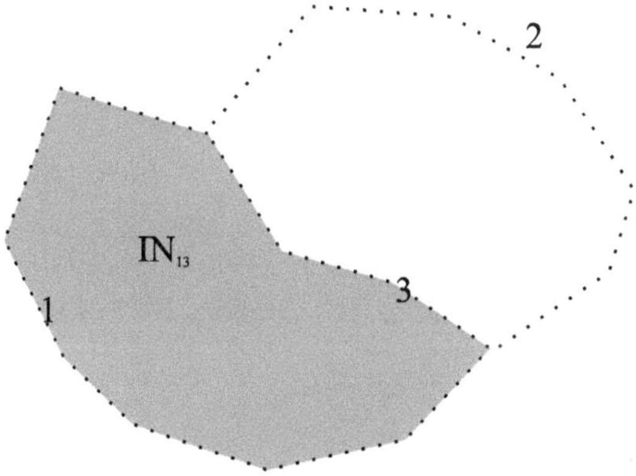

Dans ce cas, nous ne pouvons avoir $2 \subset IN_{13}$ comme exigé. En conclusion, le cas 5 est à exclure. Par des considérations semblables, on peut exclure les cas 2 et 3.

Considérons le cas 1. Il affirme $3 \subset IN_{12}$. Nous avons deux choix possibles pour IN_{12}.

Choix I

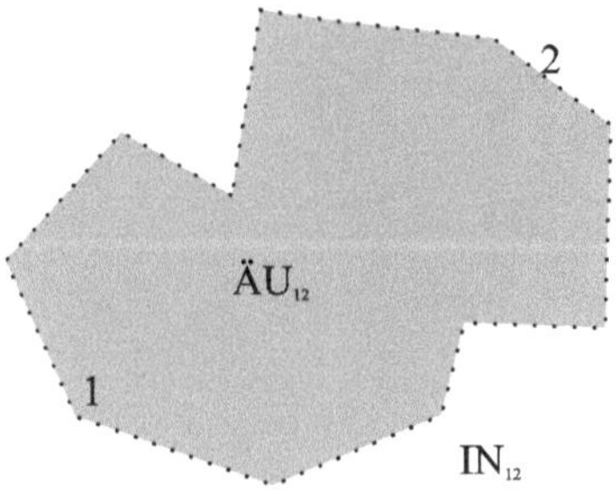

Choix II

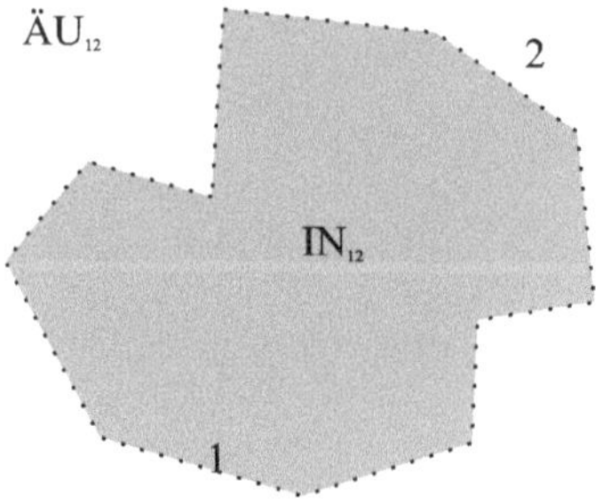

Modélisons l'affirmation $3 \subset IN_{12}$ pour les deux choix.
Choix I

I a

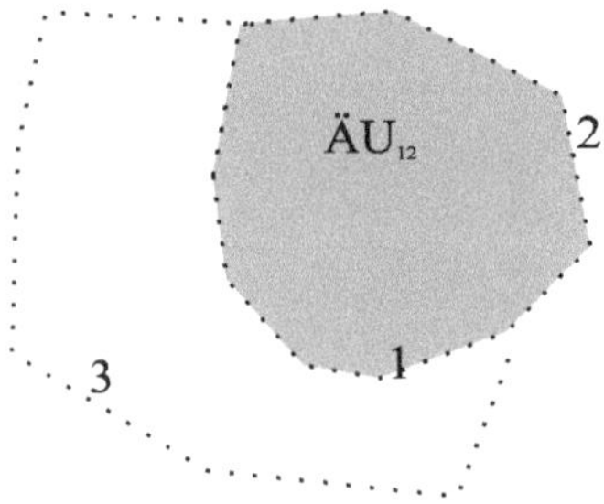

I b

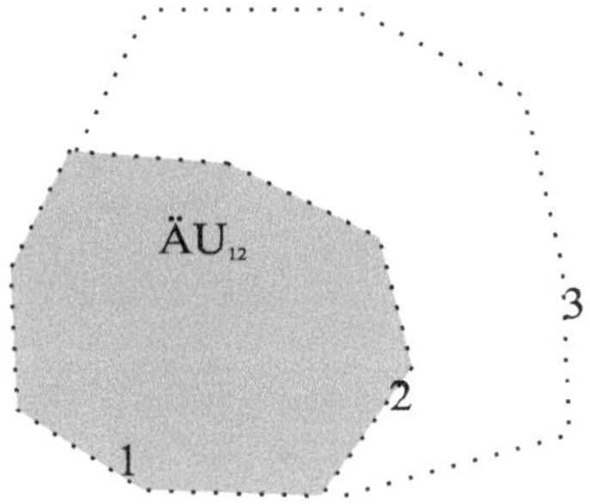

Il faut modéliser l'affirmation $2 \subset IN_{13}$. Prenons le cas I a.

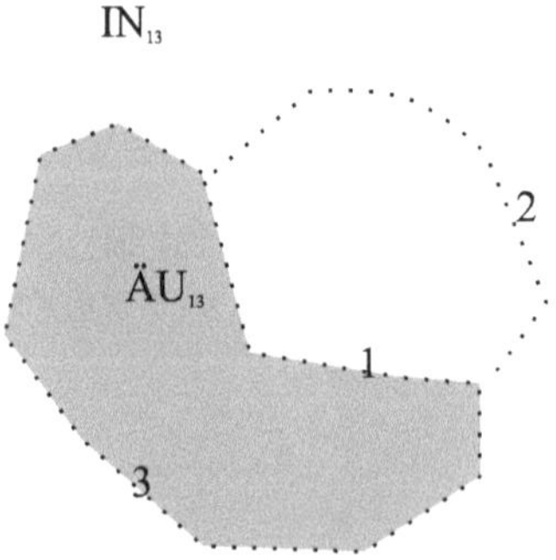

et

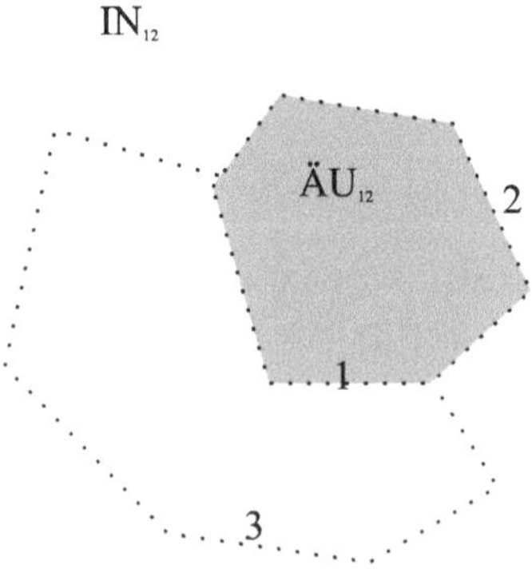

On a bien 2$\subset$ IN_{13} mais quel que soit le choix pour IN_{23} on n'aura pas $IN_{12} \cup IN_{23} = IN_{13}$, comme exigé par l'axiome A I-Ä 64.4, car $ÄU_{13}\subset IN_{12}$, ce qui amène à la contradiction $ÄU_{13}\subset IN_{13}$.

Prenons le cas I b. Par l'axiome A I-Ä 64.4 on doit avoir

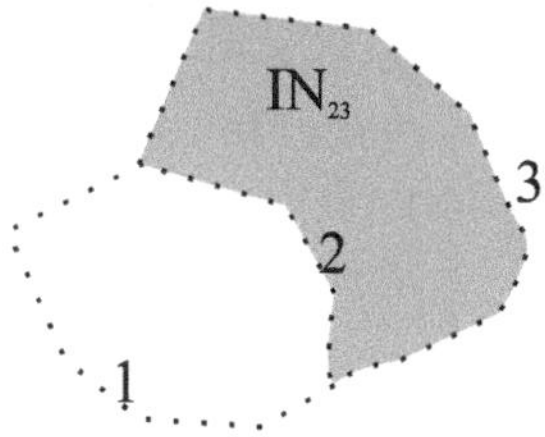

Mais l'affirmation 1$\subset$ IN_{23} ne pourra plus être satisfaite. Si l'on prend le choix II et que l'on représente l'exigence 3$\subset$ IN_{12} on a

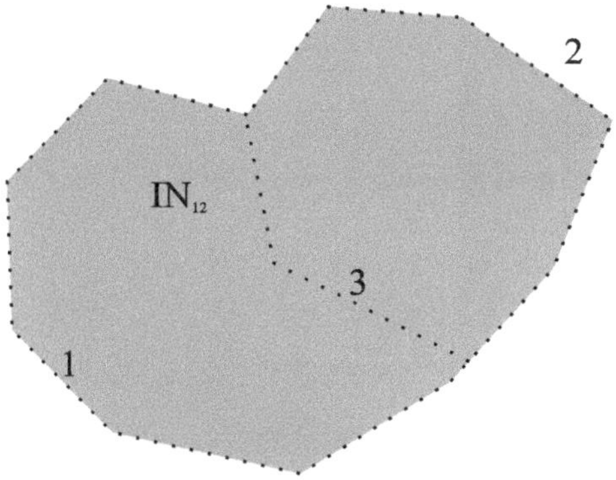

Pour satisfaire l'exigence 2$\subset$ IN_{23} il faut fixer

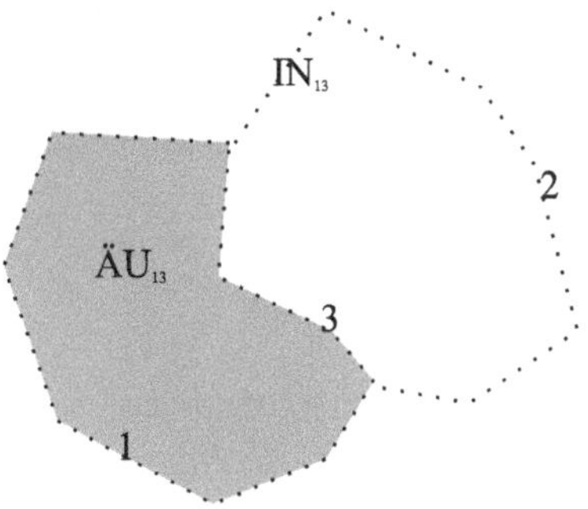

et

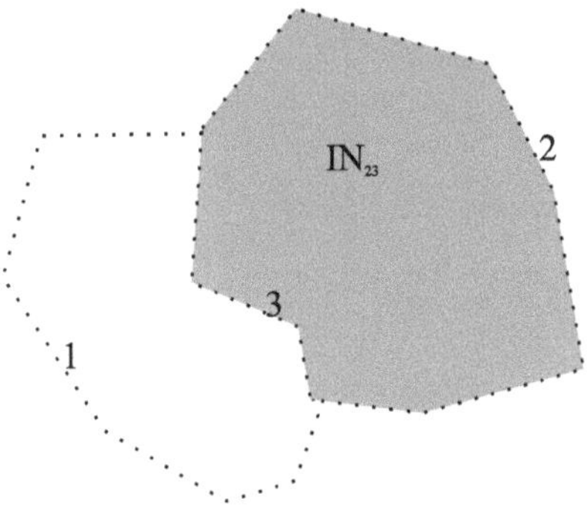

L'exigence $1 \subset IN_{23}$ ne pourra plus être satisfaite. Des considérations analogues valent pour le cas 8.

Ces modélisations nous amènent à fixer d'une façon axiomatique que seuls les cas 4,6 et 7 sont acceptables. Nous exprimons cela par les axiomes A I-Ä 64.5 et A I-Ä 64.6. Nous les écrivons en reprenant aussi l'axiome A I-Ä 64.4.

Les axiomes que nous cherchons sont ceux que toute *régionalisation* (D 63.3) doit satisfaire pour être spatiale. Introduisons donc le prédicat 'Spa( )' ayant comme domaine l'ensemble REG (D 63.4)

Définition D 64.1

$\forall reg_{ik} \{Spa(reg_{ik}) \Leftrightarrow$

Suppositions

$\forall\ wg_1; wg_2;\ wg_3\ [\ \exists\ um_i; um_i; um_i\ ; p\ ; p'\ \{[$

1) $um_i = wg_1 \cup wg_3$
2) $um_j = wg_2 \cup wg_3$
3) $um_l = wg_1 \cup wg_2$
4) $wg_1 \cap wg_2 = wg_1 \cap wg_3 = wg_2 \cap wg_3 = \{p; p'\}] \Rightarrow$

Conséquences: [

Axiome A IÄ 64.4 (Coupe d'une enceinte)

$(wg_3 \subset IN_l) \Rightarrow [\ (IN_i \cap IN_j = wg_3) \wedge (IN_l = N_i \cup IN_j\ )]$

et

Axiome A IÄ 64.5

$(wg_3 \subset IN_l) \Leftrightarrow [(\ wg_2 \subset ÄU_i) \wedge (wg_1 \subset ÄU_j)]$

et

Axiome A IÄ 64.6

$(wg_3 \subset ÄU_l) \Leftrightarrow [(\ wg_2 \subset IN_i) \Leftrightarrow (wg_1 \subset ÄU_j)]\ ]\}]\}$

Cette définition dit qu'une *régionalisation* est spatiale (spatialisée) si et seulement si tout triplet d'*enceintes* formées par un *triplet* de *routes* ayant deux *points* en commun et ayant chacune une *démarcation*, satisfait les trois axiomes A I-Ä 64.4, 5 et 6. Cela revient à dire que si deux polygones ont en commun un côté (contenant au moins deux points), ils doivent satisfaire ces axiomes. Il ne s'agit pas de polygones euclidiens car nous sommes dans une théorie discontinue, voire même finie!! En traduisant les concepts, il est pourtant aisé de vérifier que cela est le cas dans une modélisation euclidienne bidimensionnelle. C'est la piste suivie pour trouver les axiomes, comme indiqué juste avant.

Il faut noter que le lien entre les suppositions et les conséquences n'est pas analytique, il ne s'agit pas d'une déduction des axiomes.

Remarques

1) Dans l'axiome 64.4, l'exigence $IN_i \cap IN_j = wg_3$ demande que les *intérieurs flottants* $°IN_i$ et $°IN_j$ (D 61.1) soient séparés, ce qui n'est pas forcément le cas si l'on a plus que deux dimensions. Cette exigence semble donc demander une bidimensionalité. Mais une vérification de cette hypothèse exige d'introduire au moins cette notion. Il s'agit ainsi d'une anticipation qui attend sa confirmation.
2) Dans une *régionalisation* il est demandé que l'ensemble X_i soit maximal (cf. D 63.3 (3; 6)). Même si la régionalisation est spatialisée il est possible que des *enceintes* ne possèdent pas une *démarcation* déteminée, qu'elles n'appartiennennt pas à X_i, tout en étant incluses dans les *démarcations* des *enceintes* appartenant à l'ensemble X_i. L'ensemble des *enceintes spatialisées* dans un *tissu* peut être plus grand que l'ensemble X_i.

On peut introduire les définitions suivantes:

Définition

$SPA := \{reg_{ik} \mid Spa(reg_{ik})\}$

L'ensemble des *régionalisations spatialisées* et spa_{ik} une variable sur SPA. Mais ces définitions seront remplacées par celle de *rosace*. A la place du symbole 'SPA' on peut introduire celui de 'RO' (cf D 67.1).

– *Synoptique des axiomes*

Réunissons les six axiomes relatifs aux notions d'*Intérieur* et d'*Extérieur*.

Axiome A IÄ 60.1

$\forall um_i; X ; Y\{[In_i(X) \wedge Äu_i(Y)] \Rightarrow [(X \cup Y = TIS_i) \wedge (X \cap Y = um_i)]\}$.

Axiome A IÄ 60.2
$\forall x; y; X\{[\ In_i(X) \vee Äu_i(X)] \Rightarrow [((x \subset y) \wedge (y \in X)) \Rightarrow (x \in X)]\}$

Axiome A IÄ 61.3
3) $\forall x; p\{[°In_i(\{p\}) \wedge (p \in x)] \Rightarrow In_i(x)\}$
4) $\forall x; p\{[°Äu_i(\{p\}) \wedge (p \in x)] \Rightarrow Äu_i(x)\}$

Axiome A IÄ 64.4 (Coupe d'une *enceinte*)
$(wg_3 \subset IN_l) \Rightarrow [\ (IN_i \cap IN_j = wg_3) \wedge (IN_l = N_i \cup IN_j\ )]$

Axiome A IÄ 64.5
$(wg_3 \subset IN_l) \Leftrightarrow [(\ wg_2 \subset ÄU_i) \wedge (wg_1 \subset ÄU_j)]$

Axiome A IÄ 64.6
$(wg_3 \subset ÄU_l) \Leftrightarrow [(\ wg_2 \subset IN_i) \Leftrightarrow (wg_1 \subset ÄU_j)]$

Il s'agit maintenant de vérifier que ces axiomes permettent de retrouver les autres propriétés analogues à celles des polygones d'un espace bidimensionnel. C'est ce qui est proposé par les théorèmes qui suivent.

§ 65 Théorèmes sur les Intérieurs *et* Extérieurs *des* enceintes

Théorème T IÄ 65.1
$\forall i\ ;j\ \{(\ IN_i \subset IN_j)\ \Rightarrow (um_i \subset IN_j)\}$

Preuve

1)	$IN_i \subset IN_j$	hypothèse
2)	$um_i \subset IN_i$	A I-Ä 60.1
3)	$um_i \subset IN_j$	1+ 2

Le théorème qui suit est un des principaux qu'il fallait obtenir par les axiomes.

Nous prenons x, y et p comme des variables sur l'ensemble E_R (D 54.1), en taisant l'indice temporel des *points*.

Théorème T IÄ 65.2
$\forall wg_j; x; y; um_i$
$\{[End_j(x) \wedge End_j(y) \wedge (\{x\} \in °IN_i) \wedge (\{y\} \in °ÄU_i)] \Rightarrow [\exists p\ (Kn_{umi}(p) \wedge Kn_{wgj}(p)]\}$

Les *enceintes* ne peuvent pas être enjambées par les *routes*. Toute *route* qui passe de l'*intérieur flottant* à l'*extérieur flottant* d'une *enceinte*, possède au moins un *point* sur elle. On peut aussi formuler cela comme suit:

$\{[End_j(x) \wedge End_j(y) \wedge (\{x\} \in °IN_i) \wedge (\{y\} \in °ÄU_i)] \Rightarrow [\Pi_E(wg_j) \cap \Pi\,(um_i) \neq \varnothing\,]\}$

ou

$\{[\,End_j(x) \wedge End_j(y) \wedge (\{x\} \in °IN_i) \wedge (\{y\} \in °ÄU_i)] \Rightarrow [\,wg_j \cap um_i \neq \varnothing\,]\}$

Preuve

1) $\exists\, wg_0; \ldots ; wg_n$ tels que
   $wg_0 = \{\{x\}\}$; $wg_0 \subset \ldots \subset wg_n$; $wg_n = wg_{n-1} \cup \{\{y\}\}$ — T Wg 42.1
2) Il y a un ordre total sur $\Pi\,(wg_j)$: $x < p_1 < \ldots < y$ — T Wg 42.1
3) $\{x\,;\,p_1\} \in (ST \cup PF)$ — Au moins une des définitions D30.1 ou D 39.1 est remplie.
4) $In_i(\{x\,;\,p_1\})$ — A I-Ä 60.2 + A I-Ä 61.3
5) wg_1 est tel que $\Pi_E(wg_1) = \{x\,;\,p_1\}$ et $wg_1 \subset IN_i$ — 1) + 4)
6) $(\{p_1\} \in um_i) \vee (\{p_1\} \in °IN_i)$ — 4) + A I-Ä 60.1 et D 61.1 (1)

Récurrence

7) $(wg_n \subset °IN_i) \wedge Max_{wgn}\{p_n\}$ et donc $\{p_n\} \in °IN_i$ — hypothèse
8) $\{p_n\,;\,p_{n+1}\} \in (ST \cup PF)$ — Au moins une des définitions D30.1 ou D 39.1 est remplie
9) $\{\{p_n\,;\,p_{n+1}\}\} \subset IN_i$ — 7) + A I-Ä 61.3
10) $wg_{n+1} \subset IN_i$ — 7) + 9)
11) $(\{p_{n+1}\} \in um_i) \vee (\{p_{n+1}\} \in °IN_i$ — 7) ; 9) + A I-Ä 60.1 et D 61.1 (1)

Réduction de la disjonction

12) $\forall\{(\{p_{n+1}\} \in °IN_i)\}$ — hypothèse
13) $wg_j \subset °IN_i$ — 12)
14) $\{y\} \in °\,IN_i$ — 13) 14 + hypothèse de départ: contradiction
15) $\exists\, p_i\,;\,p_{i+1}\{(\{p_i\} \in wg_j) \wedge (\{p_i\} \in °IN_i) \wedge (\{p_{i+1}\} \in wg_j) \wedge (\{p_{i+1}\} \in um_i)\}$

On trouve dans ce théorème la raison profonde du prochain critère pour l'introduction d'un changement de temps (§47 et suivants et AL 69.4; 5; 7; 8), critère qui utilise le fait qu'une *route* effectue un saut par dessus une *enceinte*.

Ce théorème permet de démontrer immédiatement le suivant.

Théorème T IÄ 65.3
$\forall wg \{\exists x[(\{x\} \in {}^{\circ}IN_i)) \wedge (\{x\} \in wg) \wedge (um_i \cap wg = \varnothing)] \Rightarrow [wg \subset {}^{\circ}IN_i]\}$

Preuve

1) $\exists z\{(\{z\} \in wg) \wedge (\{z\} \notin {}^{\circ}IN_i)\}$	hypothèse
2) $\{z\} \in {}^{\circ}ÄU_i$	hypothèse
3) $wg \cap um_i \neq \varnothing$	T IÄ 65.2 ; contradiction
4) $\{z\} \in um_i$	hypothèse ; contradiction

De même
$\forall wg; x; y$
$\{[(\{x\} \in {}^{\circ}ÄU_i) \wedge (\{x\} \in wg) \wedge (wg \cap um_i = \varnothing)] \Rightarrow (wg \subset {}^{\circ}ÄU_i)\}$

Théorème T IÄ 65.4
$\forall wg$
$\{\{\exists x\ [(\{x\} \in {}^{\circ}IN_i) \wedge (\{x\} \in wg)] \wedge \forall y\ [(\{y\} \in (wg \cap um_i)) \Rightarrow End_{wg}(y)]\}$
$\Rightarrow (wg \subset IN_i)\}$

Cas 1

1) $wg \cap um_i = \varnothing$	hypothèse
2) $wg \subset {}^{\circ}IN_i$ (et ${}^{\circ}IN_i \subset IN_i$)	T IÄ65.3

Cas 2

3) $\exists!\ x\ [(\{x\} \in (wg \cap um_i)) \wedge End_{wg}(x)]$	hypothèse
4) soit wg_{-x} tel que $\Pi_E(wg_{-x}) = \Pi_E(wg) \setminus \{x\}$	définition

On considère l'avant-dernier des *chemins* $wg_0 \subset wg_1 \subset \ldots \subset wg_n$ du théorème TWg 42.1.

5) $wg_{-x} \subset {}^{\circ}IN_i$	T IÄ 65.3

Cas 3

6) $\exists\ y; z[\ End_{wg}(y) \wedge End_{wg}(z)]$	hypothèse

7) Remarque. En partant du théorème TPf 36.3 on peut démontrer qu'il y au plus deux *points* qui soient terminaux.
8) On considère les deux *routes* qui vont x à y et de x à z et l'on obtient deux fois le Cas 2.

Le théorème suivant dit que les *points* de l'*intérieur* peuvent être reliés par des *routes* incluses dans l'*intérieur* de l'*enceinte*.

Théorème T IÄ 65.5

$\forall x ; y ; i$
$\{[(\{x\} \in IN_i) \wedge (\{y\} \in IN_i)] \Rightarrow \exists\, wg[(wg \subset IN_i) \wedge End_{wg}(x) \wedge End_{wg}(y)]\}$

Preuve
Cas a.1)
1) $(\{x\} \in um_i) \wedge (\{y\} \in um_i)$ hypothèse
2) $\exists\, wg\, [(wg \subset um_i) \wedge End_{wg}(x) \wedge End_{wg}(y)]$ § 42
3) $(wg \subset um_i) \Rightarrow (wg \subset IN_i)$ A IÄ 60.1
Cas a.2
4) $(\{x\} \in um_i) \wedge (\{y\} \in °IN_i)$ hypothèse
La définition D 59.3 dit: $\forall um_i; X\{Tis_i(X) \Leftrightarrow \forall x[(x \in X) \Rightarrow$
$\Rightarrow \exists\, um_k; p; p'[(x \in um_k) \wedge ((p \neq p') \wedge (\{\{p\};\{p'\}\} \subseteq (um_k \cap um_i)))]]\}$
Ici $x = \{y\}$. Tous les *points* concernés par une *route* pouvant être ordonnés (T TWg 42.1), on peut ainsi choisir p et p' de façon qu'ils soient les premiers sur um_i, que l'on rencontre en suivant um_k en partant de y et en particulier on peut en choisir un des deux. Soit p ce *point*. On peut ainsi construire une *route* wg' telle que
5) $End_{wg'}(y) \wedge End_{wg'}(p) \wedge (\Pi_E(um_i) \cap \Pi_E(wg) = \{p\})$
6) $wg \subset IN_i$ T IÄ 65.4
7) Il suffit de continuer la construction de p jusqu'à x, en restant sur um_i.
Cas b
8) $(\{x\} \in °IN_i) \wedge (\{y\} \in °IN_i)$ hypothèse
9) On applique deux fois le cas a.2.

Théorème T IÄ 65.6
$\forall i; j\{(um_i \subset IN_j) \Rightarrow (IN_i \subset IN_j)\}$

L'affirmation n'est pas évidente si le *tissu* n'est pas bidimensionnel. De $(um_i \subset IN_j) \wedge (\{x\} \in °IN_i)$ on ne peut déduire $(\{x\} \in IN_j)$. Si on le pouvait, le théorème dériverait immédiatement de l'axiome A IÄ 61.3 et du théorème T IÄ 65.2. Ce faisant, on fonderait la bidimensionnalité du *tissu*. Cela n'est pas le cas, car s'il n'y avait pas de restrictions, on pourrait choisir $°IN_i$ de telle façon qu'il englobe $ÄU_j$. Nous sommes ainsi obligés d'utiliser d'autres axiomes, qui imposent des restrictions aux choix des *intérieurs* et *extérieurs*. Par la suite l'axiome A IÄ 61.3 et le théorème T

IÄ 65.2 seront applicables. Nous obtenons ainsi une preuve de l'indépendance des axiomes. Ce que ces axiomes permettent de construire est une indication de leur suffisance. Mais il en faudra d'autres encore, surtout relativement aux premiers choix entre *intérieurs* et *extérieurs*. Ces choix devront être conformes aux axiomes A IÄ 65.4-6, relatifs à la compatibilité de ces choix. Mais cela sera abordé après ce quelques théorèmes.

Preuve

1) $|\Pi_E(um_i)| \geq 3$ § 43
2) $TIS_i = TIS_j$ T TIS 59.3
3) $\forall p\{(\{p\} \in um_i) \Rightarrow \exists\, um_k; p'; p''$
   $[(\{p\} \in um_k) \wedge (p' \neq p'') \wedge (\{\{p'\};\{p''\}\} \subseteq (um_k \cap um_j))]\}$ D 59.3

Dans tous les cas on peut donc choisir deux *points* sur um_i, en partant de chacun d'eux construire deux *routes* qui s'arrêtent au premier croisement avec l'*enceinte* um_j et qui ne se croisent pas, car elles sont incluses dans une même *enceinte*. Nous avons ainsi quatre *routes*, à partir desquelles il est toujours possible d'en construire deux, chacune partant d'un des *points* et ne croisant pas l'autre. Il suffit pour cela de choisir une *route* partant d'un des *points*. Si elle ne croise pas les *routes* qui partent de l'autre *point* le problème est résolu. Sinon, dès le premier *point* de rencontre avec une des deux *routes* de l'autre *point*, il suffit de suivre cette *route* (de l'autre *point*). La *route* restant, sortant du deuxième *point* ne croisera pas la *route* ainsi construite. Le problème est résolu. En plus ces *routes* sont incluses dans IN_j. En effet, si un des *points* de départ (de l'enceinte um_i) n'est pas sur l'*enceinte* um_j, il est dans $°IN_j$, et par le théorème T IÄ 65.4, la *route* est incluse dans IN_j. Ce procédé reviendra souvent. Nous affirmerons ainsi l'existence de son résultat. Ce que nous faisons immédiatement ici. Mais il y a plu-sieurs cas possibles. Commençons par le cas général.

I

4) $\exists\, x_i; y_i; x_j; y_j; wg_a; wg_b; wg_c; wg_d; wg_1; wg_2$ tels que
   a) $(um_j = wg_a \overset{+}{\cup} wg_b) \wedge (wg_a \cap wg_b = \{\{x_j\};\{y_j\}\})$
   b) $(um_i = wg_c \overset{+}{\cup} wg_d) \wedge (wg_c \cap wg_d = \{\{x_i\};\{y_i\}\})$
   c) $End_{wg1}(x_i) \wedge End_{wg1}(x_j) \wedge End_{wg2}(y_j) \wedge End_{wg1}(y_i)$

d) $(wg_1 \cap um_j = \{\{x_j\}\}) \wedge (wg_1 \cap um_i = \{\{x_i\}\})$
e) $(wg_2 \cap um_j = \{\{y_j\}\}) \wedge (wg_2 \cap um_i = \{\{y_i\}\})$

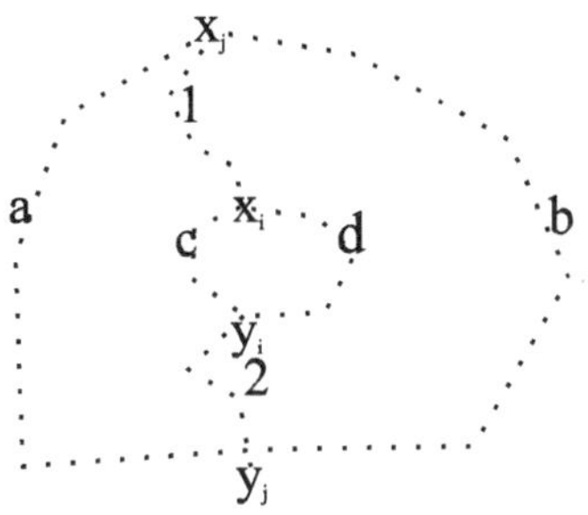

Pour simplifier, nous écrirons que les indices des *routes*. Par exemple i pour um_i et 1 pour wg_1. A la place de $wg_a \cup wg_b$ nous écrirons a,b.

5) $1,d,2 \subset IN_j$
6) $(IN_{a,1,c,2} \subset IN_j) \wedge (IN_{a,1,d,2} \subset IN_j) \wedge (IN_{a,1,d,2} \cup^{+} IN_{b,1,d,2} = IN_j)$ 5 + A IÄ 64.4
7) $[(c \subset IN_{a,1,d,2}) \vee (c \subset IN_{b,1,d,2})]$ 4 + T IÄ 65.2
8) $c \subset IN_{a,1,d,2}$ (7) hypothèse
9) $(IN_i \subset IN_{a,1,d,2})$ A IÄ 64.4
10) $IN_i \subset IN_j$ 6 + 9
11) $c \subset IN_{b,1,d,2}$ (7) hypothèse
12) $IN_i \subset IN_j$ 9 + 10

II

Les autres cas s'obtiennent en introduisant des identifications dans la description proposée sous 4.

13) $a = c$ hypothèse et donc
14) $(x_i = x_j) \wedge (y_i = y_j)$ 13

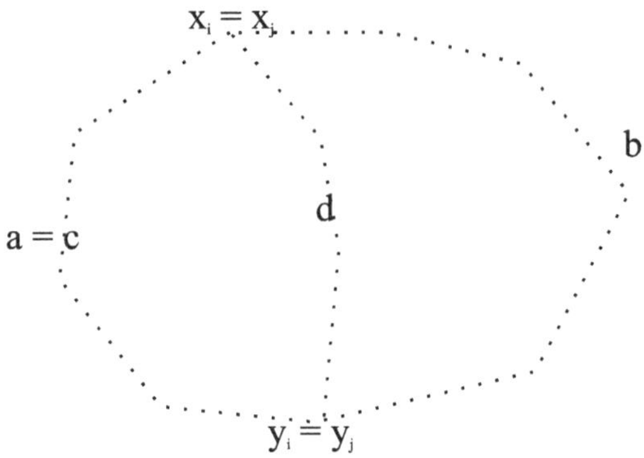

15) $d \subset IN_j$ hypothèse de départ
16) $IN_i \subset IN_j$ 15 + A IÄ 64.4
III
17) $um_i \cap um_j = \{x_i\}$ hypothèse

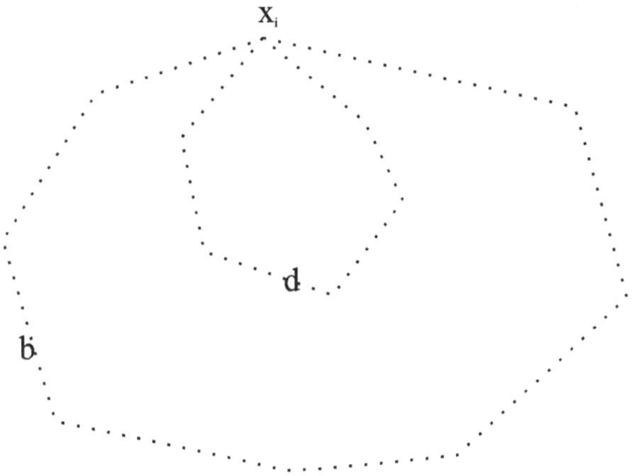

On présuppose pour um_i qu'il ne s'agit ni d'un *Lacet* ni d'un *Rugby*.
18) $d \subset IN_j$ hypothèse de départ
19) $IN_i \subset IN_j$ 18 + A IÄ 64.4

IV

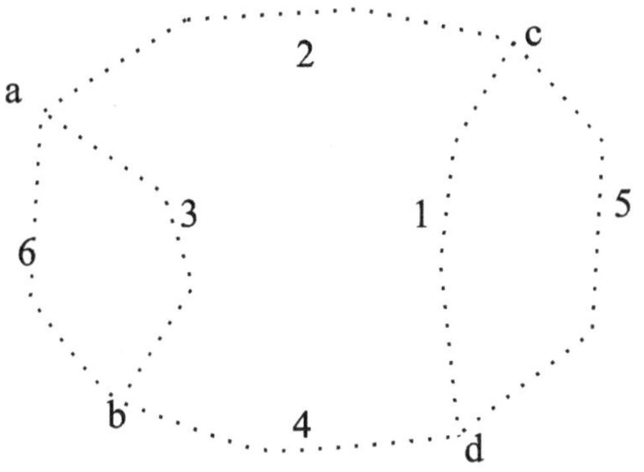

20) $(\mathrm{um}_i =)\ i = 1,2,3,4$ hypothèse

21) $j = 5,2,6,4$ hypothèse

22) $i \cap j = 2 \cup 4$ (et non ..= 2,4 car $2,4 \equiv 2 \cup^{+} 4$, ce qui est exclu) 20 + 21

23) $(3 \cap 6) = \{\{a\};\{b\}\} = (1,2,3,4 \cap 6)$ hypothèse

24) $(5 \cap 1) = \{\{d\};\{c\}\} = (1,2,3,4 \cap 5)$ hypothèse

Ces deux dernières hypothèses sont problématiques. Elles peuvent avoir lieu. Mais n'est-il pas possible que $(1 \cap 6 \neq \varnothing)$ et/ou $(3 \cap 5 \neq \varnothing)$? Il faut revenir sur cette possibilité. L'hypothèse de départ s'écrit alors

25) $1,2,3,4 \subset \mathrm{IN}_{5,2,6,4}$ hypothèse de départ

26) $3 \subset \mathrm{IN}_{5,2,6,4}$ 25

27) $\mathrm{IN}_{3,4,5,2} \subset \mathrm{IN}_{5,2,6,4}$ A IÄ 64.4

28) $\mathrm{IN}_{3,6} \cap \mathrm{IN}_{3,4,5,2} = 3$ A IÄ 64.4

29) $\{\{d\};\{c\}\} \subset 3,4,5,2 \subset \mathrm{IN}_{3,4,5,2}$ 24 + A IÄ 60.1

30) $\{\{d\};\{c\}\} \cap 6 = \varnothing$ 23

31) Um(1,2,3,4) D 55.1: hypothèse de départ

32) $\{\{d\};\{c\}\} \cap 3 = \varnothing$ 30

33) $\{\{d\};\{c\}\} \cap \mathrm{IN}_{3,6} = \varnothing$ 28 + 29 + 30

34) $\{\{d\};\{c\}\} \subset {}^{\circ}\mathrm{ÄU}_{3,6}$ 33 + D 61.1

35) $1 \subset {}^{\circ}\mathrm{ÄU}_{3,6}$ 34 + T IÄ 65.3

36) $(\mathrm{IN}_{3,6} \cup^{+} \mathrm{IN}_{3,4,5,2} = \mathrm{IN}_{6,4,5,2})$ 26 + A IÄ 64.4

37) $1 \subset \mathrm{IN}_{3,4,5,2}$ 35 +36

38) $\mathrm{IN}_{1,2,3,4} \subset \mathrm{IN}_{3,4,5,2}$ 7 + A IÄ 64.4

39) $\mathrm{IN}_{1,2,3,4} \subset \mathrm{IN}_{5,2,6,4}$ 38 + 27

V

On peut généraliser et considérer les cas du type suivant:

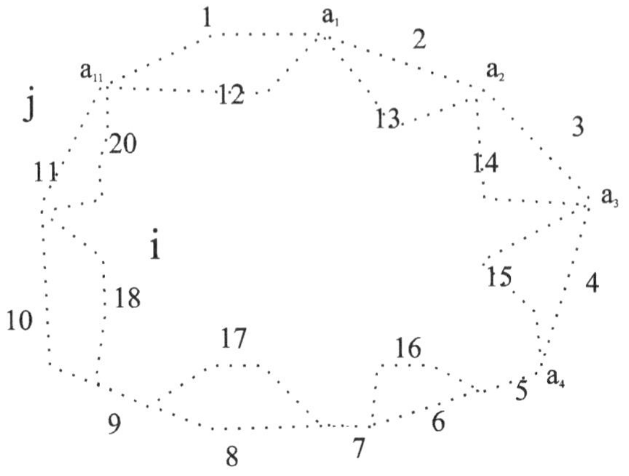

j = 1,2,3,4,5,6,7,8,9,10,11 i= 12,13,14,15,5,16,7,17,9,18

Il suffit de réitérer le procédé en commençant par considérer, à la place de l'*enceinte* i, l'*enceinte* i_1= 12,2,3,4,5,6,7,8,9,10,11. On aura $IN_{i1} \subset IN_j$. Dans le pas suivant on considère i_1 à la place de j et i_2 = 12,13, 3,4,5,6,7,8,9,10,11. On aura $IN_{i2} \subset IN_{i1}$. Et ainsi de suite.

Reste le problème de savoir si tous les cas sont de ce type. Pour cela il faut caractériser le type en question. Or la propriété qui le définit est la suivante. Sur les deux *enceintes* i et j, en partant du même *point* a_1, on peut construire respectivement deux ordres (justifiés) (notés $<_i$ et $<_j$) tels que $\forall a_k ; a_l \{(a_k <_i a_l) \Leftrightarrow (a_k <_j a_l)\}$.

Se demander si d'autres cas sont possibles équivaut ainsi à se demander si cette condition pourrait ne pas être respectée. Cela est possible, mais alors la *route* i ne serait plus une *enceinte*. Cela est démontré par le théorème suivant:

Théorème T IÄ 65.7

$\forall$ um_i; wg ; wg'; p_1; p_2; p_3; p_4 si

a) $(wg \cup wg') \subset IN_i$

b) $End_{wg}(p_1) \wedge End_{wg}(p_2) \wedge End_{wg'}(p_3) \wedge End_{wg'}(p_4) \wedge$

c) $\wedge\{\{p_1\};\{p_2\};\{p_2\};\{p_4\}\} = (wg \cup wg') \cap um_i) \wedge$

d) $\wedge\exists <_i ; <_j [(p_1 <_i p_3 <_i p_2 <_i p_4) \wedge(p_1 <_j p_2 <_j p_3 <_j p_4)]$

alors $\exists$ p [$\{p\} \in (wg \cap wg')]$

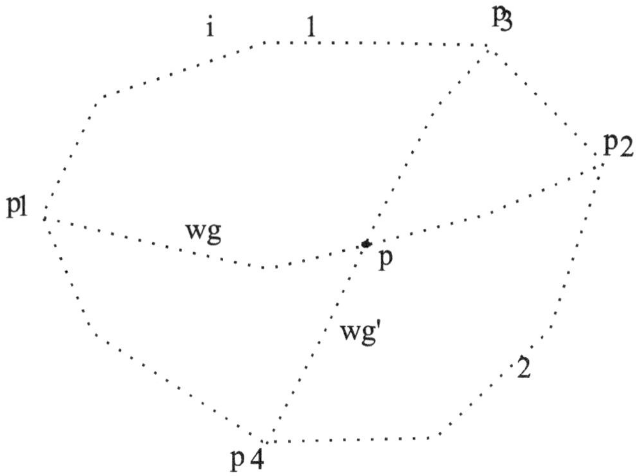

1: de p_1 à p_3 jusqu'à p_2 2: de p_2 à p_4 jusqu'à p_1

Preuve

Si $|\Pi_E(wg)| > 2 \wedge |\Pi_E(wg')| > 2$, la preuve est facile et analogue à celle qui précède.

1) $\exists\, p'[(\{p'\} \in wg') \wedge (p_3 \neq p' \neq p_4) \wedge (\{p'\} \notin wg)]$ hypothèse
2) $\{p'\} \notin i$ hypothèse de départ c)
3) $\{p'\} \in IN_i$ 1) + hypothèse de départ a)
4) $(IN_i = IN_{wg,1} \cup^+ IN_{wg,2}) \wedge (IN_{wg,1} \cap IN_{wg,2} = wg)$
hypothèse de départ a) + A IÄ 64.4
5) $(\{p' \in {}^\circ IN_{wg,1}) \vee (\{p' \in {}^\circ IN_{wg,2})$ 3) + 4)
6) $\{p' \in {}^\circ IN_{wg,1}$ hypothèse
7) $\{p_4\} \notin wg,1$ hypothèse de départ
8) $\{p_4\} \in 2$
9) $\{p_4\} \in IN_{wg,2}$ 4) + A IÄ 60.1
10) $\{p_4\} \in {}^\circ ÄU_{wg,1}$ 4)
11) $wg \cap wg' \neq \varnothing$ 6) +10) + T IÄ 65.2
12) $|\Pi_E(wg')| = 2$ hypothèse
13) $(\{p_4\} \in {}^\circ ÄU_{wg,1}) \wedge (\{p_3\} \in {}^\circ ÄU_{wg,2})$ 10)
14) $wg' = \{\{p_4\};\{p_3\};\{p_3; p_4\}\}$
15) $(\{p_3; p_4\} \notin {}^\circ IN_{wg,1}) \wedge (\{p_3; p_4\} \notin {}^\circ IN_{wg,2})$ 13)
16) $IN_{wg,1} \cap IN_{wg,2} = wg$ 4)
17) $wg' \not\subset (IN_{wg,1} \cup^+ IN_{wg,2})$ D 42.2 1) + D 60.1 + 4) (A IÄ 64.4)

18) wg' $\not\subset$ IN_i a) contradiction.

Ici on voit bien que les deux axiomes A IÄ 61.3 et A IÄ 64.4 sont indépendants. L'axiome A IÄ 64.4 empêche d'ajouter des proximités qui ne soient pas déjà données. Cela devient important lors de la coupe de l'intérieur d'une *enceinte* par une nouvelle *route*. Elle ne peut pas enjamber une relation de *proximité*. Les deux axiomes sont donc très proches, mais indépendants. Il se peut que dans le processus une nouvelle *route* ne respecte pas cette interdiction. Nous aurons alors un nouveau critère pour introduire un *changement de temps*, et corriger ainsi la construction de la structure spatiale.

Théorème T IÄ 65.8
Soient trois *routes* 1,2 et 3 telles que
$\exists$ p,p'[$1 \cap 2 \cap 3$ ={{p};{p'}}] et $3 \subset IN_{12}$.

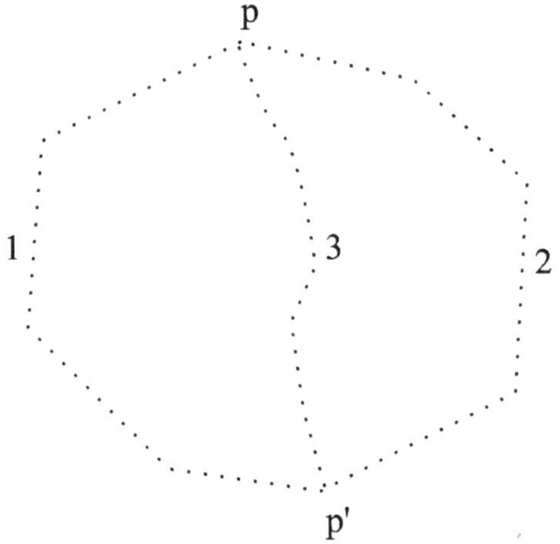

Alors
a) $(3 \subset (ÄU_{13} \cap ÄU_{23})) \wedge$
b) $\wedge\ (°ÄU_{12} = (°ÄU_{13} \cap °ÄU_{23}))$

Preuve
a)
1) $(3 \subset ÄU_{13}) \wedge (3 \subset (ÄU_{23})$

Ce qui signifie que $\ddot{A}U_{13} \cap \ddot{A}U_{23}$ n'est pas délimité par une *enceinte* (mais cette notion de délimitation doit être définie).

b)

$\Rightarrow$

2) $(\{x\} \in {}^{\circ}\ddot{A}U_{12}) \Rightarrow (\{x\} \notin 1{,}2)$ A IÄ 60.1

3) $((IN_{13} \cup IN_{23}) \subset IN_{12}) \Rightarrow (\{x\} \notin 3)$

4) $(\{x\} \in {}^{\circ}\ddot{A}U_{13}) \wedge (\{x\} \in {}^{\circ}\ddot{A}U_{23})$

5) $\{x\} \in ({}^{\circ}\ddot{A}U_{13} \cap {}^{\circ}\ddot{A}U_{23})$

$\Leftarrow$

6) $((\{x\} \in {}^{\circ}\ddot{A}U_{13}) \wedge (\{x\} \in {}^{\circ}\ddot{A}U_{23})) \Rightarrow ((\{x\} \notin IN_{13}) \wedge (\{x\} \notin IN_{23}))$

7) $\{x\} \notin IN_{12}$ A IÄ 64.4

8) $\{x\} \in {}^{\circ}\ddot{A}U_{12})$

Théorème T IÄ 65.9

$\forall i \, \{({}^{\circ}IN_i \cap {}^{\circ}\ddot{A}U_i) = \varnothing\}$

Preuve

1)	${}^{\circ}\ddot{A}U_i \subset \ddot{A}U_i$	D 61.1
2)	${}^{\circ}IN_i \subset IN_i$	D 61.1
3)	$({}^{\circ}IN_i \cap {}^{\circ}\ddot{A}U_i) \subset (IN_i \cap \ddot{A}U_i$	1) + 2)
4)	$(IN_i \cap \ddot{A}U_i) = um_i$	A IÄ 60.1
5)	$({}^{\circ}IN_i \cap {}^{\circ}\ddot{A}U_i) \subset um_i$	3) + 4)
6)	$({}^{\circ}IN_i \cap {}^{\circ}\ddot{A}U_i) = ({}^{\circ}IN_i \cap {}^{\circ}\ddot{A}U_i \cap um_i)$	5)
7)	$({}^{\circ}\ddot{A}U_i \cap um_i) = \varnothing$	D 61.1
8)	$({}^{\circ}IN_i \cap {}^{\circ}\ddot{A}U_i \cap um_i) = \varnothing$	6) + 7)
9)	$({}^{\circ}IN_i \cap {}^{\circ}\ddot{A}U_i) = \varnothing$	6)

Théorème T IÄ 65.10

$\forall i \, \{(\text{I-Pass}_i \cap \ddot{A}\text{-Pass}_i) = um_i\}$

Preuve

$(\text{I-Pass}_i \cap \ddot{A}\text{-Pass}_i) \subset um_i$

1)	$(x \in \text{I-Pass}_i) \wedge (p \in x) \wedge (\{p\} \notin um_i)$	hypothèse
2)	$(\{p\} \in {}^{\circ}IN_i)$	1) + D 62.2
3)	$x \notin \ddot{A}U_i$	
4)	$x \notin \ddot{A}\text{-Pass}_i$	

5) $x \notin (\text{I-Pass}_i \cap \text{Ä-Pass}_i)$
de même
6) $(x \in \text{Ä-Pass}_i) \wedge (p \in x) \wedge (\{p\} \notin um_i)$
7) $x \notin (\text{I-Pass}_i \cap \text{Ä-Pass}_i)$ 6) + 1-5)
8) $(((x \in (\text{I-Pass}_i \cap \text{Ä-Pass}_i)) \wedge (p \in x)) \Rightarrow (\{p\} \in um_i)$ 5) + 6)
9) $x \in um_i$
10) $um_i \subset (\text{I-Pass}_i \cap \text{Ä-Pass}_i)$ D 62.1

Théorème 65.11: unicité de l'*Intérieur*.
$\forall i; X;Y\{(In_i(X) \wedge In_i(Y)) \Rightarrow (X = Y)\}$

Preuve
1) $um_i \subset um_i$
2) $(X \subset Y) \wedge (Y \subset X)$

Cela exclut donc la possibilité qu'il y ait plus de deux possibilités d'attribuer les rôles d'intérieur et d'extérieur (cf D63.1 et commentaire).

Le théorème inverse, paraît aussi intuitif, mais sa démonstration semble être plus difficile. Ce théorème dit:
$\forall i; j\{(In_i(X) \wedge In_j(X)) \Rightarrow (um_i = um_j)\}$ c'est-à-dire
$(IN_i = IN_j) \Rightarrow (um_i = um_j)$

On a immédiatement $um_i \subset IN_i$, $um_i \subset IN_j$, $um_j \subset IN_i$ et $um_j \subset IN_j$ mais il ne s'ensuit pas immédiatement que $um_i = um_j$. On peut essayer de démontrer que $(IN_i = IN_j) \Rightarrow (ÄU_i = ÄU_j)$ ce qui donnerait
$um_i = IN_i \cap ÄU_i = IN_j \cap ÄU_j = um_j$. Mais le premier pas n'est pas aisé. En effet, partons de $(\{x\} \in ÄU_i) \Rightarrow ((\{x\} \in um_i) \vee (\{x\} \in \text{Acc-}ÄU_i))$. On a bien $(\{x\} \in \text{Acc-}ÄU_i) \Rightarrow (\{x\} \notin IN_i)$ et donc $(\{x\} \notin IN_j)$ et finalement $(\{x\} \in ÄU_j)$. En revanche on a $(\{x\} \in um_i) \Rightarrow (\{x\} \in IN_j)$ mais non $(\{x\} \in um_j)$, ce qui donnerait $\{x\} \in ÄU_j$. Il ne semble donc pas que l'on puisse conclure. Mais on peut argumenter d'une façon analogue au théorème T IÄ 65.6.

Théorème T IÄ 65.12
$\forall i; j\{(In_i(X) \wedge In_j(X)) \Rightarrow (um_i = um_j)\}$ c'est-à-dire
$(IN_i = IN_j) \Rightarrow (um_i = um_j)$

Preuve

On a immédiatement

1) $(um_i \subset IN_i) \Rightarrow (um_i \subset IN_j)$ et donc

2) $(um_i \subset IN_j) \wedge (um_j \subset IN_i)$

La situation étant symétrique, il suffit de considérer le premier terme

3) $um_i \subset IN_j$

Nous reprenons la modélisation proposée pour le T IÄ 65.6

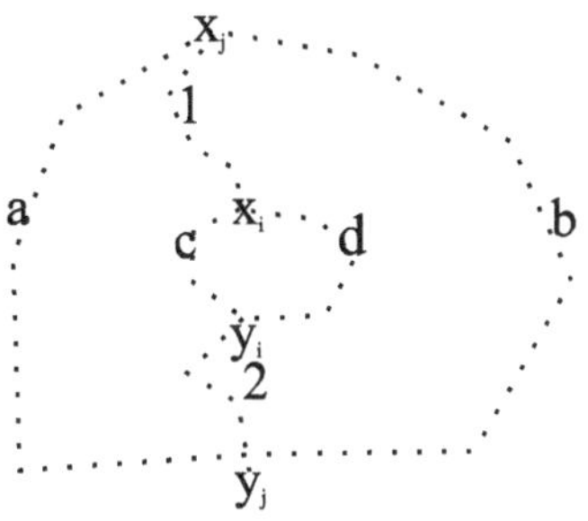

avec les mêmes conventions de simplification de l'écriture. Nous avons ainsi j = a,b : i = c,d et la même description que pour T IÄ 65.6 4). On a alors

4) $(1,c,2 \subset IN_{a,b}) \wedge (1,d,2 \subset IN_{a,b})$

I

5) $(1,c,2 \subset IN_{a,b})$

6) $IN_{a,1,c,2} \cap IN_{b,1,c,2} = 1,c,2$ 5) + A IÄ 64.4

7) $IN_{a,b} = IN_{a,1,c,2} \cup^{+} IN_{b,1,c,2}$ 5) + A IÄ 64.4

8) $(d \subset IN_{a,1,c,2}) \vee (d \subset IN_{b,1,c,2})$ 4) + 6) + 7)

Ia

9) $d \subset IN_{b,1,c,2}$ hypothèse

10) $um_i \neq um_j$ hypothèse

Cas i)

11) $[(a \neq 1,c,2) \wedge (a \neq 1,d,2)] \wedge [(b \neq 1,c,2) \wedge (b \neq 1,d,2)]$

12) $IN_{c,d} \subset IN_{b,1,c,2}$ 9) + A IÄ 64.4

13) $a \subset ÄU_{b,1,c,2}$ 6) + 7)

14) $a \subset ÄU_{c,d}$ 13) + 14)
15) $a \subset Acc\text{-}Ä_{c,d}$ 11) + 14)
16) $IN_i \neq IN_j$ contradiction
Cas ii)
17) $[(a \neq 1,c,2) \wedge (a \neq 1,d,2)] \wedge [(b \neq 1,c,2) \wedge (b = 1,d,2)]$
Du fait que a,b est une *enceinte* il s'ensuit que
18) $(|\Pi_E(1)| = 1) \wedge (|\Pi_E(1)| = 1)$ sinon on aurait $|\Pi_E(N_{a,b}(x_j))| > 2$
Faisons un modèle

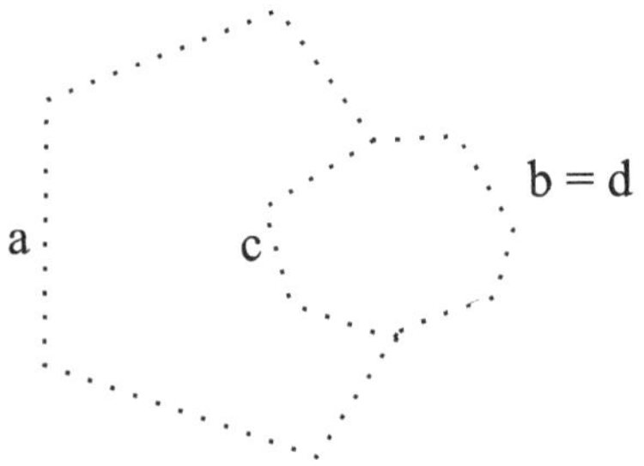

19) $c \subset IN_{a,b}$ 5)
20) $a \subset Acc\text{-}Ä_{c,d}$ 17) + 19) + A IÄ 64.4 (cf 15)
21) $IN_i \neq IN_j$ contradiction
Cas iii) (analogue)
22) $[(a \neq 1,c,2) \wedge (a \neq 1,d,2)] \wedge [(b = 1,c,2) \wedge (b \neq 1,d,2)]$
23) $IN_i \neq IN_j$ contradiction
Cas iv)
24) $[(a \neq 1,c,2) \wedge (a \neq 1,d,2)] \wedge [(b = 1,c,2) \wedge (b = 1,d,2)]$
25) $(um_i \neq \emptyset) \Rightarrow (um_i = um_j)$ TUm 52.2
Tous les autres cas sont analogues.

Théorème T IÄ 65.13
$\forall i\{ÄU_i = TIS \setminus Acc\text{-}I_i\}$

Preuve
1) $x \in ÄU_i$ hypothèse
2) $(x \notin IN_i) \vee (x \in um_i)$ A IÄ 60.1
3) $x \notin Acc\text{-}I_i$ D 62.2
4) $x \notin ÄU_i$ hypothèse
5) $(x \notin um_i) \vee (x \in IN_i)$ A IÄ 60.1
6) $x \in Acc\text{-}I_i$ D 62.2

Nous pouvons maintenant prouver ce qui nous manquait pour le théorème précédent.

Théorème T IÄ 65.14
$\forall i \{(IN_i = IN_j) \Rightarrow (ÄU_i = ÄU_j)\}$

Preuve

1)	$(IN_i = IN_j) \Rightarrow (um_i = um_j)$	T IÄ 65.13
2)	$Acc\text{-}I_i = Acc\text{-}I_j$	1) + D 62.2
3)	$ÄU_i = ÄU_j$	T IÄ 65.13

Le théorème suivant dit que si une *enceinte* pénètre à l'*intérieur* d'une *enceinte* elle aura une intersection non *connexe* avec elle.

Théorème T IÄ 65.15
$\forall i; j$
$\{\exists x;y;z$
$[(um_i \neq um_j) \wedge (x \in um_i \cap um_j) \wedge (y \in um_j) \wedge (z \in um_j) \wedge (z \in Acc\text{-}I_i) \wedge (y \in Acc\text{-}Ä_i)] \Rightarrow$
$\Rightarrow \exists wg_a [(wg_a \subset um_j) \wedge (wg_a \cap um_j \neq \varnothing) \wedge \forall wg[((wg \subset (um_i \cap um_j)) \wedge (x \in wg)) \Rightarrow$
$\Rightarrow (wg_a \cap wg = \varnothing)]]\}$

Preuve
Nous allons utiliser les mêmes simplifications d'écriture que pour les théorèmes précédents.

1) soit la *route* 1 telle que
$(1 \subset (um_i \cap um_j)) \wedge \forall wg[((wg \subset (um_i \cap um_j)) \wedge (x \subset wg)) \Rightarrow (wg \subset 1)]$
définition
2) soient p, p' tels que
$End_1(p) \wedge End_1(p')$ définition
3) soit 2 une route telle que
$j = 1{,}2$ (c'est-à-dire $j = 1 \cup^{+} 2$) définition

Ici il est fait usage du théorème TWg^t 42.1

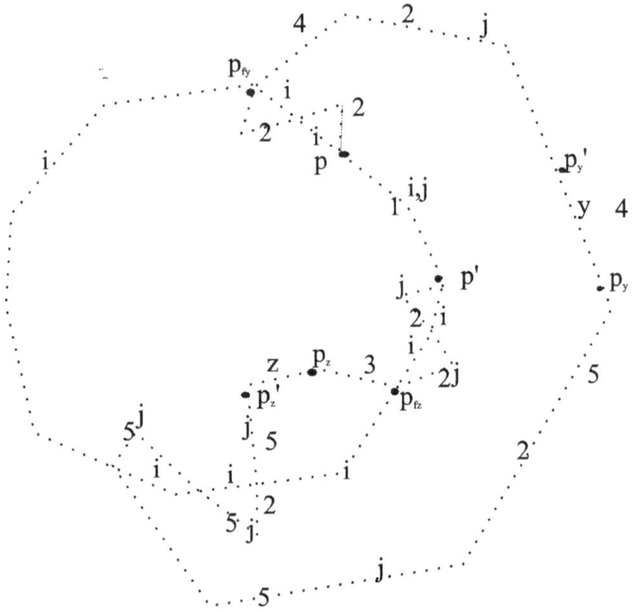

4) renommons p et p' de façon telle qu'il existe un ordre

$p \leq p' \leq p_z \leq p_z' \leq p_y \leq p_y'$

avec $End_z(p_z)$, $End_z(p_z')$, $End_y(p_y)$ et $End_y(p_y')$.

5) soit p_{fz} tel que

$(p' \leq p_{fz} \leq p_z) \wedge (p_{fz} \in \Pi_E(i \cap j)) \wedge \forall p\, [((p' \leq p \leq p_z) \wedge (p \in \Pi_E(i \cap j))) \Rightarrow$
$\Rightarrow (p' \leq p \leq p_{fz})]$

6) soit une *route* 3 telle que $End_3(p_z')$ et $End_3(p_f)$.

De même on construit dans l'autre sens, un ordre <' tel que

7) $p' \leq' p \leq' p_y' \leq' p_y \leq' p_z' \leq' p_z$

8) soit p_{fy} tel que

$(p < p_{fy} < p_y') \wedge (p_{fy} \in \Pi_E(i \cap j)) \wedge \forall p^*[((p < p^* < p_y') \wedge (p^* \in \Pi_E(i \cap j))) \Rightarrow$
$\Rightarrow (p < p^* < p_{fy})]$

9) soit une *route* 4 telle que $End_4(p_y)$ et $End_4(p_{fy})$.

Il faut raisonner sur la *route* 5, $5 \subset 2$ et $End_5(p_z')$ et $End_5(p_y)$. Elle rencontre i et ne contient pas x. On a

10) soit la *route* 5 telle que $5 \subset 2$ et $End_5(p_z')$ et $End_5(p_y)$ définition

11) $(\{p_z'\} \notin wg_a) \wedge (\{p_y\} \notin wg_a$

Cas I

12) $(\{p_z'\} \in {}^{\circ}IN_i) \wedge \{p_y\} \in {}^{\circ}\ddot{A}U_i)$ hypothèse

13) $(5 \cap i \neq \varnothing) \wedge (wg_a \cap (5 \cap i) = \varnothing)$

Cas II

14) $(\{p_z'\} \in um_i) \vee (\{p_z'\} \in um_i)$ plus rien à prouver.

Remarque: même si l'on a $Rac_i(z)$ (D 62.3), $z \notin 1$ et donc $\{p_z'\} \notin 1$, car la *connexion* est rompue.

Si on coupe par une *route* 1 l'*intérieur* d'une *enceinte* j, on en obtient deux nouvelles. Si une *route* 2 relie deux *points* d'une des deux nouvelles *enceintes* sans croiser la première *route* 1, cette *route* sera à l'*intérieur* de cette *enceinte*. On a ainsi une nouvelle *enceinte* i, et l'*enceinte* j sera dans son *extérieur*. C'est ce que prouve le théorème suivant. Comme d'habitude, si on représente cela dans un modèle bidimensionnel euclidien, l'affirmation est évidente. Il nous faut reconstruire cette évidence.

Théorème T IÄ 65.16

L'hypothèse est:

a) um_j une enceinte, notée par la suite simplement par j

b) une route 1 telle que $1 \subset IN_j$

c) une route 2 telle que $2 \subset IN_j$

d) $1 \cap j = \{\{a_1\};\{b_1\}\}$

e) $2 \cap j = \{\{a_2\};\{b_2\}\}$

f) $1 \cap 2 \subset \{\{a_1\};\{b_1\}\}$ (ou $1 \cap 2 = \varnothing$)

g) $1 \neq 2$

La conclusion est

h) $\exists\ um_i;\ wg_5;\ wg_6$

$[(1 \cup 2 \subset um_i) \wedge (wg_5 \cup wg_5 \subset um_i) \wedge (um_i = 1 \cup 2 \cup wg_5 \cup wg_6) \wedge$

i) $\wedge (um_j \subset ÄU_i)]$

Nous allons écrire i pour um_i, j pour um_j, 5 et 6 pour wg_5 et wg_6.

Preuve.

Considérons l'*enceinte* j et la *route* 1 et les deux *points* $a_1$et a_2. D'après le théorème TWg^t 42.1, nous pouvons ordonner les *points* de l'*enceinte* j de façon à avoir $a_1 < \ldots < b_1 < \ldots < p$, avec $N_j(p; a_1)$ (D 41.5 bis).

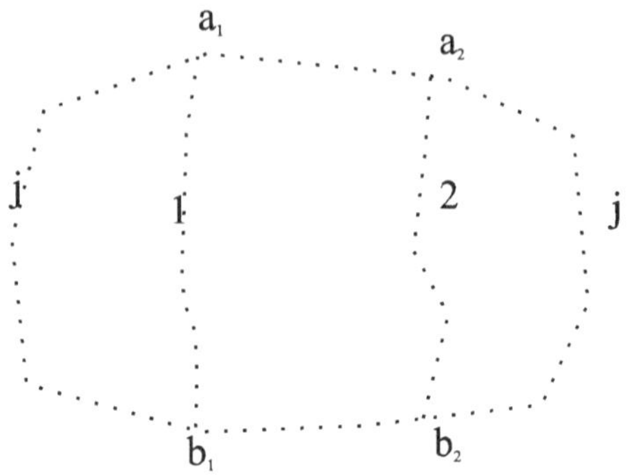

1) soit 3 une route telle que
   i) $End_3(a_1) \wedge End_j(b_1)$
   ii) $\forall p[((\{p\} \in j) \wedge(b_1 \leq p)) \Rightarrow (\{p\} \in 3)]$ définition
2) soit 4 une route telle que
   i) $End_3(a_1) \wedge End_j(b_1)$
   ii) $\forall p[((\{p\} \in j) \wedge(a_1 \leq p \leq b_1)) \Rightarrow (\{p\} \in 4)]$ définition

On a

3) $j = 34$ (c'est-à-dire $j = 3 \cup^+ 4$) D 55.1
4) $(IN_{13} \cap IN_{14} = 1) \wedge (IN_{34} = IN_{13} \cup^+ IN_{14})$ A IÄ 64.4

Il faut placer la *route* 2. Plusieurs cas sont possibles.

Cas I

5) $1 \cap 2 = \{\{a_1\};\{b_1\}\}$ hypothèse I

Nous avons alors l'*enceinte* i formée par ces deux *routes*.

6) $i = 12$ définition
7) $\Pi_E(2) = \{\{a_1\};\{b_1\}\}$ hypothèse I.1

On ne peut avoir aussi $\Pi_E(1) = \{\{a_1\};\{b_1\}\}$ (hypothèse I.1.1) sinon 12 impliquerait un *rugby*, ce qui est exclu. Par commodité, nous introduisons cette conséquence comme une hypothèse.

8) $|\Pi_E(1)| > 2$ hypothèse I.1.2
9) $(1 \neq 2) \Rightarrow (2 \not\subset 1)$ g)
10) $2 \subset j$ hypothèse I.1.2.1

Le fait que les *points* d'une *route* peuvent être ordonnés d'une façon totale, permet de conclure que

11) $(2 \subset 3) \vee (2 \subset 4)$
12) $((2 \cup^+ 4) \subset j) \vee (2 \cup^+ 3) \subset j))$ respectivement 11)
13) $(2 = 3) \vee (2 = 4)$ respectivement TUm 55.2

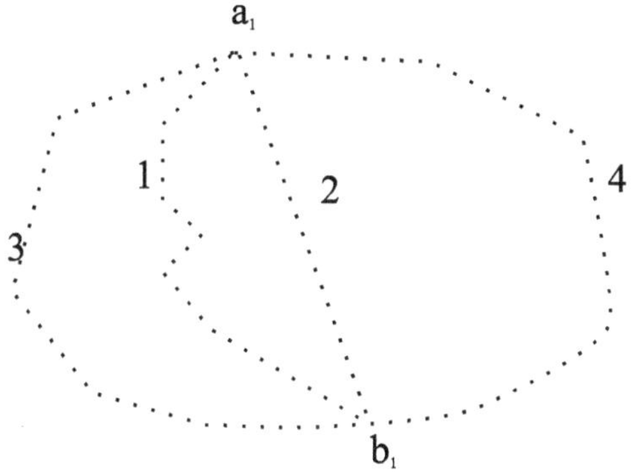

14) $2 = 4$ 13) hypothèse

15) $2 \subset \text{Ä}U_i$ A IÄ 60.1

16) $3 \subset \text{Ä}U_i$ A IÄ 64.5

17) $j \subset \text{Ä}U_i$

18) $2 \not\subset j$ hypothèse I.1.2.2

19) $(2 \subset \text{Acc-I}_{14}) | (2 \subset \text{Acc-I}_{13})$ c) + 5) + 9) + 18) + A IÄ 64.4

Dans 19), 2 est considéré comme une *route*. Si on prenait le *parcours* correspondant, on devrait écrire '$\in$' à la place de '$\subset$'. Le symbole '|' signifie 'un des deux mais pas les deux à la fois'.

20) $2 \subset \text{Acc-I}_{14}$ hypothèse

21) $3 \subset \text{Ä}U_{14}$ b) + A IÄ 64.5

22) $3 \cap \text{IN}_{14} = \{\{a_1\};\{b_1\}\}$

23) $3 \subset \text{Acc-Ä}_{14}$

24) $\text{IN}_{12} \subset \text{IN}_{14}$ A IÄ 64.4

25) $3 \subset \text{Ä}U_{12}$

26) $4 \subset \text{Ä}U_{12}$ 20) + A IÄ 64.5

27) $j \subset \text{Ä}U_i$ $(j = 34)$ 25) + 26)

28) $|\Pi_E (2)| > 2$ hypothèse I.2

29) $j \subset \text{Ä}U_i$ 18) – 27)

Cas II

30) $1 \cap 2 = \{\{a_1\}\}$ hypothèse II

31) 5 une route telle que $\forall p[(b_2 \leq p \leq a_2) \Leftrightarrow (p \in \Pi_E(5)]$ définition

32) $i = 125$

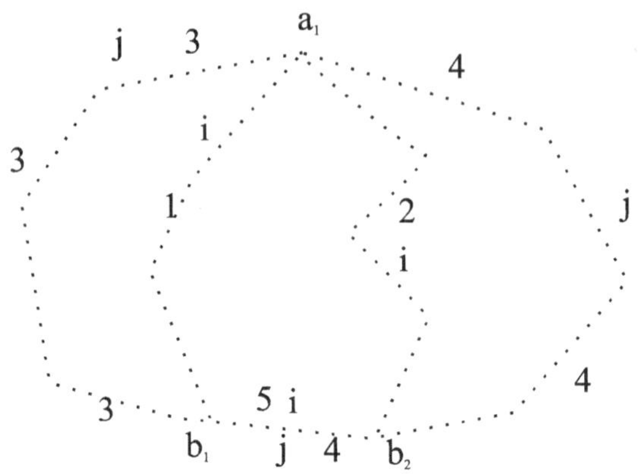

33) $\{b_2\} \notin 3$ hypothèse II.1
34) $(\{b_2\} \in 4) \wedge (\{b_2\} \notin 13)$ 31) + 30)
35) $4 \subset °ÄU_{13}$ 32) + A IÄ 64.5
36) $2 \subset °ÄU_{13}$ T IÄ 65.4
37) $j \subset ÄU_i$ 20) – 27)
de même
38) $\{b_2\} \notin 4$ hypothèse II.2
39) $j \subset ÄU_i$ 31) – 35)
Cas III
40) $1 \cap 2 = \varnothing$ hypothèse III

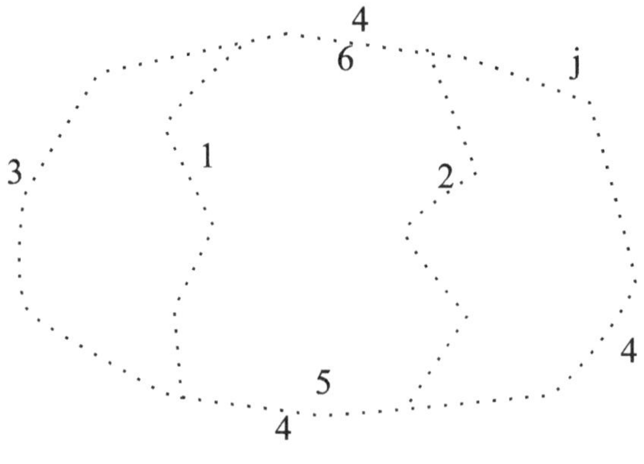

Par le théorème T IÄ 65.7, en renommant les *routes* et les *points* s'il le faut, il doit être possible d'ordonner les points de l'*enceinte* j de façon à avoir $a_1 < \ldots < a_2 < \ldots < b_2 < \ldots < b_1 < \ldots < p$, avec $N_j(p; a_1)$ (D 41.5 bis) sinon on n'aurait pas $1 \cap 2 = \varnothing$. On a donc

41) $\{\{a_2\};\{b_2\}\} \subset °ÄU_{13}$ et donc

42) $2 \subset °ÄU_{13}$ T IÄ 65.3

et on procède comme auparavant

43) $j \subset ÄU_i$

Nous pouvons ainsi démontrer d'autres théorèmes. Nous utilisons toujours les simplifications d'écriture.

Théorème T IÄ 65.17

$\forall$i ;j :k (des *enceintes*)

i) $[(i \subset IN_j) \wedge (j \subset IN_k)] \Rightarrow (i \subset IN_k)$

ii)$[(k \subset ÄU_j) \wedge (j \subset ÄU_i) \wedge (i \subset IN_j)] \Rightarrow (k \subset ÄU_i)$

Preuve

i)

1) $[(i \subset IN_j) \wedge (j\subset IN_k)] \Rightarrow[(IN_i \subset IN_j) \wedge (IN_j \subset IN_k)]$ T IÄ 65.6

2) $IN_i \subset IN_k$ 1)

3) $(i \subset IN_k)$

ii)

4) $i = j = k$ hypothèse

5) $k\subset ÄU_i$ A IÄ 60.1

6) $i \neq j = k$ hypothèse

7) $(j\subset ÄU_i) \Rightarrow (k \subset ÄU_i)$

8) $i \neq j \neq k$ et $x \in k$ hypothèse

9) $(x \in ÄU_j) \Rightarrow((x \in j) \vee (x \in Acc\text{-}Ä_j)$ D 62.2

10) $x \in j$ hypothèse

11) $x \in ÄU_i$ 11) + ii)

12) $x \in Acc\text{-}Ä_j$ hypothèse

13) $x \notin IN_j$ D 62.2

14) $x \in IN_i$ hypothèse

15) $x \in IN_j$ ii) contradiction 13)- 15)

16) $x \in ÄU_i$

Si on joint i) et ii) on a

$[(k \subset ÄU_j) \wedge (j \subset IN_k) \wedge (j \subset ÄU_i) \wedge (i \subset IN_j)] \Rightarrow [(i \subset IN_k) \wedge (k \subset ÄU_i)]$

Théorème T IÄ 65.18
$\forall i ;j\{(um_i \subset IN_j) \Rightarrow (um_j \subset ÄU_i)\}$

Preuve
Nous utilisons toujours les mêmes simplifications d'écriture (j pour um_j ...)

1) $j \subset IN_i$	hypothèse I
2) $i = j$	T IÄ 65.6 + T IÄ 65.12
3) $j \subset ÄU_i$	A IÄ 60.1
4) $j \not\subset ÄU_i$	hypothèse II

On a immédiatement

5) $j \not\subset IN_i$	1)-3)
6) $\exists\, y \{(y\in j)\wedge(y \in \text{Acc-Ä}_i)\}$	5)
7) $\exists\, z \{(z\in j)\wedge(z \in \text{Acc-I}_i)\}$	4)

Il faut bien prendre Acc-$Ä_i$ et Acc-I_i pour inclure le cas des *passerelles*. On va démontrer que 4) et 5) impliquent une contradiction, en utilisant les théorèmes T IÄ 65.15 et T IÄ 65.16. Pour appliquer le théorème T IÄ 65.15, en plus de 6) et 7) il ne faut affirmer que $i \cap j \neq \varnothing$. Faisons ce premier pas. Si l'on a $\Pi_E(z) \cap \Pi_E(i) \neq \varnothing$ ou $\Pi_E(z) \cap \Pi_E(i) \neq \varnothing$. Ce premier but est déjà atteint. Prenons la négation de cette hypothèse.

8) $\Pi_E(z) \cap \Pi_E(i) = \varnothing = \Pi_E(z) \cap \Pi_E(i)$	Hypothèse II.1
9) $\exists p\, ; p'[(\{\{p\};\{p'\}\} \subset j) \wedge(\{p\in {}^\circ IN_i\})\wedge(\{p'\in{}^\circ ÄU_i\})]$	8)+ 7) + 6)
10) $i \cap j \neq \varnothing$	T IÄ 65.2

Nous pouvons maintenant utiliser le théorème T IÄ 65.15, qui dit que cette intersection n'est pas *connexe*. On peut s'appuyer sur le modèle (dessin) proposé pour ce théorème, en admettant même que plusieurs croisements comportent plus qu'un *point*. Dans ce qui précède, nous avons utilisé l'affirmation $j \not\subset IN_i$. Dans ce qui suit, on va utiliser l'affirmation initiale $um_i \subset IN_j$. Ce qui va faire surgir la contradiction à l'aide du théorème T IÄ 65.16. Le cas le plus facile est celui qui correspond aux hypothèses de ce théorème. On peut les reformuler comme suit:

11) $\exists\, 1 ; 2 \{ i \cap j = 1 \cup 2\}$	hypothèse II.1

Il ne faut pas utiliser $1 \cup 2$ et non 12 car il ne s'agit pas d'une *route*.

12) $um_j \subset ÄU_i$	Théorème IÄ 65.16

Pour les autres cas, on réitère l'application de ce même théorème, en utilisant toujours le théorème T IÄ 65.7 (cf T IÄ 65.16 cas III). Mais son application requiert tout de même une analyse préalable plus soignée. Nous supposons que les *enceintes* i et j se rencontrent plusieurs fois, disons n fois. Chaque rencontre détermine une *route* sur laquelle les *enceintes* se rencontrent, et qui peut ne contenir qu'un *point*. Ces *routes* sont donc non *connexes* entre elles. On ne perd rien à la généralité si on suppose que ces *routes* (de croisement) ne contiennent qu'un *point*. On part alors d'un *point* quelconque de croisement, que nous appellerons a_n. On construit une *route* sur i jusqu'au premier *point* de croisement que l'on rencontre. Appelons-le a_1. Cette *route* sera appelée 1. Les *points* de i seront ordonnés de façon que a_n soit le dernier. On choisit alors sur j une *route* qui a les deux *points* a_n et a_1 comme *points* terminaux et pas d'autres *points* de croisement avec i. Cette *route* sera appelée α. On procède de la même manière en construisant une *route* 2 sur i jusqu'au prochain *point* de croisement a_2 et la *route* correspondant β sur j. Un petit modèle ne sera pas inutile.

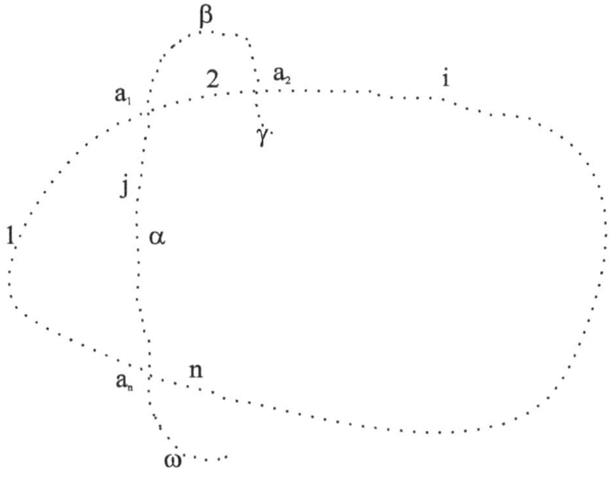

Nous avons par hypothèse

13) $12\ldots n \subset IN_{\alpha\beta\ldots\omega}$ et donc

14) $12 \subset IN_{\alpha\beta\ldots\omega}$ il en suit que

15) $12\gamma\ldots\omega \subset IN_{\alpha\beta\ldots\omega}$ et donc

16) $\alpha\beta\gamma\ldots\omega \subset ÄU_{12\gamma\delta\ldots\omega}$ T IÄ 65.16

17) $\alpha\beta\gamma\ldots\omega \subset ÄU_{1\beta\gamma\delta\ldots\omega}$ 13) + A IÄ 64.5

Nous pouvons corriger le modèle proposé, pour mieux maîtriser l'enchaînement des étapes de la démonstration.

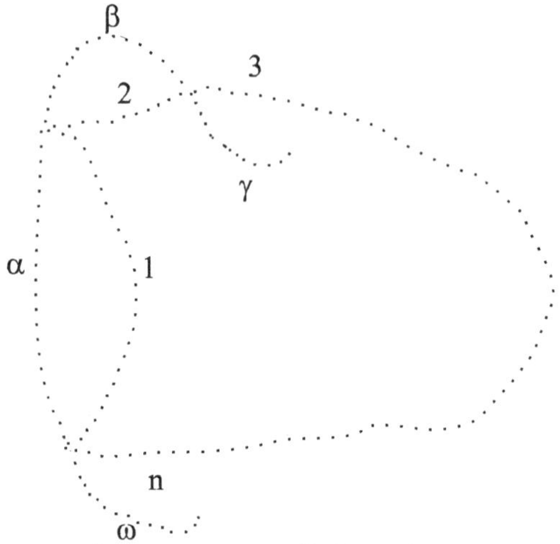

Avant de refaire ce même argument, il faut s'assurer que l'*enceinte* i ne traverse pas $IN_{1\alpha}$. Nous avons

18) $a_2 \notin \Pi_E(1\cup \alpha)$ par choix des *routes* 1 et α
19) $(1\subset IN_{\alpha\text{-}\omega}) \Rightarrow ((\{a\} \in °ÄU_{1\alpha}) \wedge (2 \subset Acc\text{-}Ä_{1\alpha}))$ A IÄ 64.4
20) soit wg tel que $\forall p' \{(p' \in \Pi_E(wg)) \Leftrightarrow (a_2 \leq p' < a_n)\}$ définition
21) $wg \cap 1\alpha = \emptyset$ par choix des *routes* 1 et α
22) $\exists x \{(x \in (PF \cup ST)) \wedge (x \in 34\ldots n) \wedge (x \in IN_{1\alpha})\}$ hypothèse
23) $x \cap 1\alpha = \emptyset$ (rappel $1\alpha = 1\cup\alpha$) par choix des *routes* 1 et α
24) $x \in Acc\text{-}I_{1\alpha}$ 22) + 23)
25) $\neg Rac_i(x)$ D 62.2 + 23) + 24)
26) $\exists p \{(p\in x) \wedge (\{p\} \in °IN_{1\alpha})\}$
27) soit wg' tel que $\forall p'' \{(p'' \in \Pi_E(wg')) \Leftrightarrow (a_2 \leq p'' \leq p)\}$ définition
28) $wg \cap 1\alpha \neq \emptyset$ T IÄ 65.2 contradiction 21) + 28)

Conclusion

29) $12\ldots n \subset IN_{1\beta\text{-}\omega}$

Nous pouvons répéter l'argument en considérant maintenant les deux *enceintes* 12…n et 1βγ…ω. Les deux *routes* sur i à considérer maintenant sont la 2 et la suivante 3 jusqu'au point a_3. On peut refaire l'argumentation en prenant les deux *enceintes* 123δ…ω et 1βγ…ω.

30) $12\ldots n \subset IN_{1\beta\text{-}\omega}$ (comme pour 13)) 29)
31) $23 \subset IN_{1\beta\ldots\omega}$ (comme pour 14)) il en suit que
32) $123\delta\ldots\omega \subset IN_{1\beta\gamma\ldots\omega}$ et donc (cf 15)
33) $1\beta\gamma\delta\ldots\omega \subset ÄU_{123\delta\ldots\omega}$ T IÄ 65.16

En prenant $\alpha\beta\gamma\ldots\omega$ à la place de k, $1\beta\gamma\ldots\omega$ à la place de j et $123\delta\ldots\omega$ à la place de i, en considérant 17), 32) et 33) on peut utiliser le théorème T IÄ 65.17 ii) et donc on a

34) $\alpha\beta\gamma\delta\ldots\omega \subset \mathrm{IN}_{123\delta\ldots\omega}$

En répétant l'argument 18)-29), relativement à $\mathrm{IN}_{2\beta}$, on peut affirmer

35) $12\ldots n \subset \mathrm{IN}_{12\gamma\ldots\omega}$

36) $1234\ldots n \subset \mathrm{IN}_{12\gamma\ldots\omega}$ (comme pour 13)) 29)

37) $34 \subset \mathrm{IN}_{12\gamma\delta\ldots\omega}$ (comme pour 14)) il en suit que

38) $1234\delta\ldots\omega \subset \mathrm{IN}_{12\gamma\delta\ldots\omega}$ et donc (cf 15)

39) $12\gamma\delta\ldots\omega \subset \mathrm{ÄU}_{1234\varepsilon\ldots\omega}$ T IÄ 65.16

En considérant 16), 39) et 38), on peut appliquer le théorème T IÄ 65.17 ii) et donc on a

40) $\alpha\beta\gamma\delta\ldots\omega \subset \mathrm{IN}_{1234\varepsilon\ldots\omega}$

L'argumentation est répétable et on peut construire une argumentation par récurrence. Conclusion

41) $\mathrm{um}_j \subset \mathrm{ÄU}_i$

Théorème T IÄ 65.19

$\forall i\,;\, j\ \{[(\mathrm{IN}_i \subset \mathrm{ÄU}_j) \wedge (\mathrm{IN}_j \subset \mathrm{IN}_i)] \Rightarrow (\mathrm{IN}_j = \mathrm{um}_j)\}$ (l'*enceinte* um_j est vide D 62.4)

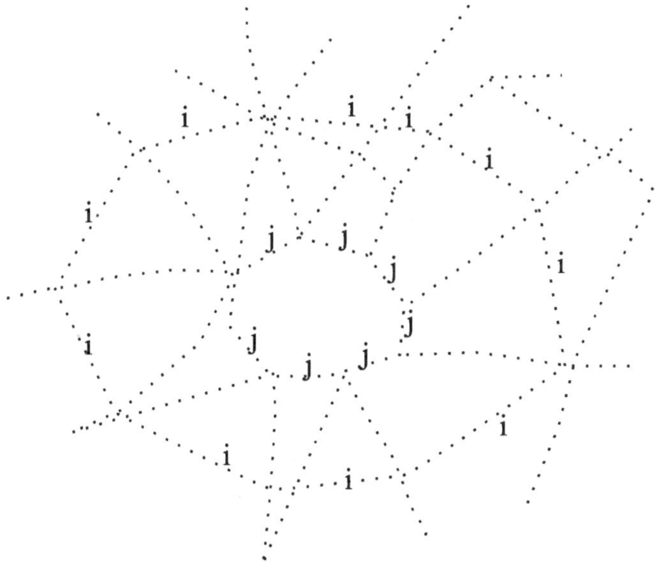

Preuve

1) $[(IN_i \subset ÄU_j) \wedge (IN_j \subset IN_i)] \Rightarrow (IN_j \subset ÄU_j)$
2) $IN_j = IN_j \cap ÄU_j = um_j$ A IÄ 60.1

Si l'on avait $IN_j \neq um_j$, dans le modèle on aurait bien $IN_j \subset IN_i$, mais l'on ne pourrait plus affirmer $IN_i \subset ÄU_j$, car l'on aurait $Acc\text{-}I_j \subset IN_i$ et $Acc\text{-}I_j \not\subset ÄU_j$.

Avec les mêmes hypothèses, on a aussi $TIS = ÄU_j$.

Théorème T IÄ 65. 20
(Nous utilisons les mêmes simplifications d'écriture.)
$\forall i ;j$ (deux *enceintes*)

Hypothèses

a) $\exists$ 1; 2; 3; 4 (des *routes*) $[(13 = i) \wedge (24 = j)]$ (Rappel $13 \equiv 1 \cup^+ 3 \ldots$)
b) $1 \subset ÄU_{24}$
c) $4 \subset ÄU_{13}$
d) $2 \subset IN_{13}$
e) $\exists$ p; p'(des *points*)$\{\forall n ;n'(n \cap n' = \{\{p\};\{p'\}\})\}$ $n;n' = 1,2,3,4$

Conclusion

f) $3 \subset IN_{24}$

Ici aussi, si l'on se donne un modèle dans un plan euclidien, l'affirmation est visuellement triviale. Il s'agit de ne pas s'appuyer sur la vision mais de dériver cela des hypothèses et des axiomes.

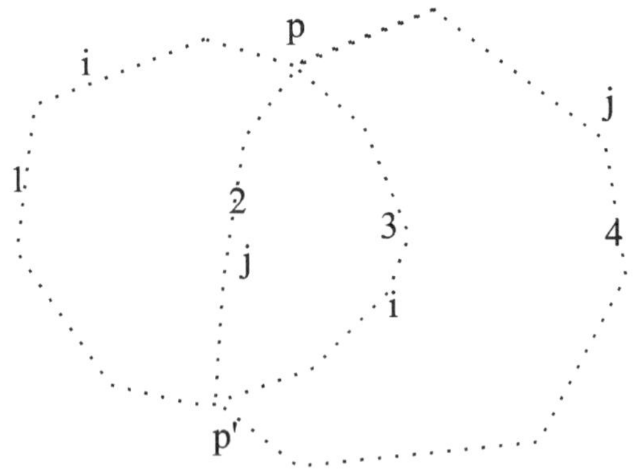

Preuve

1) $(1 \subset \ddot{A}U_{24}) \Rightarrow ([(2 \subset IN_{14}) \wedge (4 \subset \ddot{A}U_{12})] \vee [(2 \subset \ddot{A}U_{14}) \wedge (4 \subset IN_{12})])$

b) + A IÄ 64.6

Pour mieux maîtriser graphiquement l'énumération des cas, il est commode d'introduire

a) $\alpha := [(2 \subset IN_{14}) \wedge (4 \subset \ddot{A}U_{12})]$

b) $\alpha' := [(2 \subset \ddot{A}U_{14}) \wedge (4 \subset IN_{12})]$

Ce qui permet de réécrire la ligne 1) comme suit

2) $(1 \subset \ddot{A}U_{24}) \Rightarrow (\alpha \vee \alpha')$

3) $(4 \subset \ddot{A}U_{13}) \Rightarrow ([(3 \subset IN_{14}) \wedge (1 \subset \ddot{A}U_{34})] \vee [(3 \subset \ddot{A}U_{14}) \wedge (1 \subset IN_{34})])$

c) + A IÄ 64.6

Comme pour la ligne 1), on peut introduire ceci.

a) $\beta := [(3 \subset IN_{14}) \wedge (1 \subset \ddot{A}U_{34})]$

b) $\beta' := [(3 \subset \ddot{A}U_{14}) \wedge (1 \subset IN_{34})]$

Ce qui donne pour 3)

4) $(4 \subset \ddot{A}U_{13}) \Rightarrow (\beta \vee \beta')$

5) $(2 \subset IN_{13}) \Rightarrow ([IN_{13} = IN_{12} \cup^{+} IN_{23}] \wedge [IN_{12} \cap IN_{23} = 2])$

d) + A IÄ 64.4

I

6) $\alpha \wedge \beta$ — hypothèse

C'est-à-dire

7) $[(2 \subset IN_{14}) \wedge (4 \subset \ddot{A}U_{12})] \wedge [(3 \subset IN_{14}) \wedge (1 \subset \ddot{A}U_{34})]$

8) $(2 \subset IN_{14}) \Rightarrow [IN_{14} = IN_{12} \cup^{+} IN_{24}]$ — 7) + A IÄ 64.4

9) $(3 \subset IN_{14}) \Rightarrow [(3 \subset IN_{12}) \vee (3 \subset IN_{24})]$ — 7) + e) + 8)

On peut expliciter cette affirmation

a) si $\Pi_E(3) = \{\{p\};\{p'\}\}$ alors $(3 \subset RAC\text{-}I_{12}) \mid (3 \subset RAC\text{-}\ddot{A}_{12})$

b) si $|\Pi_E(3)| > 2$ alors il y a un *point* (A IÄ 60.2) dans $°IN_{12}$ ou bien dans $°\ddot{A}U_{12}$, mais pas les deux. On peut alors utiliser le théorème T IÄ 65.4

10) $3 \subset IN_{12}$ — hypothèse

11) $IN_{12} = IN_{13} \cup^{+} IN_{23}$ — 10) + A IÄ 64.4

12) $IN_{12} \cap IN_{23} = IN_{23}$ — 11)

13) $IN_{12} \cap IN_{23} = 2$ — 5) + 12) Contradiction

14) $3 \subset IN_{24}$ — Ce qu'il fallait trouver

II

15) $\alpha \wedge \beta'$ — hypothèse

C'est-à-dire

16) $[(2 \subset IN_{14}) \wedge (4 \subset \ddot{A}U_{12})] \wedge [(3 \subset \ddot{A}U_{14}) \wedge (1 \subset IN_{34})]$

17) $(3 \subset \text{ÄU}_{14}) \Rightarrow [((4 \subset \text{IN}_{13}) \wedge (1 \subset \text{ÄU}_{34})) \vee ((4 \subset \text{ÄU}_{13}) \wedge (1 \subset \text{IN}_{34}))]$ A IÄ 64.6

18) $(4 \subset \text{IN}_{13}) \wedge (1 \subset \text{ÄU}_{34})$ 17) hypothèse

19) $(1 \subset \text{ÄU}_{34})$

20) $(1 \subset \text{IN}_{34}) \wedge (1 \subset \text{ÄU}_{34})$ 16) + 19)

21) $1 \subset 34$ A IÄ 60.1

22) Um(13) contradiction

23) $(4 \subset \text{ÄU}_{13}) \wedge (1 \subset \text{IN}_{34})$ 17) hypothèse

24) $(1 \subset \text{IN}_{34}) \Rightarrow ((\text{IN}_{34} = \text{IN}_{13} \cup \text{IN}_{14}) \wedge (1 = \text{IN}_{13} \cap \text{IN}_{14}))$ A IÄ 64.4

25) $2 \subset \text{IN}_{14}$ 16)

26) $2 \not\subset \text{IN}_{13}$ 24) + 25)

27) $2 \subset \text{IN}_{13}$ d) contradiction

III

28) $\alpha' \wedge \beta$ hypothèse

C'est-à-dire

29) $[(2 \subset \text{ÄU}_{14}) \wedge (4 \subset \text{IN}_{12})] \wedge [(3 \subset \text{IN}_{14}) \wedge (1 \subset \text{ÄU}_{34})]$

30) $(1 \subset \text{IN}_{34}) \Rightarrow (\text{IN}_{14} = \text{IN}_{13} \cup^{+} \text{IN}_{34})$ A IÄ 64.4

31) $(2 \subset \text{IN}_{13}) \wedge (\text{IN}_{13} \subset \text{IN}_{14})$ d) + 30)

32) $2 \subset \text{IN}_{14}$ 31)

33) $(2 \subset \text{ÄU}_{14}) \wedge (2 \subset \text{IN}_{14})$ 29) + 32)

34) $2 \subset 14$ contradiction (cf 22)

IV

35) $\alpha' \wedge \beta'$ hypothèse

C'est-à-dire

36) $[(2 \subset \text{ÄU}_{14}) \wedge (4 \subset \text{IN}_{12})] \wedge [(3 \subset \text{ÄU}_{14}) \wedge (1 \subset \text{IN}_{34})]$

37) $(1 \subset \text{IN}_{34}) \Rightarrow ((\text{IN}_{34} = \text{IN}_{13} \cup^{+} \text{IN}_{14}) \wedge (1 = \text{IN}_{13} \cap \text{IN}_{14}))$ A IÄ 64.4

38) $4 \subset \text{ÄU}_{13}$ c)

39) $(2 \subset \text{IN}_{13}) \Rightarrow (\text{IN}_{13} = \text{IN}_{12} \cup^{+} \text{IN}_{23})$ d) + A IÄ 64.4

40) $(4 \subset \text{IN}_{12}) \wedge (\text{IN}_{12} \subset \text{IN}_{13})$ 36) + 39)

41) $4 \subset \text{IN}_{13}$ 40)

42) $(4 \subset \text{ÄU}_{13}) \wedge (4 \subset \text{IN}_{13})$ 38) + 41)

43) $4 \subset 13$ contradiction (cf 34 , 27 et 22)

Il s'agit maintenant de généraliser ce théorème. Première généralisation: les deux *enceintes* ont en commun non deux *points* mais deux *routes*. Nous utilisons les mêmes simplifications d'écriture.

Théorème T IÄ 65.20.a
$\forall$i; j (deux *enceintes*)

Hypothèses

a) $\exists$ 1; 2; 3; 4; 5; 6; 7; 8 (des routes) $\exists$ a_1; b_1; a_2; b_2 (des points) tels que
b) $1 \cup^+ 5 = i$ (une enceinte)
c) $2 \cup^+ 6 = j$ (une enceinte)
d) $(1 \subset \text{Acc-Ä}_j)$ (D 62.2)
e) $(2 \subset \text{Acc-I}_i)$
f) $(4 \subset \text{Acc-Ä}_i) \wedge (4 \subset j)$
g) $7 \cup 8 = i \cap j$ (et non $7 \cup^+ 8$)
h) $En_1(a_1) \wedge End_5(a_1) \wedge End_2(a_1) \wedge End_7(a_1)$
i) $En_1(b_1) \wedge End_5(b_1) \wedge End_2(b_1) \wedge End_8(b_1)$
j) $En_4(a_2) \wedge End_7(a_2)$
k) $En_4(b_2) \wedge End_8(b_2)$
l) $1 \cap 2 = \{\{ a_1\};\{ b_1\}\}$
m) $i \cap 4 = \{\{ a_2\};\{ b_2\}\}$
n) $j = 2748$

Il y a quatre dispositions de i et j qui satisfont ces exigences, qui heureusement se réduisent à trois. Avant de proposer la conclusion, nous présentons ces cas en en proposant un modèle dans un plan euclidien. Ces cas correspondent aux dispositions possibles (dans un ordre justifié sur l'*enceinte* i) des points a_1 ; b_1 ; a_2 ; b_2. Chaque disposition détermine à quoi appartiennent les deux *routes* 7 et 8.

I

Dans un ordre, on a: $a_1 < a_2 < b_2 < b_1$ c'est-à-dire $(7 \not\subset 1) \wedge (8 \not\subset 1)$

(Voir figure suivante)

$i = 173_1 8$; $j = 2748$

Dans ce cas on considère la *route* 3_1 telle que

$\forall p\{(p \in \Pi_E(3)) \Leftrightarrow (a_2 \leq p \leq b_2)\}$

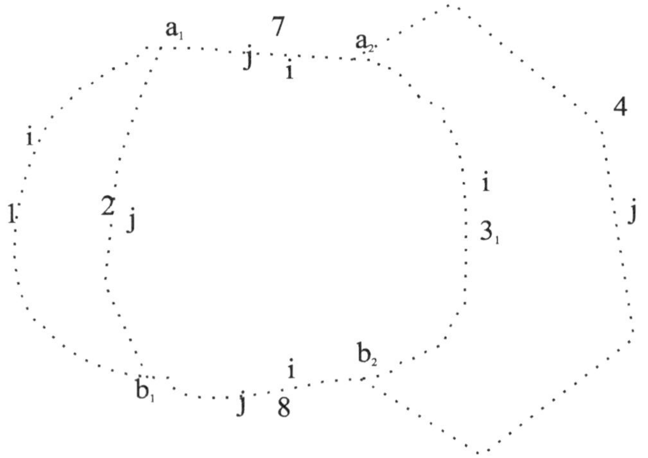

II a

Dans un ordre, on a : $a_1 < a_2 < b_1 < b_2$ c'est-à-dire $(7 \not\subset 1) \wedge (8 \subset 1)$

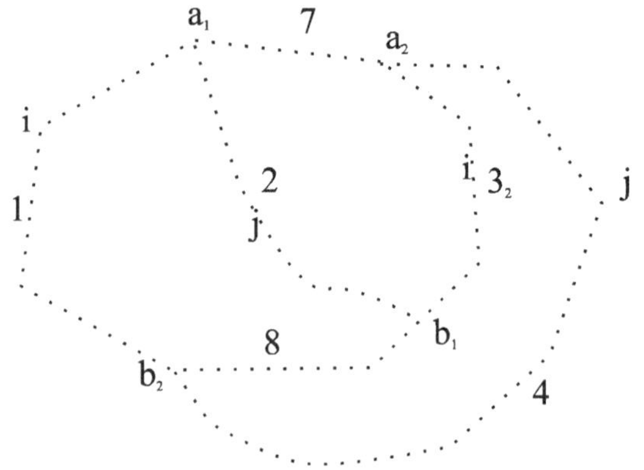

Dans ce cas on considère la *route* 3_2 telle que $\forall p\{(p \in \Pi_E(3)) \Leftrightarrow (a_2 \leq p \leq b_1)\}$

$i = 173_2$ et $j = 2748$

II b

Dans un ordre, on a : $a_2 < a_1 < b_2 < b_1$ c'est-à-dire $(7 \subset 1) \wedge (8 \not\subset 1)$

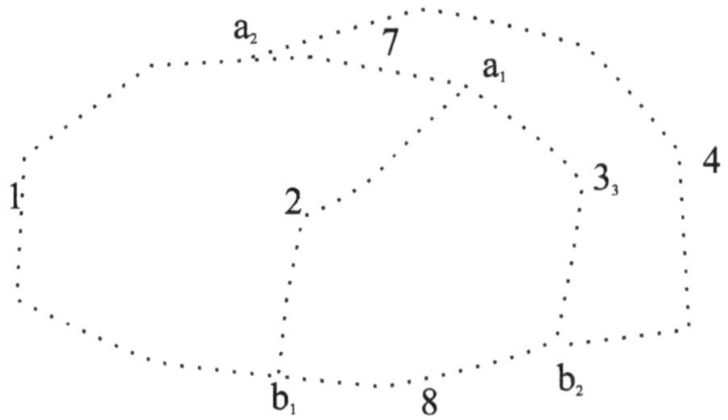

Dans ce cas on considère la *route* 3_3 telle que $\forall p\{(p \in \Pi_E(3)) \Leftrightarrow (a_1 \leq p \leq b_2)\}$.

$i = 13_38$ et $j = 2748$

Les cas II a et II b sont symétriques. Il suffit donc d'en traiter un des deux.

III

Dans un ordre, on a : $a_2 < a_1 < b_1 < b_2$ c'est-à-dire $(7 \subset 1) \wedge (8 \subset 1)$

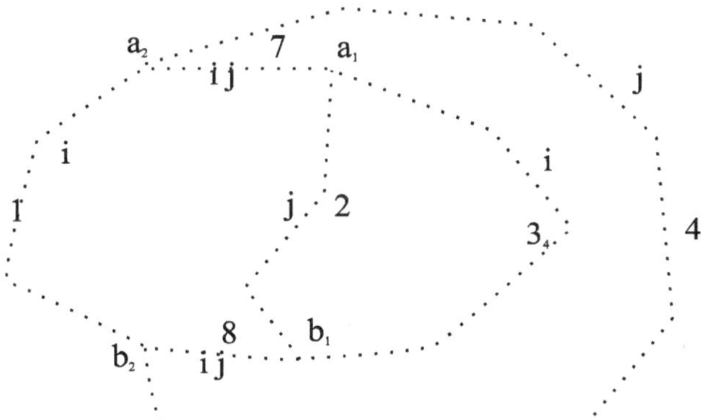

Dans ce cas on considère la *route* 3_4 telle que $\forall p\{(p \in \Pi_E(3)) \Leftrightarrow (a_1 \leq p \leq b_1)\}$.

$i = 13_4$ et $j = 2748$

Conclusion: Dans tous les cas on a $3_n \subset \text{Acc-I}_j$.

Preuve

Cas I

Il suffit de suivre la démonstration du théorème précédent (T IÄ 65.20). Nous écrirons ici 3 à la place de 3_1.

1) $(1 \subset \text{ÄU}_{2748}) \Rightarrow$

$\Rightarrow ([(2 \subset \text{IN}_{1748}) \wedge (748 \subset \text{ÄU}_{12})] \vee [(2 \subset \text{ÄU}_{1748}) \wedge (748 \subset \text{IN}_{12})])$ d) + A IÄ 64.6

Comme pour le T IÄ 65.20 , nous introduisons

$\alpha \equiv [(2 \subset \text{IN}_{1748}) \wedge (748 \subset \text{ÄU}_{12})]$ et

$\alpha' \equiv [(2 \subset \text{ÄU}_{1748}) \wedge (748 \subset \text{IN}_{12})]$ définitions

La ligne 1) peut être alors écrite comme suit

2) $(1 \subset \text{ÄU}_{2748}) \Rightarrow (\alpha \vee \alpha')$

3) $(4 \subset \text{ÄU}_{1738}) \Rightarrow$

$\Rightarrow ([(3 \subset \text{IN}_{1748}) \wedge (178 \subset \text{ÄU}_{34})] \vee [(3 \subset \text{ÄU}_{1748}) \wedge (178 \subset \text{IN}_{34})])$ f) + A IÄ 64.6

$\beta \equiv [(3 \subset \text{IN}_{1748}) \wedge (178 \subset \text{ÄU}_{34})]$ et

$\beta' \equiv [(3 \subset \text{ÄU}_{1748}) \wedge (178 \subset \text{IN}_{34})]$ définitions

Donc 3) sera écrit

4) $(4 \subset \text{ÄU}_{1738}) \Rightarrow (\beta \vee \beta')$

5) $(2 \subset \text{ÄU}_{1738}) \Rightarrow ([\text{IN}_{1748} = \text{IN}_{12} \cup^{+} \text{IN}_{2738}] \wedge [\text{IN}_{12} \cap \text{IN}_{2738} = 2])$ e) + A IÄ 64.6

I

6) $\alpha \wedge \beta$ c'est –à-dire

$[(2 \subset \text{IN}_{1748}) \wedge (748 \subset \text{ÄU}_{12})] \wedge [(3 \subset \text{IN}_{1748}) \wedge (178 \subset \text{ÄU}_{34})]$ hypothèse

7) $(2 \subset \text{IN}_{1748}) \Rightarrow [\text{IN}_{1748} = \text{IN}_{12} \cup^{+} \text{IN}_{2748}]$ 6) + A IÄ 64.4

8) $(3 \subset \text{IN}_{1748}) \Rightarrow [(3 \subset \text{IN}_{12}) \vee (3 \subset \text{IN}_{2748})]$ 4) + 5)

9) $3 \subset \text{IN}_{12}$ hypothèse

10) $(\{a_1\} \not\in 12) \wedge (\{b_2\} \not\in 12)$ 1) + hypothèse du cas I

11) $(\{a_1\} \cup \{b_2\}) \subset {}^{\circ}\text{IN}_{12}$

12) $78 \subset \text{IN}_{12}$ T IÄ 65.4

13) $738 \subset \text{IN}_{12}$ 12) + T IÄ 65.3 pour la *route* 3

14) $\text{IN}_{12} = \text{IN}_{1738} \cup^{+} \text{IN}_{2738}$ A IÄ 64.4

15) $\text{IN}_{12} \cap \text{IN}_{2738} = \text{IN}_{2738}$ 14)

16) $\text{IN}_{12} \cap \text{IN}_{2738} = 2$ 5)

17) Contradiction

18) $3 \subset \text{IN}_{2748}$ 8) + 9-17)

Les autres hypothèses amènent à une contradiction.

II

19) $\alpha \wedge \beta$' c'est –à-dire

$[(2 \subset IN_{1748}) \wedge (748 \subset ÄU_{12})] \wedge [(3 \subset ÄU_{1748}) \wedge (178 \subset IN_{34})]$ hypothèse

20) $(3 \subset ÄU_{1748}) \Rightarrow$

$\Rightarrow ([(4 \subset IN_{1738}) \wedge (178 \subset ÄU_{34})] \vee [(4 \subset ÄU_{1738}) \wedge (178 \subset IN_{34})])$ 19) + A IÄ 64.6

21) $[(4 \subset IN_{1738}) \wedge (178 \subset ÄU_{34})]$ 20) hypothèse

22) $(178 \subset IN_{34}) \wedge (178 \subset ÄU_{34})$ 19) + 21)

23) $178 \subset 3$ contradiction

24) $[(4 \subset ÄU_{1738}) \wedge (178 \subset IN_{34})]$ 20) hypothèse

25) $(178 \subset IN_{34}) \Rightarrow (IN_{34} = IN_{1738} \cup^{+} IN_{1748})$ A IÄ 64.4

26) $2 \subset IN_{1748}$ 19)

27) $2 \not\subset IN_{1738}$ 25) + 26)

28) e) + 27) contradiction

III

29) $\alpha' \wedge \beta$ c'est –à-dire

$[(2 \subset ÄU_{1748}) \wedge (748 \subset IN_{12})] \wedge [(3 \subset IN_{1748}) \wedge (178 \subset ÄU_{34})]$ hypothèse

30) $(3 \subset IN_{1748}) \Rightarrow (IN_{1784} = IN_{1738} \cup^{+} IN_{34})$ A IÄ 64.4

31) $2 \subset IN_{1783}$ e)

32) $2 \subset IN_{1784}$ 32) + 30)

33) $((2 \subset ÄU_{1748}) \wedge (2 \subset IN_{1784})) \Rightarrow (2 \subset 1784)$ 31) + 32) + A IÄ 60.1

34) contradiction avec les hypothèses de départ

IV

35) $\alpha' \wedge \beta'$ c'est-à-dire

$[(2 \subset ÄU_{1748}) \wedge (748 \subset IN_{12})] \wedge [(3 \subset ÄU_{1748}) \wedge (178 \subset IN_{34})]$ hypothèse

36) $(178 \subset IN_{34}) \Rightarrow (IN_{34} = IN_{1738} \cup^{+} IN_{1784})$ A IÄ 64.4

37) $4 \subset ÄU_{1783}$ f)

38) $(2 \subset IN_{1783}) \Rightarrow (IN_{1783} = IN_{12} \cup^{+} IN_{2783})$ e) + A IÄ 64.4

39) $(748 \subset IN_{12}) \Rightarrow (4 \subset IN_{12})$ 35)

40) $4 \subset IN_{1783}$ 39) + 38)

41) $(4 \subset ÄU_{1783}) \wedge (4 \subset IN_{1783})$ 37) + 40)

42) $4 \subset 1783$ contradiction avec les hypothèses de départ.

Les autres cas se traitent d'une façon analogue.

Deuxième généralisation.

Théorème T IÄ 65.20b

Les hypothèses
i et j deux *enceintes*
a_1, a_2, b_2, b_1 des *points* sur i
un ordre (justifié) sur i tel que l'on a: $a_1 < a_2 < b_2 < b_1$
7 une *route,* $7 \subset i$ et telle que $\forall p\{(\{p\} \in 7) \Leftrightarrow (a_1 \leq p \leq a_2)\}$
8 une *route,* $8 \subset i$ et telle que $\forall p\{(\{p\} \in 8) \Leftrightarrow (b_2 \leq p \leq b_1)\}$
$(i \cap j) \subset (7 \cup 8)$ et
$\{\{a_1\};\{a_2\};\{b_1\};\{b_2\}\} \subset (i \cap j)$
2 une *route,* $2 \subset j$
4 une *route,* $2 \subset j$ avec quatre cas possibles
I
$2 \cap i = \{\{a_1\};\{b_1\}\}$; $4 \cap i = \{\{a_2\};\{b_2\}\}$; $End_2(a_1)$; $End_2(b_1)$; $End_4(a_2)$; $End_4(b_2)$;
II
$2 \cap i = \{\{a_1\};\{b_2\}\}$; $4 \cap i = \{\{a_2\};\{b_1\}\}$; $End_2(a_1)$; $End_2(b_2)$; $End_4(a_2)$; $End_4(b_1)$;

III
$2 \cap i = \{\{a_2\};\{b_1\}\}$; $4 \cap i = \{\{a_1\};\{b_2\}\}$; $End_2(a_2)$; $End_2(b_1)$; $End_4(a_1)$; $End_4(b_2)$;
IV
$2 \cap i = \{\{a_2\};\{b_2\}\}$; $4 \cap i = \{\{a_1\};\{b_1\}\}$; $End_2(a_2)$; $End_2(b_2)$; $End_4(a_1)$; $End_4(b_1)$.
3 une *route* telle que $3 \subset i$ et $\forall p\{(\{p\} \in 3) \Leftrightarrow (a_2 \leq p \leq b_2)\}$
Conclusion $3 \subset Acc\text{-}I_j$.

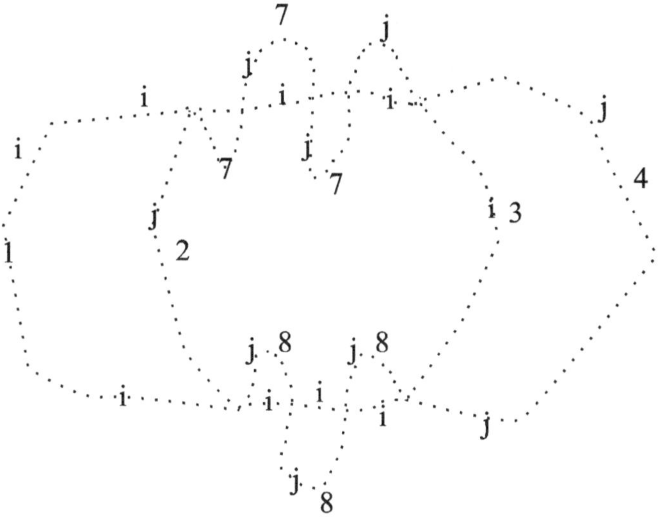

Il suffit d'appliquer le théorème précédent en considérant les *enceintes* 1738 et 2748.

Théorème T IÄ 65.21

$\forall i; j \, \{[(IN_i \subset ÄU_j) \wedge (IN_j \neq um_j)] \Rightarrow [(um_j \not\subset IN_i) \wedge (IN_j \subset ÄU_j)]\}$

en particulier

$\forall i; j \, \{[(IN_i \subset ÄU_j) \wedge (IN_j \neq um_j)] \Rightarrow [(IN_j \subset ÄU_j)]\}$

Preuve

1) $um_j \subset IN_i$ — hypothèse
2) $IN_j \subset IN_i$ — T IÄ 65.6
3) $(IN_i \subset ÄU_j) \Rightarrow (IN_j \subset ÄU_j)$
4) $IN_j = IN_j \cap ÄU_j = um_j$ — contradiction
5) $um_j \not\subset IN_i$
6) $(x \in IN_i)$ — hypothèse
7) $(IN_i \subset ÄU_j) \Rightarrow (x \in ÄU_j)$
8) $(x \in Acc\text{-}I_j) \Rightarrow (x \in IN_j)$
9) $(IN_j \cap ÄU_j = um_j) \Rightarrow (x \in um_j)$ — contradiction
10) $x \in Acc\text{-}I_j$ — hypothèse
11) Alors um_i est divisé en deux *routes* dont l'une des deux appartient à IN_j par l'axiome A IÄ 65.6. Ce qui est une contradiction.

On peut transformer les suppositions du théorème T IÄ 65.20b pour le

Théorème T IÄ 65.22

Les hypothèses

a) Deux *enceintes* quelconques i et j
b) 1 une *route;* $(1 \subset i) \wedge (1 \subset \text{Acc-Ä}_j)$
c) 2 une *route;* $(2 \subset j) \wedge (2 \subset \text{Acc-I}_i)$
d) a_2 et b_2 deux *points* tels que $\Pi_E(1 \cap 2) = \{a_2 ; b_2\}$
e) 4 une *route;* $(4 \subset j) \wedge (4 \subset \text{Acc-Ä}_i)$
f) a_4 et b_4 deux *points* tels que $\Pi_E(4 \cap i) = \{a_4 ; b_4\}$

Conclusion

$\exists\, wg\ \{[(wg \subset i) \wedge \forall p[(\{p\} \in wg) \Rightarrow ((p \in \{a_2; b_2\}) \vee (\{p\} \notin 1))]] \wedge [wg \subset IN_j]\}$

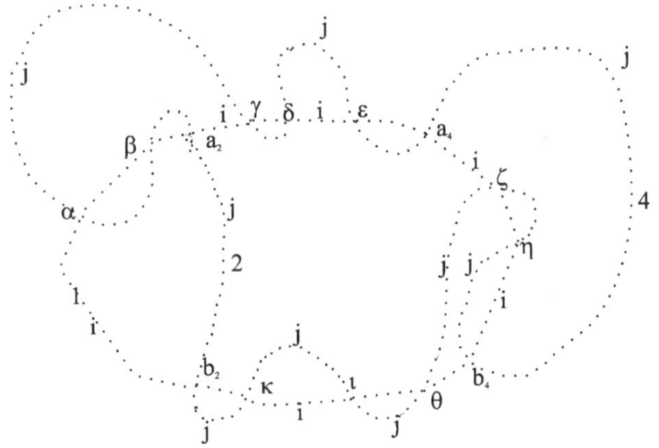

Preuve

Choisissons un ordre sur I, en commençant pas b_2 et en passant d'abord par 1 jusqu'au premier *point* en commun avec j. Ce *point* peut être a_2, et dans ce cas on a parcouru tout 1, ou bien il précède a_2. Soit α ce premier *point* commun qui précède a_2. Il y a au moins deux *routes* incluses dans j dont α est un *point terminal*. On peut prendre les deux *routes* qui ont comme *point terminal* les deux prochains *points* en commun. On peut envisager quatre cas possibles:

Les deux *routes* sont incluses dans IN_i,

Les deux *routes* sont incluses dans $ÄU_i$,

Une est incluse dans IN_i et l'autre dans $ÄU_i$ (deux cas possibles).

Tous les cas ne sont pas possibles.

§ 66 Considérations générales sur les axiomes A I- Ä 60.1-64.6

Tous les axiomes ont été utilisés même si souvent l'utilisation de l'axiomes A IÄ 60.2 est restée implicite.

Ces axiomes sont satisfaits dans un modèle euclidien.

L'analyse de leur indépendance n'a pas été poussée, mais elle semble assez facile à démontrer, surtout si l'on remarque que la bidimensionnalité n'est pas présupposée mais qu'elle résulte d'eux.

Sont-ils suffisants? Pour répondre à cette question, il faut définir le but visé. Cela nous amène à comparer cette présentation avec les différentes constructions axiomatiques d'une géométrie.

II-1 D Régionalisations

§ 67 Régionalisation *dans un* tissu

La notion de *régionalisation* dans un *tissu* a été introduite dans le paragraphe 63. Les axiomes A IÄ60.1- 64.6 fixent les relations entre les concepts d'*intérieur* et d'*extérieur* pour obtenir une *régionalisation compatible,* ce qui a été appelé une *spatialisation.* Mais il reste à fixer quand est-ce qu'un *chemin*, un *parcours* et, en général, une *route* sont à l'*intérieur* ou à l'*extérieur* d'une *enceinte.* Ce qui fixe-rait aussi l'appartenance de cette *route* aux autres IN_i et $ÄU_i$.

Dans cette construction, cette appartenance ne peut être considérée comme une donnée. Il nous faut donc des axiomes. En d'autres mots, nous avons à construire et déterminer par ces axiomes l'application (ou *les* applications) $f_{reg,i,k}$.

Pour trouver les axiomes recherchés, le chemin le plus facile consiste à suivre une construction possible. Commençons ainsi par une *arborescence* (D 56.1). Supposons une première *fermeture* d'*enceinte* (D 57.1). On obtient ainsi une seule *enceinte* (T Um 58.6). Soit um_i cette *enceinte.* Le *tissu* de cette *enceinte* (D 59.3) se réduit à elle-même, car il n'y en a pas d'autres.

Cela a pour conséquence que cette *enceinte* est à la fois *vide* (D 62.4) et *dans le vide* (D 62.5). L'axiome A IÄ 60.1 impose l'identité $IN_i = ÄU_i$. La *démarcation* est ainsi unique, tout comme la *régionalisation.* On peut considérer cette dernière comme *spatialisée*, car les axiomes peuvent être tous considérés comme satisfaits.

Admettons que nous ayons une *enceinte*, reliée à (sur laquelle poussent) des *arborescences*, et supposons qu'il y ait une nouvelle *fermeture* d'*enceinte* (D 57.1). Selon le théorème T TIS 59.3, deux cas sont possibles. Soit on obtient (a) un seul *tissu* soit on en obtient (b) deux.
Dans le deuxième cas (b) aucune *route* reliant les deux *enceintes* n'appartient elle-même à une *enceinte*. Un cas particulier est celui dans lequel les deux *enceintes* n'ont en commun qu'un *point*. Nous avons alors à nouveau deux *enceintes vides* et *dans le vide*.

Dans le premier cas (a), on obtient trois *enceintes*. Nous avons ainsi les présuppositions de l'axiome A IÄ 64.4. Mais cet axiome, et les cinq autres, présupposent une *démarcation* (la fixation des *intérieurs* et des *extérieurs*) pour en fixer d'autres. Il nous faut donc fixer axiomatiquement les premières *démarcations*.

Par la suite il faut trouver une procédure récursive. Nous allons approcher ce par étapes successives.

– *Considérations préparatoires*

Commençons par distinguer quelques cas possibles, avant d'en proposer une classification.

1) Il est beaucoup plus facile, et il suffit, de décrire l'attribution des rôles en ne considérant que les *enceintes vides* d'un *tissu*. Nous allons donc nous référer à ces *enceintes*.
2) a) La *route de fermeture* (D 57.4) peut relier deux *tissus* distincts, dans ce cas, s'agissant d'une fermeture, il en résulte un seul nouveau *tissu*.
   b) La *route de fermeture* relie deux *points* d'un même *tissu*, en l'agrandissant. Ce deux *points* peuvent appartenir, les deux, au *bord* (à définir) du *tissu* ou non. Mais cela permet encore plusieurs cas différents.
3) La *route de fermeture* enjambe plusieurs *enceintes* dans un même *tissu*. Cela est contraire à l'axiome A IÄ 61.3 et au théorème T IÄ 65.2. Il s'ensuit que ce cas constitue un *changement de temps* (§ 47).
4) La *route de fermeture* (D 57.4) relie deux *tissus* distincts, eux-mêmes reliés à d'autres *tissus*.

Pour traiter le point 2) il nous faut la notion de *bord* d'un *tissu*. Mais il se trouve qu'une *enceinte vide* et *dans le vide* est aussi un *tissu*, qui a aussi un *bord* qui ne peut être que l'*enceinte* elle-même. Mais ce cas ne sera pas traité comme le cas d'un *tissu* comportant plusieures *enceintes*. Dans un premier temps cela semblait constituer une raison suffisante pour introduire une nouvelle notion (celle de *rosace*) en plus de celle de *tissu*. Mais cela n'est pas une raison suffisante. Il suffit en effet de distinguer le cas d'un *tissu* à une seule *enceinte* et de le traiter différemment (si on le décide). Mais il y a une autre raison d'introduire cette nouvelle notion et qui est reliée à la notion de *régionalisation* (ici il s'agit même d'une *spatialisation*). En effet il a déjà été remarqué qu'il peut y avoir plusieurs *régionalisations* et *spatialisations* dans un même *tissu*. Ces remarques deviendront plus claires dès les premiers cas, mais en particulier avec le cas IB 1.1.1. En intégrant cette notion dans celle de *rosace*, nous avons une raison pour distinguer la notion de *rosace* de celle de *tissu*. Ces considérations préparatoires voulaient justement nous amener à la notion suivante.

– *Rosace*

Le mot «*rosace*» peut être utilisé comme une métaphore déjà belle en elle-même, mais qui devient irrésistible dans une conception *constructiviste*. (Le passage d'une métaphore venant du tissage à une autre issue de la maçonnerie est un peu brusque, mais on peut considérer une *rosace* comme une *dentelle* en pierre!).

Nous voulons relier la notion de *rosace* à l'ensemble X_{ik} de la définition d'une régionalisation (D 63.3) lorsque la *régionalisation* est une *spatialisation*, c'est-à-dire lorsque tous les six axiomes A IÄ60.1- 64.6 sont satisfaits. Nous n'avons pas besoin d'introduire un nouveau prédicat, la notion de «*rosace*» n'est que le nom pour une variable sur l'ensemble des *régionalisations spatialisées*.

Définition D 67.1

$RO := \{reg_{ik} \mid Spa(reg_{ik})\}$

L'ensemble des toutes les *régionalisations spatialisées* et

$RO_i := \{reg_{ik} \mid Spa(reg_{ik}) \wedge (reg_{ik} \subset TIS_i)\}$

L'ensemble des toutes les *régionalisations spatialisées* dans le *tissu* TIS_i.

Une variable sur RO sera appelée la *rosace* ro_{ik}.

On a deux indices, le premier pour le *tissu* et le deuxième pour la *régionalisation*, c'est-à-dire l'application $f_{reg,i,k}$, de la *rosace*.

La notion de *rosace* est donc complexe, et chaque *rosace* correspond à la donnée suivante (en reprenant les définitions D 63.3 et D 64.1).

Définition D 67.2

$ro_{ik} := < TIS_i ; UM_i ; X_{ik} ; DEM_i ; f_{reg,i,k} >$

7) TIS_i un *tissu*.
8) $UM_i := \{um_j | um_j \subset TIS_i\}$
9) $X_{ik} \subset UM_i$
10) $DEM_i := \{dem_{ijl}\}_{jl}$; dem_{ijl} est une *démarcation* de l'*enceinte* um_j (D 63.1)
11) $f_{reg,i,k} : X_i \longrightarrow DEM_i$; $f_{reg,i,k}(um_j) = (X_j ; Y_j)$ avec $In_j(X_j)$ et $\ddot{A}u_j(Y_j)$. $f_{reg,i,k}$ une application.
12) X_{ik} est maximal.
13) Les axiomes A IÄ60.1- 64.6 sont satisfaits.

On voit que dans un même *tissu* les *rosaces* se distinguent par l'application $f_{reg,i,k}$. Mais il faut ajouter un indice aussi à l'ensemble X_{ik}, car il peut varier d'une spatialisation à une autre, donc d'une *rosace* à une autre. Cela tient au problème de l'indétermination de la *démarcation* de certaines *enceintes* (*cf.* en particulier le cas IB 1.1.1) On peut résumer cela en disant que (Définition)

une *régionalisation* reg_{ik} est une *rosace* si et seulement si $Spa(reg_{ik})$.

Il ne faut pas faire coïncider une *rosace* avec l'ensemble X_{ik} car deux *rosaces* (ro_{ik} et ro_{il}) distinctes (par leurs *démarcations* et ayant ainsi des *bords* (voir plus bas) différents) peuvent posséder le même ensemble $X_{ik} = X_{il}$.

Tout cela peut paraître un peu trop abstrait. Mais le chemin très tortueux qui a mené à cette présentation est passé par le problème de la *réduction* de l'indétermination de la *démarcation* de certaines *rosaces*, indétermination liée au choix des axiomes qui vont être proposés ici. Et il semble qu'une indétermination ne puisse pas être exclue pendant la construction. Pour une telle réduction, la notion de renversement de la *démarcation* s'est avérée utile. Cela a eu en plus le mérite de simplifier l'énoncé des axiomes et de diminuer leur nombre.

Pour formaliser ces considérations nous pouvons introduire le prédicat 'n-Loc$_{(..;..)}$( )' pour 'l'*enceinte*...n'est pas localisé pour la *rosaces*...', avec RO × UM (D 67.1et 55.2) comme domaine.

Définition D 67.2 a
$\forall\ um_j ; ro_{ik}\{ \text{n-Loc}_{ik}(um_j) \Leftrightarrow (um_j \in (UM_i/X_{ik}))\}$

il en résulte immédiatement la
Définition D 67.2 b
$\forall\ um_j ; ro_{ik}\{ Loc_{ik}(um_j) \Leftrightarrow (um_j \in X_{ik})\}$.

De transposer cette notion aux *routes* semble présenter des difficultés particulières. Une *route* peut appartenir à la fois à une *enceinte* non *localisée* et à une autre *localisée.* Il semble ainsi raisonnable de réserver cette notion aux seules *enceintes*.
Ainsi une *enceinte* um_j non *localisée* se trouve bien dans l'*intérieur* et l'*extérieur* d'autres *enceintes*, selon l'axiome A IÄ 60.1, mais ne possède pas un *intérieur* et un *extérieur* déterminé, tout en respectant tous les six axiomes A IÄ60.1- 64.6. Cela est possible à cause de l'axiome A IÄ 64.6. Nous y reviendrons.
C'est pour réduire cette non *localisation* que la notion de *renversement* de la *démarcation* sera introduite.

– *Bord d'une rosace*

Cette notion est introduite au moyen d'un prédicat. Soit « Bor$_{(..;..)}$( ) » ce prédicat, avec comme domaine l'ensemble RO × UM (D 59.3 et D 55.2). Les indices dénomment le *tissu* et la *rosace* dont il est question. Il s'agit donc du même indice que celui de la *rosace.*

Définition D 67.3
$\forall um_i ; ro_{jk}\ \{Bor_{jk}(um_i) \Leftrightarrow \forall\ um_j\ [(um_j \in X_{jk}) \Rightarrow (IN_j \subset IN_i)]\}$

On ne peut pas exiger d'une *enceinte* qu'elle soit dans le *vide* (D 62.5) pour être le *bord* de la *rosace.* Ce qui semblerait assez intuitif! En effet on peut avoir des *enceintes* non *localisées* que l'on veut considérer comme *extérieurs* au bord de la *rosace.*

Définition D 67.4
BOR := $\{ um_i | \exists ro_{jk}(Bor_{jk}(um_i))\}$ l'ensemble des *bords* des *rosaces*. Soit aussi «bor» ou «bor_{ik}» une variable sur BOR.

Il est inutile de définir l'ensemble BOR_i car chaque *rosace* ne possède qu'un *bord*, au moins aussi longtemps que la condition fondamentale qu'il n'y ait qu'un changement à chaque moment est respectée (§28). On pourrait en revanche considérer l'ensemble des *bords* des *rosaces* d'un même *tissu*. Mais nous n'avons pas immédiatement besoin de cette notion.

– *Périphérie d'une rosace*

La notion de *périphérie* couvre les *enceintes* d'une *rosace* qui touchent son *bord*.

Soit alors le prédicat «$Per_{(..;..)}(\ )$» avec l'ensemble RO × UM comme domaine.

Définition D 67.5
$\forall um_i ; ro_{jk} \{Per_{jk}(um_i) \Leftrightarrow [(um_i \in ro_{jk}) \wedge ((um_i \cap bor_{jk}) \neq \emptyset)]\}$

Définition D 67.6
$PER_{jk} := \{um_i | Per_{jk}(um_i)\}$
L'ensemble des *enceintes* qui sont *périphériques* pour la *rosace* ro_{jk}.

– *Corolle d'une enceinte*

La notion considérée ici est celle de l'ensemble des *enceintes* vides et *extérieures* à une *enceinte* (cette dernière n'est pas forcément *vide*) donnée, mais qui la touchent. Pour cela il suffit de définir le prédicat suivant '$Cor_{(\ )}(\ )$', ayant comme domaine l'ensemble UM × UM. L'indice dénote l'*enceinte* dont on considère la *corolle*

Définition D 67.7
$\forall um_i ; um_j \{Cor_j(um_i) \Leftrightarrow [(IN_i = um_i) \wedge (um_i \subset ÄU_j) \wedge ((um_i \cap um_j) \neq \emptyset)]\}$

La condition $(um_i \subset ÄU_j)$ fait que cette définition vaut encore même si um_j n'est pas *vide* ($IN_j \neq um_j$). En effet cette même condition est évidemment inutile si um_j est une *enceinte vide.*

Définition D 67.8
$COR_j := \{um_i | Cor_j(um_i)\}$

D'après D 67.7 on a que

Théorème T 67.1
$\forall um_i \; \{(IN_i = um_i) \Leftrightarrow Cor_i(um_i)\}$

Le prédicat (relation) `$Cor_i$( )` est réflexif pour les *enceintes* vides.
On a immédiatement aussi

Théorème T 67.2
$\forall umi \; ; \; umj \; \{[(INi = umi) \wedge (INj = umj)] \Rightarrow [Corj(umi) \Leftrightarrow Cori(umj)]\}$

Le prédicat (relation) `$Cor_i$( )` est symétrique pour les *enceintes* vides.

Il s'agit maintenant de dénombrer tous les cas possibles de *fermeture* d'une *enceinte* pour pouvoir choisir les axiomes qui fixent les *démarcations compatibles*, c'est-à-dire qui fixent la *spatialisation* dans le(s) *tissu(s)*. Mais la notion de *renversement* des *rosaces* (*renversement* de la *spatialisation*) s'impose dès les premiers cas.

§ 68 Renversement *des* rosaces *(renversement de l'espace)*

Aucune donnée n'est supposée qui puisse d'elle-même réduire les choix possibles des régionalisations. Même si elles sont spatialisées, ce qui est le cas si tous les axiomes relatifs aux notions d'intérieur et d'extérieur sont respectés (A IÄ 60.1 / 64.6), la fixation de la fonction freg,i,k (qui détermine la régionalisation) peut toujours comporter un arbitraire, et l'axiome A IÄ 64.6 le prouve. En effet si on place une route de fermeture à l'extérieur du bord d'une rosace, cet axiome permet deux démarcations. Autant dire que de lui-même cet axiome ne permet pas de spatialiser de façon univoque. Une indétermination peut subsister. C'est pour réduire cette indétermination qu'il a été fait recours à la notion de renversement de la rosace, ce qui comporte un changement de la fonction freg,i,k. Mais cette notion s'est révélée plus riche que prévu. Elle a finalement bouleversé tout ce paragraphe. Il est un peu rude de la présenter d'emblée avant de parcourir les situations qui ont engendré cette idée. Mais de la présenter en cours de route aurait trop fragmenté la présentation du classement de tous les cas de fermeture d'enceintes. Le renvoi de son exposé après cette même présentation aurait rendu difficile la discussion de certains éléments. Elle sera ainsi présentée ici.

Les méandres des multiples essais, et les tentatives – parfois accompagnées d'angoisse – de sortir d'une situation paraissant désespérément embrouillée, ont mené à une définition du *renversement* de la *rosace* que l'on peut présenter comme suit, avant d'en proposer une formalisation.

1) S'agissant de *spatialisation*, le *renversement* concerne les *rosaces.* En considérant une *rosace*, on considère toutes les *enceintes* d'un *tissu* (à cause de l'axiome A IÄ 60.1), qu'elles soient localisées ou non.
2) Un des buts principaux est de permuter la *démarcation* de l'*enceinte* qui constitue le *bord* de la *rosace.* C'est de là que l'idée est partie. En effet, les premiers cas de non *localisation* se sont présentés lorsqu'une *route de fermeture* à été placée à l'*extérieur* du *bord.* Dans ce cas l'axiome A IÄ 64.6 engendre la non *localisation.* En *renversant* la *rosace*, dans la nouvelle *spatialisation* cette même *route* ne se trouvait plus à l'*extérieur* et résultait *localisée.* Il s'est avéré, mais cela n'a été remarqué que lors de la dernière révision du travail (il y en eut bien d'autres!), qu'une fois *localisées* dans une *spatialisation*, les *enceintes* gardaient cette propriété dans les *renversements successifs.* Ce fut une agréable surprise.
3) Il semble (mais nous ne voulons pas en fournir la démonstration ici, conformément à la décision énoncée dans l'introduction de ne plus ajouter de nouveaux paragraphes) que le procédé de *spatialisation* proposé plus bas n'aboutisse jamais à un *bord* qui se réduise à un point. Selon la définition du *bord* (D 67.3), l'*enceinte* qui le constitue n'est pas forcément dans le *vide.* Mais le but étant celui de *réduire* la non *localisation*, il faut s'arranger pour obtenir un *bord* qui soit dans le *vide.* Pour cela il faut fixer que lorsqu'on renverse une spatialisation, on choisisse une *enceinte vide* qui jouera le rôle de *bord* pour la nouvelle *rosace.* C'est le point 1) de la définition D 68.1.

4) Lors d'un *renversement*, les rôles d'*intérieur* et d'*extérieur* ne sont pas changés pour toutes les *enceintes*. Il faut trouver les critères correspondants. Ce sont les points 2) et 3) de D 68.1.
5) Nous utilisons l'expression '*renversement* de la *rosace*' car il faut bien changer la fonction $f_{reg,i,k}$, et donc la *régionalisation*. Mais la nouvelle *régionalisation* doit aussi être *spatialisée*. Il s'agit au fond de passer d'une *rosace* à une autre. La tentation était d'appeler cela plus pompeusement '*renversement de la spatialisation*'. Mais la cohérence du langage nous ramène à l'expression choisie, si l'on veut garder la métaphore de la *rosace*.

Ce renversement sera introduit comme d'habitude par un prédicat: 'Ren(...;...)' pour 'la *rosace*...est obtenu par *renversement* à partir de la *rosace*...'. Le domaine de ce prédicat est alors RO × RO (D 67.1). Rappelons qu'à chaque *rosace* ro_{ik} il correspond une *régionalisation* $f_{reg,i,k}$, qui ici est supposée être *spatialisée*. Rappelons aussi que (D 63.3(5)), dans un *tissu* TIS_i ,
$f_{reg,i,k} : X_{ik} \longrightarrow DEM_i ; f_{reg,i,k}(um_j) = (X_j ;Y_j)$ avec $In_j(X_j)$ et $\ddot{A}u_j(Y_j)$ (§ 60).

Définition D 68.1
$\forall\, ro_{ik}; ro_{il}\ \{Ren(ro_{il}; ro_{ik}) \Leftrightarrow$
1) $\exists\, um_l\ \{ f_{reg,i,l}(um_l) = (TIS_i ; \varnothing) \wedge f_{reg,i,k}(um_l) = (\varnothing;TIS_i)\}$
2) $\forall um_j\ \{[(f_{reg,i,k}(um_j) = (X_{j,ik};Y_{j,ik})) \wedge (um_l \subset X_{j,ik})] \Rightarrow$
$\Rightarrow [f_{reg,i,l}(um_j) = (X_{j,il};Y_{j,il}) = (Y_{j,ik};X_{j,ik})\ ]\}$
3) $\forall um_j\ \{[(f_{reg,i,k}(um_j) = (X_{j,ik};Y_{j,ik})) \wedge (um_l \subset Y_{j,ik})] \Rightarrow$
$\Rightarrow [f_{reg,i,l}(um_l) = (X_{j,il}; Y_{j,il}) = (X_{j,ik};Y_{j,ik})]\}$

Commentaire
Pour le point 1). La définition du *bord* (D 67.3) fait que um_l est unique. Cette *enceinte* est celle qui a été choisie comme *bord* pour la nouvelle *rosace* ro_{il}. Pour le point 2). On peut démontrer que
$(um_l \subset X_{j,ik}) \Rightarrow (bor_{ik} \subset Y_{j,ik})$. Pour le point 3). On peut démontrer que $(um_l \subset Y_{j,ik}) \Rightarrow (bor_{ik} \subset Y_{j,ik})$. Cela résulte de (D 67.1) $\forall um_i; ro_{jk}\ \{Bor_{jk}(um_i) \Leftrightarrow \forall\, um_j\ [(um_j \in X_{jk}) \Rightarrow (IN_j \subset IN_i)]\}$ et du Théorème T IÄ 65.18 : $\forall i ;j\{(um_i \subset IN_j) \Rightarrow (um_j \subset \ddot{A}U_i)\}$. C'est dire que l'on ne peut pas

prendre le *bord* bor_{ik} pour définir le critère des points 2) et 3) de cette définition.

*§ 69 Classification des fermetures d'*enceintes *et axiomes de* spatialisation

O

Le cas O est celui de la *fermeture* d'une *enceinte* um_i dans une *arborescence.* Dans ce cas, la *fermeture* engendre un *tissu* qui se réduit à l'*enceinte* qui vient d'être fermée.

On a $um_i = IN_i = ÄU_i$. Il n'y a donc qu'une seule *régionalisation* qui est aussi *spatialisée,* comme déjà remarqué. Ici $X_{ik} = UM_i = \{um_i\}$.

II-1 D I Avant la fermeture considérée, il y a déjà un *tissu* et un seul

I A Le tissu ne contient qu'une seule enceinte

Dans ce cas, avant la *fermeture*, il n'y a qu'une *rosace,* laquelle ne contient qu'une *enceinte.* Les *points terminaux* de la *route de fermeture* appartiennent à cette *enceinte.* Si tel n'était pas le cas, il s'agirait alors de la *fermeture* d'une nouvelle *enceinte*, avec au plus un point en commun avec l'ancienne, et l'on n'aurait encore que le cas O. On obtiendrait ainsi deux *tissus* (au plus reliés, mais non connexes). Soit wg_k la *route de fermeture* (D 57.4) d'une nouvelle *enceinte* um_j au temps t : $Weg_{fer\text{-}umj}(wg_k)_t$. Et soit um_i l'*enceinte* précédente (au temps t', t'<.t), sur laquelle se trouvent *les points terminaux* de la *route* wg_k (au temps t). Dans ce cas on fixe d'une façon axiomatique que wg_k est à l'*intérieur* de um_i (au temps t). C'est-à-dire:

Axiome A SPA 69.1

∀ um_i ; um_j ; t; t'

Les hypothèses

a) t'<.t (t' *précurseur immédiat de* t (D 10.6))

b) $(IN_i = um_i)_{t'}$ (l'*enceinte* um_i est vide au moment t')

c) $\forall um\{(um \subset TIS_i) \Rightarrow (um = um_i)\}_{t'}$ (avant la *fermeture,* le *tissu* ne contient que um_i)

d) $Weg_{fer\text{-}umj}(wg_k)_t$ (wg_k est *route de fermeture* de um_j au temps t (D 57.4))

e) $\forall p\ \{End^t_k(p) \Rightarrow (p \in \Pi_E(um_i))\}$ (les *points terminaux* sur de wg_k sont sur um_i)

conclusion

f) $(IN_i = um_i \cup wg_k)_t$

Commentaires

L'expression '$(IN_i = um_i \cup wg_k)_t$' est préférable à '$(wg_k \subset IN_i)_t$' car l'ensemble $(IN_i)_t$ est lui-même constitué par e) au moment t. A partir de $(IN_i = um_i \cup wg_k)_t$ on a immédiatement $(wg_k \subset IN_i)_t$. L'axiome A IÄ 64.4 est respecté. Nous avons ainsi trois *routes* dont deux constituent (appelons-les wg et wg') l'*enceinte* um_i, la troisième étant wg_k. On a bien $(IN_{wgk \cup wg'} \cap IN_{wgk \cup wg}) = wg_k$ comme le demande l'axiome A IÄ 64.4. On a en plus $(wg \subset ÄU_{wgk \cup wg'}) \wedge (wg' \subset ÄU_{wgk \cup wg})$ comme le demande l'axiome A IÄ 64.5 et aussi $(wg \subset ÄU_{wgk \cup wg'}) \Leftrightarrow [(wg_k \subset IN_{wg \cup wg'}) \Leftrightarrow$ $\Leftrightarrow (wg' \subset ÄU_{wgk \cup wg})]$ comme le demande l'axiome A IÄ 64.6. De ce que toutes les *enceintes* sont vides, il résulte que toutes les *démarcations* sont définies selon l'axiome A IÄ 60.1 (IN = um = ÄU). Il n'y a donc aucune *enceinte* qui soit non *localisée.* L'indice temporel est important pour éviter la contradiction entre b) et e).

On aurait pu choisir comme axiome l'affirmation suivante: $(ÄU_i = um_i \cup wg_k)_t$ et donc $(wg_k \subset ÄU_i)_t$. Mais dans ce cas il y a une indétermination qui n'est pas levée par l'axiome A IÄ 64.6. En effet, en reprenant les noms proposés plus haut, on a $wgk \cup wg' = um_i$. L'axiome A IÄ 64.6 dit alors (en taisant l'indice temporel):

$(wg_k \subset ÄU_{wg \cup wg'}) \Leftrightarrow [(wg \subset IN_{wgk \cup wg'}) \Leftrightarrow (wg' \subset ÄU_{wg \cup wgk})]$

Mais cette proposition est vraie même si l'on a

$(wg_k \subset ÄU_{wg \cup wg'}) \Leftrightarrow [(wg \not\subset IN_{wgk \cup wg'}) \Leftrightarrow (wg' \not\subset ÄU_{wg \cup wgk})]$ et par l'axiome A IÄ 60.1

$(wg_k \subset ÄU_{wg \cup wg'}) \Leftrightarrow [(wg \subset ÄU_{wgk \cup wg'}) \Leftrightarrow (wg' \subset IN_{wg \cup wgk})]$.

Nous avons deux possibilités et pas plus. Mais dans ce cas seule la *démarcation* de l'*enceinte* um_i est déterminée, celles des *enceintes* $wg_k \cup wg$ et $wg_k \cup wg'$ne le sont pas. Elles se trouvent dans $ÄU_{wg \cup wg'}$ mais ne sont pourtant pas *localisées.* Cependant l'*enceinte* um_i remplit les conditions pour permettre un *renversement*. Si on l'effectue, on obtient ce qui est affirmé par l'axiome proposé. Ce que l'on gagne est que toutes les *enceintes* sont *localisées* et le restent sous n'importe quel nouveau *renversement* possible, comme on peut facilement le constater.

Ce sont ces considérations qui ont amené à choisir l'axiome A SPA 68.1. Mais au fond cela ne satisfait qu'une exigence de commodité. Par la notion de *renversement* de la *rosace*, on peut passer de l'une à l'autre. En d'autres mots, pour le moment il n'y a pas de raison de préférer une *spatialisation* à une autre et l'on peut en préférer une, si de toute façon on peut obtenir les autres. Il faut remarquer que pour un cas aussi simple on peut déjà constater que l'ensemble X_{jk} peut varier d'une spatialisation à une autre (d'une *rosace* à une autre). Nous gardons donc l'axiome A SPA 68.1.

Mais il y a une autre remarque, que l'on peut trouver troublante et que nous n'avons pas encore approfondie:

il y a une asymétrie entre les deux rôles!

Si l'on ne veut pas d'*enceintes* et donc de *routes non localisées* dans un cas aussi simple, on doit choisir de considérer la *route de fermeture* comme se trouvant à l'*intérieur* de l'*enceinte préexistante* et non à son *extérieur*!!

I B Le tissu contient plus d'une enceinte

Dans ce cas il y a plusieurs *rosaces* possibles (dans le même *tissu*), avant la *fermeture*. Nous en considérons une quelconque, c'est à dire une fonction de *démarcations* $f_{reg,i,k}$ quelconque.

I B (1) La route de fermeture touche le bord de la rosace

Soit alors t le moment de la fermeture de l'*enceinte* um_j. Il faut remarquer que généralement lors d'une fermeture, plusieures *enceintes* sont fermées simultanément. Soit aussi wg_k la *route de fermeture*. C'est à dire $Weg_{fer\text{-}umj}(wg_k)_t$. Dans ce cas on a $1 < |\Pi_E(wg_k) \cap \Pi_E(bor_j)| \leq 2$.
Nous avons ainsi deux sous-cas possibles. Les deux *points terminaux* de la *route de fermeture*, se trouvent sur le *bord*, ou un seul d'entre eux.

I B (1.1) $\Pi_E(wg_k) \cap \Pi_E(bor_j)| = 2$

Les deux *points terminaux* de la *route de fermeture* se trouvent sur le *bord* de la *rosace*. Ici une dichotomie supplémentaire est possible.

I B (1.1.1) Les deux points terminaux ne sont pas sur une même enceinte vide de la périphérie

Dans ce cas, si l'on voulait inscrire la *route de fermeture* wg_k à l'intérieur du *bord* de la *rosace*, on obtiendrait des sauts par-dessus les *enceintes*. Il est donc raisonnable d'exiger que cette *route* wg_k soit à l'extérieur du *bord* de la *rosace*. Mais il y a une autre raison. Si on renverse la *spatialisation* on se trouve alors dans le cas IB 2.1. Il faut donc un traitement analogue, à savoir l'inscritpion de la *route* à l'*intérieur* de l'*enceinte* qui contient les deux *points terminaux*. Cela revient ici à inscrire cette *route* à l'*extérieur* du *bord* de la *rosace*.

Axiome A L 69.2

$\forall\ ro_{rl}\ ;\ um_i;\ um_j;\ wg_k\ ;\ t;\ t'$

Les hypothèses

$t'<.t$ (t' *précurseur immédiat de* t (D 10.6))

$(Bor_{rl}(um_i))_{t'} \wedge (IN_i \neq um_i)_{t'}$ (L'*enceinte* um_i est le bord de la *rosace* ro_{rl})

$Weg_{fer\text{-}umj}(wg_k)_t$ (wg_k est *route de fermeture* de um_j au temps t (D 57.4))

$\forall p\ \{End^t_k(p) \Rightarrow (p \in \Pi_E(um_i))\}$ (les *points terminaux* de wg_k sont sur um_i)

$\forall\ um_n\ ;\ p;\ p'$

$\{[End^t_k(p) \wedge End^t_k(p') \wedge (IN_n = um_n)] \Rightarrow$

$\Rightarrow (p \in \Pi_E(um_n)) \Rightarrow (p' \in \Pi_E(um_n))]\}$

Conclusion

$(wg_k \subset \ddot{A}U_i)_t$

Pour éviter des contradictions il faut introduire l'indice temporel.

Comme déjà remarqué dans les commentaires de cas IA et de l'axiome A SPA 68.1, l'axiome A IÄ 64.6 laisse une indétermination. Mais cette fois nous avons un critère pour ne pas inscrire wg_k dans l'*intérieur* du bord de la *rosace*: outre les raisons indiquées juste avant l'énoncé de cet axiome, nous pouvons remarquer qu'il nous évite la dissolution de la structure spatiale pour certains points, comme cela va être demandé dans les cas IB 1.2.2.1/ 1.2.2.2/ 2.2.1 et 2.2.2. A cela s'ajoute l'idée de permettre que le *bord* puisse être changé après la première fermeture.

Une fois l'axiome A L 69.2 appliqué, on peut procéder à un *renversement*. Il en résulte alors une *rosace* telle que toutes les *enceintes* sont *localisées*. Elles le resteront sous tout *renversement* successif. Il est évident que pour le moment il n'y a pas de critères pour choisir une *rosace* particulière parmi les possibles. On peut se demander si l'on peut déjà extrapoler ces résultats jusqu'à notre espace quotidien. Pour cela, il faudrait trouver le modèle pour la notion d'*enceinte vide*. Ensuite, on pourrait dire que nous ne constatons pas que les *enceintes vides* qui sont dans notre *intérieur* (= ...?) soient choisies pour un *renversement*. Mais que signifie 'être choisi'? Par quoi, si non par qui? Et en quoi consisterait la constatation d'un *renversement*? Comment déterminer la *rosace* dans laquelle on est? Qu'en est-il de ces notions, lorsqu'on a plus de deux dimensions? Je crois que de telles questions sont encore prématurées. Mais nous souhaitons que la gestation soit heureuse et qu'elle aboutisse! Toutefois il y a cette observation que si l'on n'est pas sur le *bord,* le *renversement* de la *rosace* ne change pas la *démarcation* (D 63.1).

On peut aussi remarquer que par le *renversement*, on se retrouve dans le cas IB 1.2.1, lequel aboutit à la même conclusion que l'axiome A L 69.1!

I B (1.1.2) Les deux points terminaux sont sur une même enceinte vide de la périphérie

Les notions nécessaires pour la description n'ont pas encore été définies. Cela provient du fait que le besoin ne s'est fait sentir que maintenant. Nous disposons déjà des notions de *nœuds* d'une *enceinte* (D 55.3) ainsi que de la notion *d'arête* (D 55.4). Mais les deux *points terminaux* d'une *route de fermeture* peuvent ne pas se trouver sur la même *arête*. D'autre part l'intersection d'une *enceinte* périphérique avec le *bord* peut comporter plus d'une *arête*. D'où l'introduction de deux nouvelles notions, par deux nouveaux prédicats.

– *Articulations d'une enceinte*

Nous dénommons le premier des nouveaux prédicats par '$Art_{(\ )}(\ )$', avec $UM \times E_R$ comme domaine. (*cf* D 55.2 et D 54.1 sans l'indice temporel)

Définition D 69.1
$\forall p\ ;\ um_i\{\ Art_i(p) \Leftrightarrow$
$[\ Kn_i(p) \wedge$
$\exists\ um_j;um_k\ [\{p\} \in (um_i \cap um_j \cap um_k\ )]]\}$

(Je crois que l'on peut démontrer l'identité $\{p\} = (um_i \cap um_i \cap um_k\ )$)

– *Flanc d'une enceinte*

Le nom du deuxième prédicat souhaité sera: « $Fl_{(\ )}(\ )$ », avec $UM \times WG$ comme domaine (*cf* D 54.22).

Définition D 69.2 a
$\forall wg\ ;\ um_i\{\ Fl_i(wg) \Leftrightarrow$
1) $[\ (wg \subset um_i) \wedge$
2) $\forall p\ [End_{wg}(p) \Rightarrow Art_i(p)]]\}$

Définition D 69.2b
$FL_i = \{wg|\ Fl_i(wg)\}$ l'ensemble des *flancs* d'une *enceinte*.

Soit aussi fl ou fl_{ik} une variable sur FL_i.

Revenons à notre cas IB 1.1.2. Pour le discuter, il est presque nécessaire d'en choisir un modèle.

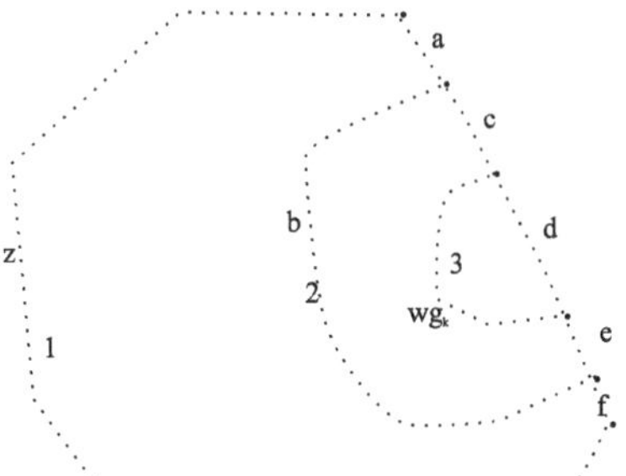

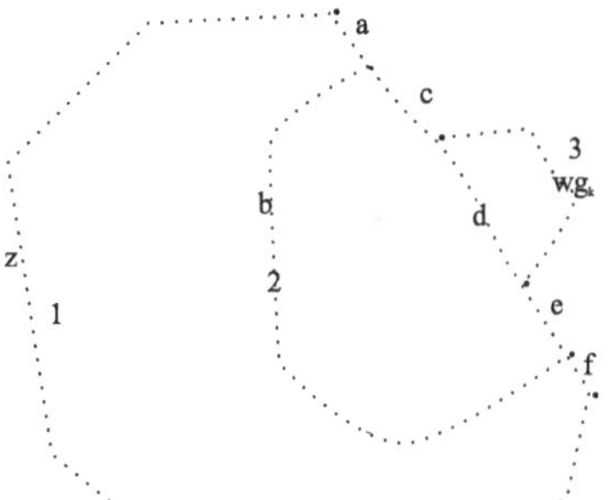

On voit que l'*enceinte* um_3, symbolisée ici par « 3 », peut être placée de deux manières. Il s'ensuit que la *démarcation* de l'*enceinte* 2 en devient non déterminée. On a ainsi un nouveau *bord*, à savoir Bor(zabf) où zabf est le nom de l'*enceinte*. Mais on constate aussi que l'*enceinte* 3, avec 3 = bcde et qui vient d'être fermée par la route wg_k, a une *démarcation* déterminée. Si l'on effectue un *renversement* l'indétermination ne disparaît pas. On peut en effet fixer la *détermination* comme suit

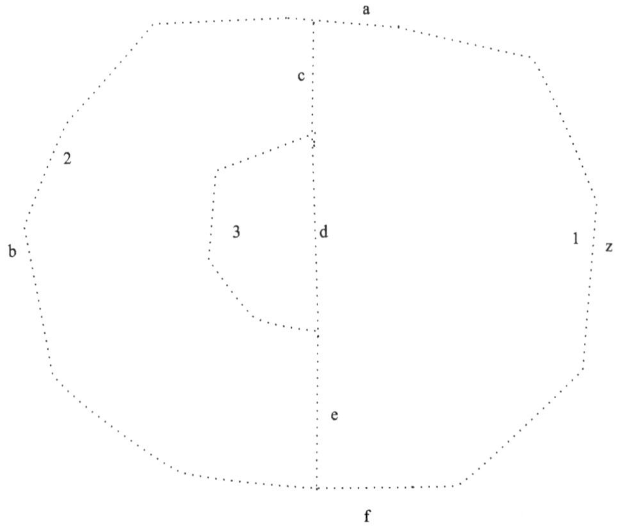

mais aussi de cette autre manière:

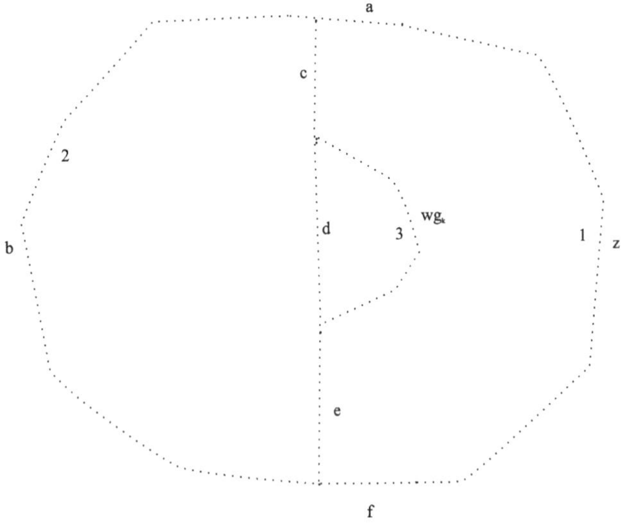

Cela prouve que nous pouvons avoir une *indétermination* non seulement à l'*extérieur* du *bord*, mais aussi dans son *intérieur*. L'indétermination ne disparaît que si une nouvelle *route de fermeture* va de la *route* wg_k à la *route* b ou à la *route* z. Par le *renversement* on gagne une vision plus claire de la situation et on voit plus facilement si la *démarcation* est déterminée ou non. Evidemment la situation peut se compliquer avant qu'une *route de fermeture* ne permette enfin de déterminer la *démarcation*. On peut avoir une nouvelle *enceinte* fermée par une *route* wg'. Si la nouvelle *enceinte* et l'*enceinte* 3 ne se touchent pas, la *démarcation* de la nouvelle est déterminée, mais celle des *enceintes* 2 et 1 ne l'est toujours pas.

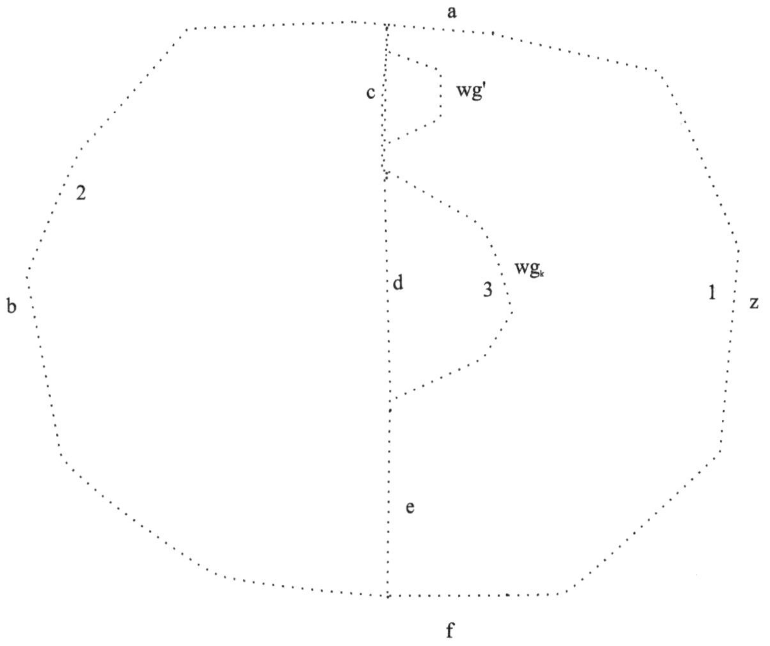

Si une *route* va de wg_k à wg', en vertu du théorème T IÄ 65.2, il faut situer les deux *enceintes* du même côté. Mais ce côté n'est pas encore déterminé. En revanche, si la *route* wg' se terminait sur d, les deux *enceintes* devraient être placées chacune du côté opposé à l'autre, toujours en vertu du même théorême. A moins de fixer qu'il y ait *saut par-dessus une enceinte*, ce qui amènerait une perte de structure spatiale, comme cela va être proposé pour d'autres cas. Ici aussi ce ne sont que les *routes* qui relient aux *routes* b ou z qui lèvent l'indétermination. Cela semble se compliquer un peu, sans comporter pour autant de difficultés majeures. Mais nous réservons un traitement exhaustif pour un travail à venir.

I B (1.2) Un seul point terminal se trouve sur le bord

A nouveau, nous avons deux cas possibles.

I B (1.2.1) Les deux points terminaux sont sur une même enceinte vide (mais un seul sur le bord)

Axiome A L 69.3

$\forall$ ro_{rl} ; um_i; um_j; wg_k ; t; t'

Les hypothèses

a) $t'<.t$ (t' *précurseur immédiat de* t (D 10.6))

b) $Weg_{fer\text{-}umj}(wg_k)_t$ (wg_k est *route de fermeture* de um_j au temps t (D 57.4))

c) $Per_{jk}(um_i)_{t'}$ (um_i est vide au temps t' et dans la *périphérie*)

d) $\forall p\ \{End^t_k(p) \Rightarrow (p \in \Pi_E(um_i))\}$ (les *points terminaux* de wg_k sont sur um_i)

Conclusion:

e) $(IN_i = um_i \cup wg_k)_t$

I B (1.2.2) Aucune des enceintes vides ne contient les deux points terminaux (mais un point et un seul est sur le bord)

Nous pouvons encore distinguer deux cas.

I B (1.2.2.1) Saut dans les corolles de la périphérie

Il n'y a pas d'enceinte vide commune sur laquelle les deux points terminaux se trouvent, mais ils se trouvent sur deux enceintes vides, l'une se trouvant dans la corolle de l'autre. S'agissant d'enceintes vides, le prédicat «Cor( )( )» est symétrique. Il est évident que ces points peuvent se trouver sur plusieurs enceintes. Ce qui est supposé est qu'il n'y en ait aucune sur laquelle les deux se trouvent. Deux cas sont possibles, les deux enceintes sont dans la périphérie de la rosace ou une seule d'entre elles. Il s'agit dans tous les cas d'un saut par-dessus l'enceinte car nous avons aussi qu'un seul des deux points terminaux se trouve sur le bord de la rosace. Nous avons ainsi un changement de temps (§ 47). Cela est accompagné pour certains points de la perte de la relation de proximité spatiale.

Axiome A L 69.4

Les hypothèses

a) ro_{sk} (une *rosace*)

b) $t' <. t$ (t' *précurseur immédiat de* t (D 10.6))

c) $Bor_{sk}(um_i)$ (um_i est le *bord* de la *rosace*)

d) $(IN_j = um_j) \wedge (um_j \in PER_s)$ (um_j est *vide* et dans la *périphérie*)

e) $Weg_{fer\text{-}ghf}(wg^t_k)_t$

(wg_k est *route de fermeture* de l'*enclos* gh_f au temps t (D 51.1). Il s'agit ici d'une *route* temporelle et d'un *enclos*, car on refuse l'équivalence entre les *proximités* temporelles et spatiales)

f) $\exists$ p { $End^t_k(p) \wedge (\{p\} \in (um_i \cap um_j)\}$ (p est sur le *bord* et sur l'*enceinte vide* um_j)

g) $\exists$ um_m $\{Cor_j(um_m)\}$ (on ainsi ($IN_m = um_m$) par D 67.7)

h) $\exists$ p' $\{End^t_k(p') \wedge (\{p\} \in um_m) \wedge (\{p\} \notin um_j)\}$

Conclusion

$\forall p^*$; um_n $\{[(Cour_j(um_n)) \wedge (\{p'\} \in um_n))_{t'}] \Rightarrow$

i) $\{[[(\{p^*\} \in (um_j \cap um_n))_{t'} \wedge (|N_{p^*}| < 3)_{t'}] \Rightarrow (N_{p^*} = \emptyset)_t)] \wedge$

j) $[[(\{p^*\} \in (um_i \cap um_n))_{t'} \wedge (|N_{p^*}| < 3)_{t'}] \Rightarrow (N_{p^*} = \emptyset)_t)] \wedge$

k) $[[(\{p^*\} \in wg^t_k)_t \wedge (|N_{p^*}| < 3)_{t'}] \Rightarrow (N_{p^*} = \emptyset)_t)]\}$

l) $Zw(t)\}$ (§ 47)

Il faut remarquer que l'on a bien ($\{p'\} \in um_n$)) déjà au temps t' à la ligne (i), c'est-à-dire ($\{p'\} \in um_n))_{t'}$. Ce qui survient au temps t est la relation de proximité (temporelle!) avec un point de la *route de fermeture.*

Il faut remarquer à ligne k) que l'on a bien $(\{p^*\} \in wg^t_k)_t$ et non $(\{p^*\} \in wg^t_k)_{t'}$ (c'est-à-dire t et non t') car ce n'est qu'à t que l'on peut savoir que

$\{p^*\}\in wg^t_k$. En revanche, encore dans la ligne k), pour éviter la contradiction il faut écrire $(|N_{p^*}| < 3)_{t'}$ et non $(|N_{p^*}| < 3)_t$.

Il faut remarquer qu'il peut y avoir un *renversement* de *rosace* qui ramène ce cas au cas IB 2.2.1. C'est la raison profonde de la ligne j).

I B (1.2.2.2) Saut au-delà de la corolle

Il n'y a pas d'*enceintes* (*vides*), l'une dans la *corolle* de l'autre, sur lesquelles se trouveraient les *points terminaux* de la *route de fermeture*.

Axiome L 69.5

Les hypothèses

a) ro_s (une *rosace*)

b) $t'<.t$ (t' *précurseur immédiat de* t (D 10.6))

c) $\ddot{A}U_i = um_i$ (um_i est le *bord* de la *rosace*)

d) $(IN_j = um_j) \wedge (um_j \in PER_s)$ (um_j est *vide* et dans la *périphérie*)

e) $Weg_{fer\text{-}ghf}(wg^t_k)_t$

(wg_k est *route de fermeture* de l'*enclos* gh_f au temps t (D 51.1). Il s'agit ici d'une *route* temporelle et d'un *enclos*, car on refuse l'équivalence entre les *proximités* temporelles et spatiales)

f) $\exists\, p \{ End^t_k(p) \wedge (\{p\} \in (um_i \cap um_j))\}$

g) $\forall\, um_m \{[End^t_k(p') \wedge (\{p\} \in um_m) \wedge (IN_m = um_m)] \Rightarrow ((um_m \cap um_j) = \varnothing)\}$

Conclusion

h) $\forall\, p^*\{[[(\{p^*\} \in wg^t_k)_t \wedge (|N_{p^*}| < 3)_{t'}] \Rightarrow (N_{p^*} = \varnothing)_t)] \wedge$

i) $Zw(t)\}$

Par un *renversement* de la *rosace*, ce cas se ramène au cas IB 2.2.2.

Deuxième cas fondamental, toujours avec une seule *rosace* et aucune *enceinte* hors d'elle.

I B (2) $|\Pi_E(wg_k) \cap \Pi_E(bor_j)| = 0$. *La route de fermeture n'a aucun point sur le bord de la rosace*

Première dichotomie

I B (2.1) Fermeture dans une enceinte vide

Il y a une *enceinte vide* telle que les deux *points terminaux* de la *route de fermeture* se trouvent sur elle.

Axiome A L 69.6

$\forall$ ro_{rl} ; um_i; um_j; wg_k ; t; t'

Les hypothèses

a) $t' <. t$ (t' *précurseur immédiat de* t (D 10.6))

b) $Weg_{fer-umj}(wg_k)_t$ (wg_k est *route de fermeture* de um_j au temps t (D 57.4))

c) $(IN_i = um_i)_{t'}$ (um_i est vide au temps t')

d) $\forall p \, \{End^t_k(p) \Rightarrow (p \in \Pi_E(um_i))\}$ (les *points terminaux* de wg_k sont sur um_i)

Conclusion

e) $(IN_i = um_i \cup wg_k)_t$

Ce cas correspond au cas IB 1.2.1 et à l'axiome A L 69.3.

I B (2.2) Saut par-dessus l'enceinte

Nous n'avons pas le cas prévu sous IB (2.1)). Nous avons alors une autre dichotomie.

I B (2.2.1) Saut par-dessus l'enceinte mais dans la corolle

Il y a deux *enceintes* (*vides*), l'une dans la *couronne* de l'autre, telle que les deux *points terminaux* de la *route de fermeture* gisent sur elles.

Axiome A L 69.7

Les hypothèses

a) ro_s (une *rosace*)

b) $t'<.t$ (t' *précurseur immédiat de* t (D 10.6))

c) $Weg_{fer\text{-}ghf}(wg^t_k)_t$

(${wg_k}$ est *route de fermeture* de l'*enclos* gh_f au temps t (D 51.1). Il s'agit ici d'une *route* temporelle et d'un *enclos*, car on refuse l'équivalence entre les *proximités* temporelles et spatiales)

$\exists$ um_i; um_j; p; p'

d) um_i et um_j sont *vides*

e) $(Cour_j(um_i))$

f) $(\{p\} \in um_i) \wedge (\{p\} \notin um_j)$

g) $(\{p'\} \in um_j) \wedge (\{p'\} \notin um_i)$

h) $End^t_k(p) \wedge End^t_k(p')\ \}\}$

Conclusion

$\forall p^*\ ;\ um_m\ ;\ um_n\ \{[Cour_m(um_n)_{t'} \wedge (\ um_m \neq um_n)_{t'} \wedge (\{p'\} \in um_n)_{t'} \wedge (\{p'\} \in um_n)_{t'}] \ \Rightarrow$

i) $\{[[(\{p^*\} \in (um_m \cap um_n))_{t'} \wedge (|N_{p^*}| < 3)_{t'}] \Rightarrow (N_{p^*} = \varnothing)_t)] \wedge$

j) $\forall\ p^*\{[[\ (\{p^*\} \in wg^t_k)_t \wedge (|N_{p^*}| < 3)_{t'}] \Rightarrow (N_{p^*} = \varnothing)_t)] \wedge$

k) $Zw(t)\}\}$ (§ 47)

Ce cas correspond au cas IB 1.2.2.1.

I B (2.2.2) Saut par-dessus la corolle

Les deux *enceintes* (*vides*), sur lequelles gisent les *points terminaux* de la *route de fermeture*, ne sont pas l'une dans la *couronne* de l'autre.

Axiome L 69.8

Les hypothèses

a) ro_s (une *rosace*)

b) $t'<.t$ (t' *précurseur immédiat de* t (D 10.6))

c) $Weg_{fer\text{-}ghf}(wg^t_k)_t$

(wg$_k$ est *route de fermeture* de l'*enclos* gh$_f$ au temps t (D 51.1). Il s'agit ici d'une *route* temporelle et d'un *enclos*, car on refuse l'équivalence entre les *proximités* temporelles et spatiales)

d) $\exists$ p; p' { $End^t_k(p)_t \wedge End^t_k(p')_t$}

e) $\forall$ um_m; um_n
{[({p}$\in$ um_m) $\wedge$ ({p'}$\in$ um_n) $\wedge$ (IN_m = um_m) $\wedge$(IN_n = um_n)] $\Rightarrow$ (($um_m \cap um_n$) = $\varnothing$)}

Conclusion

f) $\forall$ p*{[[({p*}$\in$ $wg^t_k)_t \wedge (|N_{p*}| < 3)_{t'}] \Rightarrow (N_{p*} = \varnothing)_t)] \wedge$

g) Zw(t)}

Ce cas correspond au cas IB 1.2.2.2.

On peut envisager une formulation plus concise de ces huit axiomes.

Nous en avons au deuxième grand cas.

II-1 D II. Avant la fermeture il y a plusieurs tissus

Ce cas est proche de celui traité sous IB 1.1.2. Mais ici nous appliquons la *décision d'arrêter*. En reprenant le § 28, nous en sommes maintenant au deuxième grand cas.

II-2 Deuxième grand cas: Un changement ou plus à chaque moment

§ 70 Considérations générales

L'esquisse du traitement de ce cas existe déjà, mais ici aussi la *décision d'arrêter* s'applique.

Le prochain grand chapitre est celui de l'introduction d'abord d'une (ou plusieurs?) dimension(s) ainsi que d'une *métrique* sur le temps et sur la structure spatiale. Il y a évidemment aussi le problème de la fixation de *courbure* de ce dernier. Ces problèmes n'ont pas encore été traités. Comme on a pu le constater, il s'agit d'une conception constructiviste. Deux remarques sont alors possibles:

1) L'espace n'est pas conçu comme quelque chose d'autonome. Même s'il se distingue du temps, sa construction est liée à ce dernier. Ensuite, sa structuration ultérieure (*dimensions, métrique* et *courbure*) dépendra de ce qui aura lieu dans, ou mieux, avec cette structure spatiale. On peut penser au découpage du monde en objets (substances) et à la notion de causalité (théorie de la mesure), domaines qui seront abordés dans le chapitre suivant. Mais ici nous en venons à la deuxième remarque.
2) Cette conception constructiviste ne s'appuie pas sur la conception de la vérité comme correspondance. Elle se refère plutôt à la conception de la vérité comme cohérence, qui est, ici, celle de la construction elle-même. C'est dire que l'on ne peut renvoyer à une connaissance de l'espace, du temps ou des substances qui serait indépendante de la construction même. La structuration de ces concepts ne peut résulter que des hypothèses que l'on introduit comme axiomes pour continuer la construction.

Evidemment ces réflexions font allusion à la fois aux théories relativistes et à la mécanique quantique. Mais elles ne les présupposent pas.

La construction de l'espace proposée jusqu'ici n'a pas fait recours à des *termes théoriques*. Mais il semble évident, ne serait-ce que pour ajouter une troisième dimension, qu'il faudra élargir l'ontologie par l'introduction de *termes théoriques*. Cela laisse prévoir qu'un traitement complet de cette phase de la construction nécessitera déjà les apports du chapitre suivant, dans lequel seront proposées les idées initiales permettant la constitution d'*objets* ou *substances*.

Chantier III

Théorie de la substance

The problem is that while quantum theory changed radically the assumptions about the relationship between the observer and the observed, it accepted without alteration Newton's old answer to the question of what space and time are. Just the opposite happened with Einstein's general relativity theory, in which the concept of space and time was radically changed, while Newton's view of the relationship between observer and observed was retained. (Lee Smolin)[9]

Inutile de souligner l'importance de la notion de substance, elle est inévitable. Même si on veut s'en éloigner, il faut tôt ou tard lui redonner un sens.

Dans une conception constructiviste, la connaissance que nous pouvons en acquérir ne peut être enfermée dans un schéma de type aristotélicien. On ne peut en effet prétendre qu'une substance nous *informe*, car on peut immédiatement demander comment cela pourrait se justifier sans connaître au préalable la substance. On peut pourtant redonner un sens à la conception aristotélicienne du *de Anima* si l'on a atteint le niveau intersubjectif. Dans ce cadre, un observateur peut étudier les relations entre un sujet et les objets qui l'entourent. Piaget cependant a aussi travaillé à ce niveau et a montré combien cette conception est de peu de secours (si on veut reconstituer la construction même de l'intelligence et de la connaissance chez un enfant, construction que toute autre approche présuppose). En suivant Piaget on peut en revanche donner un sens à la *révolution copernicienne* de Kant.

Nous devons donc proposer une description du processus, la plus générale possible qui permet de connaître une substance. Ce qui demande d'abord d'expliciter la construction du concept même de substance. Ce processus correspond à ce qu'en mécanique quantique il est coutume d'appeler la *théorie de la mesure*. C'est dire que l'on recherche une construction qui aille des premiers pas jusqu'au niveau de la recherche scientifique. Cette description générale exige l'introduction de trois notions fondamentales: celles de *préparation* de la substance, de *condition* à laquelle elle est soumise et de *réponse* fournie par cette même substance.

La première conséquence de la description d'une construction, (dans laquelle toute connaissance de la substance ne peut pas être présupposée ni réduite à la reconnaissance de la *chose* à étudier et doit ainsi être reliée à l'entourage,) est l'apparition d'une conception *holiste* (D 73.3), selon laquelle les propriétés d'une substance ne sont plus à considérer comme *in-*

9 Lee Smolin *Three Roads to Quantum Gravity*. Phoenix 2000 p. 4

trinsèques, c'est-à-dire indépendantes de ce qui n'est pas la substance, mais, au contraire, comme reliées à tout ce qui l'entoure et qui permet de la connaître. En l'absence de toute connaissance préalable, et dans un premier temps, *tout* devient pertinent dans un processus de *mesure*. Evidemment la notion de propriété *intrinsèque* peut retrouver un sens. Mais on ne suppose plus qu'il y en ait ou qu'il en faille.

En anticipant beaucoup, et non seulement sur les pages qui suivent mais aussi sur les recherches à venir, cette dépendance entre la substance et son environnement ne présuppose pas la notion de causalité. Il ne s'agit donc pas d'une perturbation de la substance. Comment l'affirmer en effet sans connaître l'état non perturbé? Et comment connaître cet état sinon en passant par le processus qui va être proposé? Parler à ce niveau d'une perturbation c'est tomber dans une argumentation circulaire. En revanche, la notion de causalité peut être dégagée dès que la notion de stabilité est construite.

La conception constructiviste va même jusqu'à ne pas supposer qu'il y ait des substances. Il faut donc fournir un critère qui justifie leur introduction, c'est-à-dire le découpage de la réalité en substances. L'élément principal de ce critère sera la notion de *stabilité*, à définir aussi au moyen de la théorie de la *mesure*.

Mais ici apparaît à nouveau le *réalisme constructiviste*, que l'on peut rattacher à la conception *structuraliste* de l'école de Munich. En effet ce qu'est une *substance* sera décrit par des *termes théoriques*. Nous allons ainsi distinguer deux niveaux pour chaque substance, l'un *empirique* et l'autre *théorique*.

Au-delà de cette distinction, la conception *holiste* des propriétés d'une *substance* a fait surgir un nouveau concept. Celui de niveau de construction et du découpage de l'ontologie en couches successives et emboîtées, que l'on pourrait comparer à un oignon! Ce qui est nouveau, c'est que l'on ne peut plus prétendre que les *êtres* soient les *mêmes*, lorsqu'on passe d'une couche à une autre, justement parce que le *tout*, qui intervient dans l'identification de *propriétés* et donc des *substances*, n'est plus le même. La correspondance entre les couches ne peut pas simplement se réduire à l'identité. Il faut l'établir en fixant des critères d'identité ou de correspondance. C'est dire que les problèmes des différents niveaux de la réalité, (souvent reliés aux différentes échelles de grandeur,) tous les problèmes reliés aux conceptions réductionnistes et ceux reliés à la multiplicité des sciences (que d'aucuns comparent à une peau de léopard) apparaissent ici d'une façon que l'on peut considérer *spontanée* et peuvent être affrontés avec des nouvelles exigences en ce qui concerne les liens entre différentes théories. Mais ces considérations exigent une réalisation effective de la théorie, même incomplète, pour devenir compréhensibles et acquérir un sens.

III 1 Niveau empirique

§ 71 Niveau empirique *et* trace empirique *d'une substance*

Pour la construction du temps il a déjà fallu introduire la distinction entre *niveaux empirique* et *théorique.* Une fois admis que l'on peut et doit introduire ce (ou ces) couple(s) de niveaux, la répétition d'un tel procédé n'aura plus d'autres limites que les règles qui le gouvernent et que l'on doit découvrir. Comme déjà dit dans l'introduction, une telle découverte risque de n'être possible que par abstraction à partir de (ou après des) exemples effectifs de construction. A ce titre la théorie du temps devra être inscrite dans la théorie qui va être présentée ici. Cela semble en effet être possible, en la considérant comme un cas *trivial*, c'est-à-dire qui peut toujours avoir lieu. Mais ici aussi, la recherche n'a pas encore été poussée jusqu'au bout. A suivre ...

Revenons à la théorie générale de la substance. Au *niveau empirique* il faudra d'abord définir des *interpretanda* (§ 6), qui servent à identifier la *substance*, que nous allons aussi appeler ici *système physique.* Ce sont ces *interpretanda* que nous allons appeler *traces empiriques* des substances. C'est la partie de la *substance* qui se trouve au *niveau empirique*. Ensuite il faudra trouver ce qui constitue les *interpretata* au *niveau théorique*. C'est ce qui correspond à la notion habituelle de *propriétés* ou *état* d'une substance. La théorie de la *mesure* constitue ici la description la plus générale de ce que l'on peut appeler une *expérience.*

Dans cette recherche, à part le dernier chapitre sur la mécanique classique et le temps, aucune construction particulière n'a encore été proposée. C'est dire que nous ne disposons pas encore d'un grand *corpus* permettant un travail d'abstraction. Nous travaillons ainsi *en anticipant* les exigences qui semblent valoir pour toute étude de substance et, un peu, par abstraction en partant de la théorie même du temps (§ 6-21).

Pour le choix des *traces empiriques* deux critères ont été retenus.

1) Les *traces empiriques* (*interpretanda*) servent à identifier c'est-à-dire à distinguer les ensembles d'*interpretata*, qui constituent le *niveau théorique* de la substance. Il semble donc qu'il faille demander (en suivant J.Locke[10]) que ces *traces* soient distinctes.

10 J. Locke, *Essai sur l'entendement humain.* II Ch XXVII §1.

2) De plus rien ne dit a priori que quelque chose au *niveau empirique* ne serait pas à *interpréter* (§ 6). Ceci semble proche de ce que Leibnitz a appelé *principe de raison suffisante*. Ce principe semble pouvoir être traduit dans ce contexte par: *«tout doit être interpété»*. On peut se laisser aller jusqu'à le traduire par: *«tout doit avoir un sens»*. On peut penser aussi à l'exigence d'*exhaustivité*, demandée par Descartes dans sa méthode. Ici il ne s'agit pourtant pas encore de *causalité*. C'est pourquoi la traduction proposée n'est pas 'tout doit avoir une raison (cause) suffisante'. La causalité semble ne devoir être à introduire que pour dénommer certains aspects *stables* des résultats obtenus par la *mesure* ou *expérience*.
3) Si on combine ces deux exigences, alors il faut demander que les *interpretanda* constituent une *partition* du *niveau empirique*.

C'est le premier critère.

Cela ne va toutefois pas sans problèmes.

– On peut avoir une conception proche de celle des Grecs, et prétendre que les substances sont éternelles. Dans ce cas on exigerait qu'elles aient un *horaire* (la fonction qui fixe la position en fonction de temps) connexe (notion qu'il faudrait interpréter ici selon la définition D 10.2).

Cette exigence rencontre évidemment la même critique que des philosophes tels que Locke et Hume ont fait à la théorie de la res cogitans de Descartes. Il est difficile de suivre les horaires de façon telle qu'il n'y ait pas de «trous». Il y a toujours des interruptions. En plus, la barrière que les alchimistes voulaient franchir avec la notion de transsubstatiation n'en est plus une.

– On peut choisir arbitrairement les *traces empiriques*, pourvu que l'on obtienne une partition.

Cette conception n'est pas à exclure d'emblée. Seuls des critères ultérieurs peuvent de toute façon permettre de choisir entre les définitions possibles. Mais dans ce cas la théorie de la mesure est très difficile à définir, car la notion de répétabilité devient problématique. Une difficulté supplémentaire pourrait venir de l'exigence de travailler dans l'extension du prédicat G( ).

– On peut donner une définition, en commençant par une définition générale, que l'on peut espérer affiner par d'autres critères. On peut dans ce cas exiger que la définition soit telle que l'on retrouve la première exigence, celles des *horaires* qui ne se croisent pas. Mais on se rapproche alors dangereusement d'une conception déterministe, ce qui n'est pas forcément à exclure, mais qui n'est certainement pas à présupposer. On peut en revanche admettre que les croisements soient possibles. Il ne s'agirait alors plus d'une partition. On peut envisager d'introduire les notions de *fin* d'une ou plusieurs *traces empiriques* et de *commencement* de *traces* neuves.

Cette dernière conception semble plus apte à fournir les conditions pour introduire la notion de mesure, c'est-à-dire l'étude d'une substance. Elle permet ainsi l'introduction d'un critère supérieur de choix, celui fondé sur la répétabilité. Ce (deuxième) critère est la version constructiviste de la notion de stabilité (invariance de la nature) héritée de la pensée grecque.

La discussion devient insoluble si l'on prétend avoir immédiatement tous les critères. Il est d'abord difficile de les identifier et en second lieu, au début d'une construction, ils ne sont pas forcément vérifiables. On peut s'appuyer sur les résultats connus de la science. Mais ici on risque le cercle vicieux du point de vue constructiviste. Les différentes théories et leurs résultats doivent servir plutôt de points de mire. Si on n'arrive pas à le reconstituer, la construction choisie est à rejeter. '*Puisque ces sciences sont réellement données, il est concevable de se demander COMMENT elles sont possibles; qu'elles doivent être possibles, c'est démontré par leur réalité.'* (Kant)[11]

Il semble raisonnable de procéder comme pour la construction de la relation de *spatialement proche*. Il a fallu commencer avec des hypothèses, et se donner les moyens pour déterminer les limites, dans ce cas elles sont temporelles, de leur validité. On peut donc supposer une première partition pour commencer la construction. Partition qui peut être changée par l'ajout de critères supplémentaires, qui exigent justement la réalisation de la construction pour pouvoir être définis.

L'exigence qu'il s'agisse d'une partition ne coïncide pas avec l'exigence d'un horaire continu et sans embranchements. S'il y a un (des) embranchement(s), on peut en faire une limite pour une *trace empirique*. Mais cela exige des critères. Par exemple le critère de *séparabilité* (Para-

11 E. Kant; *Critique de la Raison pure.* Ed. PUF 1965 p 44

doxe E.P.R:, inéquations de Bell et expérience d'Aspect etc.). Mais un critère comme celui-ci suppose, semble-t-il que l'on ait déjà introduit le *niveau théorique*. Dans ce travail nous nous restreignons à l'introduction du critère de *stabilité,* qui à son tour exige d'abord la *répétabilité* des *expériences*.

Tous ces concepts exigent d'être introduits. On voit bien que, d'une part, ces considérations supposent déjà que le *niveau empirique* soit structuré dans un processus évidemment temporel mais aussi spatial. Cela n'est pas gênant dans la mesure où ces notions ont été au moins partiellement construites. Ce qui est gênant est de ne pas fournir immédiatement la première interprétation possible après celles (au pluriel car il s'agit d'une famille d'interprétations!) qui ont permis la construction du temps. En effet, il y a un risque de projeter indûment des structures (propriétés), ne fût-ce que la temporalité ou la spatialité au niveau *théorique* sans contrôler une telle introduction. Nous reviendrons sur ces considérations. Mais, d'autre part, on voit aussi que le niveau de généralité auquel le problème est traité force à introduire des présuppositions, dont la maîtrise semble exiger une construction explicite et sans interruptions, en partant de la structure temporelle et spatiale du processus. Mais continuons.

Il ne sera ici étudié que le premier critère fondamental d'acceptation des délimitations des *traces empiriques*, à savoir le critère de

4) *stabilité* relié aux *mesures* (*expériences*).
   On retrouve ainsi une notion chère aux Grecs. Elle a cependant bien subi la *révolution copernicienne* de Kant. Cela est très restreint comme résultat. Mais deux théorèmes qui semblent intéressants sont déjà possibles. Et nous tenons à les présenter, car ils ont été les premiers qui se sont dégagés du *magma* initial de la recherche. En plus une ébauche du cadre théorique nécessaire pour la *mécanique quantique* semble être déjà possible. Cadre théorique dans lequel on peut insérer les notions fondamentales de la mécanique de Newton. Ces réflexions ont poussé à présenter ces résultats dans leur état lacunaire actuel.

§ 72 Notions de départ et découpage des traces empiriques

La première construction interprétative que nous avons proposée est celle du temps. Le paragraphe § 10 présente la description générale du *monde* dont l'*interprétation* constitue le temps. Il s'agissait des ensembles V_n (pour *Volumen*) avec $V_n = \{M_0 ;M_1 ;.... ; M_n\}$. Chaque ensemble V_n, plus que décrire le *niveau empirique* il en constitue une *partition*. Il y a aussi, pour chaque V_n, un temps t_{n+1}, qui n'est pas couvert par cette partition. Mais il ne fait pas encore partie d'un *niveau empirique*. Il fera partie du *niveau empirique* suivant. Il nous faut donc supposer que chaque *niveau empirique* soit décrit par un ensemble semblable. Ces quelques réflexions nous font voir que les critères pour le choix des *traces empiriques* d'une substance, sont ceux avec lesquels nous choisissons les *interpretanda*, à savoir les M_i du § 6. En reprenant les points 1)-3) du paragraphe précédent et les premières considérations du § 6, nous pouvons donc dire que la description d'un *niveau empirique* en vue d'une *interprétation* doit comporter …

§ 73 Justification du découpage du monde en substances

§ 73.1 Premier critère: partition

1) Le choix d'une '*Ontologie du niveau empirique*'. Les différentes *entités* seront les éléments d'un ensemble, qui peut être dénommé par 'O_{ne}'. Si on se réfère aux *points* dans la construction de la structure spatiale, l'ontologie dont il est question ici est constituée par des *changements* (D 28.1).
2) Une partition de $V = \{M_0 ;M_1 ;\ldots ; M_n\}$ de O_{ne}. C'est dire qu'il faut avoir

   a) $\forall i;j\ (M_i \cap M_j = \varnothing)$

   b) $\cup_i M_i = O_{ne}$

Par exemple, à chaque étape de la construction du temps nous avions un *niveau empirique* nouveau. L'ensemble $O_{ne(n)}$ correspondant était $O_{ne(n)} := \{\overset{G}{T}\backslash\{t_{n+1}\}\}\times \overset{mG}{D}$ (D 12.1 et D 11.1) avec $Es(t_{n+1})$ par rapport à $\overset{G}{T}$ (D 10.5). Il faut exclure le dernier temps *donné* comme n'appartenant pas au dernier *niveau empirique* construit (c'est-à-dire *donné*). Le premier ensemble $O_{ne(0)}$ se réduit à l'ensemble $\{d^m{}_0\} = \overset{mG}{D}$ (en taisant l'indice pour les différents ensembles $\overset{mG}{D}$).

Mais pour définir les différents ensembles M_i plusieurs relations (applications) ont été utilisées. En particulier les relations d'enchaînement En_n (§ 8). Cela permet de dire qu'à chaque *niveau empirique* correspond un ensemble (est-ce un ensemble?) de relations, qui permettent de définir la partition V_n. Soit alors

3) $R_{ne} = \langle R_1 ; R_2 ; \ldots ; R_j ; \ldots R_{nj}\rangle$ cet ensemble ou *suite* de propriétés.

Ici nous ne pouvons construire ces notions (O_{ne} et les R_j) par des définitions (comme cela a été le cas pour la construction du temps) car le processus constructif a été interrompu. Pour une description générale, nous devons admettre les ensembles O_{ne} et $R_{ne} = \langle R_1 ; R_2 ; \ldots ; R_j ; \ldots R_n\rangle$ comme *primitifs*.

La définition des prédicats $M_i($ $)$ qui permettent de constituer les différents ensembles M_i ne peut pas non plus être explicitée. Nous les supposons. Ces définitions doivent être faites au moyen des relations de l'ensemble $R_{ne} = \langle R_1; R_2; \ldots; R_j; \ldots R_{nj}\rangle$, mais il n'est pas demandé que tous les éléments de R_{ne} soient utilisés (que leur *satisfaction* soit fixée) afin que les M_i contiennent plus d'un élément et que la *trace* puisse s'étaler dans le temps. Dans le cas contraire la *répétabilité* devient impossible. Les ensembles M_i sont en fait des classes d'équivalences. En tous cas il permettent d'en définir une. On peut donc supposer que l'on commence par une unique relation d'équivalence dont les classes d'équivalence seraient les M_i. L'ensemble V est l'ensemble de ces classes: $V = \{M_0 ;M_1;\ldots; M_n\}$. Mais ces considérations seront à reprendre lors de la poursuite de la construction sans interruptions!

Comme déjà dit, les ensembles M_i et le(s) prédicat(s) $M_i($ $)$ ne sont pas primitifs en soi et une définition explicite n'est pas possible maintenant, car nous ignorons les relations R_j. Nous en supposons donc une quelconque. Nous argumentons donc en prenant une variable sur l'ensemble des définitions possibles. Cela n'est pas gênant. On se retrouverait dans cette même situation après un processus d'abstraction! Ce que l'on ne sait pas est si les types de notions initiales sont tous correctement identifiés. Mais cela peut être évalué aussi *a posteriori*, par le succès de la construction elle-même.
Soit alors

4) $\mathcal{M}_i($ $)$ $i = 1 ; 2 ; \ldots ; n$
les symboles pour ce(s) prédicat(s). Et soit

5) $V = \{M_0 ;M_1 ;\ldots ; M_n\}$.

La partition qui en résulte.

§ 73.2 Deuxième critère: Expériences, Mesures, Répétabilité *et* Stabilité

Le choix de la partition $V_n = \{M_0; M_1;\ldots; M_n\}$ doit être testé. Dans ce but, il faut décrire ce qu'est une *expérience*, c'est-à-dire ce qu'est une *mesure*. Toute la recherche a commencé, il y a des années, parce que les quelques descriptions qui m'étaient connues de ce que peut être une *mesure* ne me paraissaient pas satisfaisantes, face aux problèmes soulevés par des considérations *philosophiques*. Comme dans un processus psychanalytique, mais au niveau cognitif (comme dit Piaget), il a fallu remonter aux premiers stades. Cela a été long est ardu. La reconstruction n'est pas encore achevée, mais il y a déjà quelques *plaisirs* liés à la *catharsis* mais aussi le regret d'avoir des *discontinuités* dans la construction. En clair...

La *mesure* exige la distinction (au moins) de trois notions: *situations, conditions* et *réponses*. La définition de ces notions exige le temps. Cela n'est pas très gênant, dans la mesure où une théorie du temps a été proposée. Ce qui dérange est que cette description se place déjà à un niveau élevé et n'est pas proposée avant la construction même du temps. Or le temps lui-même résulte d'une telle activité interprétative. Cela a de l'importance pour la raison suivante.

(Au niveau théorique on ne peut en principe pas présupposer des propriétés. Cela a été exclu aussi pour la construction du temps et de l'espace (même si cette dernière construction n'est pas encore achevée). Mais le fait que certaines propriétés aient été construites à un niveau empirique ne permet pas encore de les projecter sans autre au niveau théorique. Si au niveau empirique nous avons déjà le temps et une structure spatiale, cela ne permet pas d'affirmer sans autre que le niveau théorique en soit pourvu. Une telle affirmation exige une justification au moyen justement des mesures. Aussi au niveau théorique toutes les notions (temps et espace compris) doivent être reconstruites, et, qui plus est, en fonction de ce qui existe au niveau empirique, au moyen justement des mesures. Il est donc gênant d'avoir un saut, même minime, dans l'enchaînement des interprétations, car il en résulte une construction des niveaux théoriques par lambeaux, et qui peut cacher des suppositions non voulues. Mais étant donné l'état de la recherche, nous sommes amenés à prendre des risques...)

Nous renvoyons la description plus générale et sans sauts à une recherche que nous espérons proche.

Nous admettons donc d'avoir le temps au niveau empirique et construisons une théorie que nous espérons générale, mais qu'une analyse ultérieure pourrait démontrer être en partie *ad hoc*. Nous allons introduire maintenant les notions qui permettront de définir le critère de *stabilité*, lequel exige à son tour, comme déjà dit, la notion de *répétabilité*.

I Les tranches d'une trace empirique

Décrire une *condition* à laquelle une *trace empirique* M_i peut être soumise correspond, dans une conception holiste, à fixer la *totalité* de la réalité qui l'entoure. Mais cela a lieu pendant un intervalle de temps. Ce qui précède cet intervalle constitue ce qui sera appelé la *préparation* et la *réponse* adviendra après lui. Cela nous oblige ainsi à décomposer la *trace empirique* M_i en *tranches* temporelles. Si d'aucuns sont tentés de penser au découpage des signes minimaux d'une langue, ils ne seront pas découragés par moi.

Appelons $M_{i,p}{}^t$ les élements de M_i qui ont lieu au moment t.

Ce sont les *entités* appartenant à l'ensemble O_{ne} et qui, au moment t satisfont aussi le prédicat $\mathcal{M}_i(\ldots)$, qui définit la *trace empirique* M_i.
On a donc
$M_{i,p}{}^t \subseteq M_i$.
On a aussi
$M_i \subseteq O_{ne}$ (§ 72 (1)).

Par exemple, si l'ensemble O_{ne} est l'ensemble des *points*, l'ensemble $M_{i,p}{}^t$ contiendra les points qui, au temps t, satisfont les propriétés requises pour appartenir à M_i,, propriétés décrites à l'aide de la suite de relations $R_{ne} = \langle R_1 ; R_2 ; \ldots; R_j ;\ldots ; R_{nj}\rangle$ et symbolisées par $\mathcal{M}_i(\ldots)$.

Mais si l'on veut pouvoir parler de répétition d'une tranche, il faut admettre ce qui suit.

1) Les ensembles $M_{i,p}{}^t$ (les *tranches*) ne sont pas définis dans M_i par l'ordre dans le temps.
2) Il faut une définition de M_i mais qui n'utilise pas toutes les propriété de R_{ne}, c'est dire que pour certaines propriétés (relations) il n'est pas fixé si elles doivent avoir lieu ou non.
3) Cela permet d'une part de distinguer les différentes types de *tranches* par leur définition, et, d'autre part, d'avoir une *extension* non réduite à la cardinalité 1 pour chacun des types. C'est ce qu'on appelle des *répé-*

titions. C'est la raison de l'indice '$_p$'. Nous devons ainsi supposer des prédicats, dénommés par '$\mathcal{M}_{i,p}(\ )$', plusieurs *tranches* pouvant satisfaire le même prédicat, et avoir ainsi le même indice '$_p$', en étant distinguées par le temps seulement. Evidemment nous supposons ici ce qu'une construction sans sauts devrait fournir. Il est à noter que ces prédicats peuvent fixer aussi la cardinalité des ensembles $M_{i,p}^t$, qui serait ainsi la même pour tous les ensembles $M_{i,p}^t$. Mais cela n'est pas forcément le cas. On peut par exemple ne fixer que les limites spatiales dans lesquelles les éléments des $M_{i,p}^t$ doivent se trouver, sans en fixer le nombre.

4) Les entités (éléments de O_{ne}) ne sont pas forcément les mêmes pour des *tranches semblables* de la même *trace empirique*.

Définition D 73.1: Les *tranches temporelles* $M_{i,p}^t$

En regroupant ces considérations, nous pouvons dire que pour fixer la définition d'une *tranche temporelle* d'une *trace empirique* nous devons choisir

1) Un ensemble $R_{ne,p}$, $R_{ne,p} \subset R_{ne}$,
2) Et un prédicat $\mathcal{M}_{i,p}(\ )$ construit avec les relations appartenant à $R_{ne,p}$.
3) $Dom(\mathcal{M}_{i,p}(\ )) = \mathcal{P}(O_{ne})$
4) La cardinalité des ensembles $M_{i,p}^t$, définis par $\mathcal{M}_{i,p}(\ )$, n'est pas forcément déterminée.

Définition D 73.2

L'ensemble O_{ne} peut lui-même être découpé en *tranches* O_{ne}^t. Ici la simultanéité suffit comme critère, sans définition supplémentaire.

II Conditions

Une condition fixe les relations entre les éléments d'une *tranche* $M_{i,p}^t$, d'une *trace empirique* M_i, et les autres éléments de O_{ne}. Mais on ne prend pas forcément la totalité de ce dernier ensemble. On ne prend certainement pas *ce* qui précède la tranche $M_{i,p}^t$ ni *ce* qui suit la réponse. Il faut donc prendre *des tranches* O_{ne}^t. Lesquelles? Certainement O_{ne}^t. Mais nous pouvons aller jusqu'à la tranche qui précède la réponse. La réponse a lieu au *prochain* temps t^r, tel que $M_{i,r}^{tr} \neq \emptyset$ et tel que $\forall t'\{(t < t' < t^r) \Rightarrow (M_{i,p'}^{t'} = \emptyset)\}$. Mais nous devons considérer dans chaque *tranche* O_{ne}^t de O_{ne} le

complément à $M_{i,p}^{t}$, c'est-à-dire $O_{ne\,c}^{\;t} := O_{ne}^{t} \setminus M_{i,p}^{t}$. Nous avons ainsi l' ensemble $O_{ne\,i}^{\;t}$ et tous les ensembles $O_{ne}^{t'}$ tels que $(t < t' < t^{r})$.
Pour une *condition* C_c nous devons donc d'abord fixer un ensemble
$O_c := O_{ne\,c}^{\;t} \cup (\cup_{(t < t' < tr)} O_{ne}^{t'})$.

Appelons o_i une variable sur O_{ne} et ses différents sous-ensembles.

(Ici se cache déjà une supposition implicite, à savoir que les éléments de O_{ne} sont interchangeables, et que donc il suffit de considérer une variable sur cet ensemble. C'est dire que seules les définitions sont pertinentes pour l'interprétation, c'est-à-dire la structure et non les éléments ontologiques eux-mêmes. Si c'était le cas, on devrait différencier les interpretanda déjà en fonction des noms propres. Dans notre construction, cette différentiation 'individualisante' devrait être ramenée aux éléments de l'ensemble $P = \{\ldots ; ez^{j} ;\ldots\}_{j}$ du §2. Mais prétendre qu'il faille tenir compte de l'individualité des éléments de l'ensemble O_{ne} c'est déjà admettre entre eux une différence, ce qui revient à admettre d'emblée qu'il y a une nature intrinsèque et qu'elle est portée par, logée dans, ces entités atomiques. Cela est d'autant moins acceptable que le rôle de ces entités (les ez^{j}) est de permettre l'affirmation de l'existence d'autres entités (théoriques) qui constituent, elles, la réalité que l'on veut étudier (ce qui est la face réaliste de ce constructivisme). De pouvoir et devoir tenir compte des individus dans O_{ne} ou de leurs types ne peut que résulter justement du processus dont nous sommes en train de fournir une première esquisse.)

Les symboles 't', 't'' et 't^{r}' sont aussi à considérer comme des variables et non comme des noms propres.

Ensuite il faut, pour chaque relation de l'ensemble $R_{ne} = \langle R_1; R_2; \ldots; R_j; \ldots; R_R \rangle$, fixer si elle a lieu ou non pour chacun des couples de $M_{i,p}^{t} \times O_c$. On peut considérer plus que les couples. Mais pour une première description, comme celle qui est fournie ici, on peut se restreindre à des relations à deux places, dans l'hypothèse que les relations à plus de deux places soient définissables à partir de celles à deux. Définir une *condition* exige donc de choisir pour les couples $(o_i ; o_k)$, où $o_i \in M_{i,p}^{t}$ et $o_k \in O_c$, et toute relation R_j si l'on doit avoir $R_j(o_i ; o_k)$ ou $\neg R_j(o_i ; o_k)$.

Nous avons dit '*les couples*', ce qui laisse entendre qu'il faille les considérer tous. De même, plus haut nous avons dit '*Une condition fixe les relations entre les éléments d'une tranche* $M_{i,p}^{t}$, … *et les autres éléments de*

O_{ne}'. Cela demande à être précisé. En effet on veut la répétabilité des mesures. Mais on veut aussi que des *tranches* différentes par leurs définitions puissent être soumises à des *conditions* de même définition. Il faut donc que la condition non seulement ne fixe pas la définition des *tranches* des *traces empiriques* auxquelles elle s'applique, mais qu'elle n'en fixe pas non plus la cardinalité. Cela n'empêche pas qu'elle fixe la cardinalité d'un de ses sous-ensembles. Appelons $M_{i,c}^{t}$ ce sous-ensemble. Il ne faut pas faire intervenir le prédicat $\mathcal{M}_{i,p}(\ )$ dans la définition de la *condition*, il ne faut donc pas écrire $M_{i,p,c}^{t}$. C'est en fixant les relations entre ces éléments et ceux de l'ensemble O_c que l'ensemble $M_{i,c}^{t}$ et sa cardinalité sont définis. De même les cardinalités de $O_{ne}{}^{t}_{i}$ et des ensembles $O_{ne}{}^{t'}$ doivent toutes être fixées.

Soit alors $n_c = |M_{i,c}^{t}|$ et $n_k = |O_c|$ respectivement la cardinalité (nombre d'éléments) des ensembles $M_{i,c}^{t}$ et O_c. Nous aurons $n_c \cdot n_k$ couples. Et soient aussi $n_{k,t}$ les cardinalités de $O_{ne}{}^{t}_{c}$ et des ensembles $O_{ne}{}^{t'}$:

$n_k = n_{k,t} + \ldots + n_{k,t'} + \ldots + n_{k,tr}$

Soit aussi n_R le nombre des relations de l'ensemble

$R_{ne} = \langle R_1 ; R_2 ; \ldots ; R_j ; \ldots ; R_R \rangle$.

Le prédicat qui constitue chaque condition résultera de la *conjonction* des affirmations $R_j(o_i ; o_k)$ ou $\neg R_j(o_i ; o_k)$.

Il est commode d'introduire le symbole $\varepsilon^{c}_{j,i,k}$ pour dire de chaque relation si elle est affirmée ou niée relativement à chaque couple: '$\varepsilon^{c}_{j,i,k} = \neg\neg$' (ce qui revient à ne rien indiquer, car on affirme la relation (double négation)) ou '$\varepsilon^{c}_{j,i,k} = \neg$ '(on nie la relation).

Avec ces conventions, le prédicat 'Cond$_c$(;)' qui définit une *condition* C_c peut être écrit comme suit:

$\mathrm{Cond}_c(\ ;\ ) = \varepsilon^{c}_{1,1,1}R_1(o_1 ; o_1) \wedge \varepsilon^{c}_{1,1,2}R_1(o_1 ; o_2) \wedge \ldots \wedge \varepsilon^{c}_{1,1,nk}R_1(o_1 ; o_{nk}) \wedge$
$\wedge\ \varepsilon^{c}_{1,2,1}R_1(o_2 ; o_1) \wedge \ldots\ \ldots \wedge \varepsilon^{c}_{1,2,nk}R_1(o_2 ; o_{nk}) \wedge \ldots \wedge \varepsilon^{c}_{1,nc,nk}R_1(o_{nc} ; o_{nk}) \wedge$
$\wedge\ \varepsilon^{c}_{2,1,1}R_2(o_1 ; o_1) \wedge \ldots \wedge \varepsilon^{c}_{nR,nc,nk}R_{nR}(o_{nc} ; o_{nk})$

Il s'agit de la *conjonction* de $n_R \cdot n_c \cdot n_k$ affirmations (ou négations).

Cette écriture peut être condensée comme suit:

$\mathrm{Cond}_c(\ ;\ ) = \wedge\ \varepsilon^{c}_{j,i,k}R_j(o_i ; o_k)$; $(j = 1; \ldots; n_R)$; $(i = 1; \ldots ; n_c)$; $(k = 1; \ldots ; n_k)$.

On obtient ainsi $2^{nj \cdot np \cdot nk}$ conditions. C'est dire que l'indice '$\ldots_c\ldots$' varie de 1 à $2^{nj \cdot ni \cdot nk}$.

Mais il se peut que certaines combinaisons soient à exclure anlytiquement. Pour le savoir il faudra disposer de la définition explicite de la condition.

En dernière analyse le domaine du prédicat $Cond_c(\, ; \,)$ se trouve dans $\mathcal{P}(O_{ne}) \times \mathcal{P}(O_{ne})$, voire $\mathcal{P}(O_{ne}) \times \ldots\ldots \times \mathcal{P}(O_{ne})$, avec n^r facteurs (le nombre de moments de l'intervalle de la *condition*) dans ce produit cartésien.

En regroupant ce qui précède, nous pouvons dire que la définition d'une condition exige ce qui suit:

Définition D 73.3: *Condition*

La définition du prédicat $Cond_c(\, ; \,)$ exige de fixer ce qui suit:

1) Les cardinalités $n_k = n_{k,t} + \ldots + n_{k,t'} + \ldots + n_{k,tr}$ des ensembles
2) $O_{ne\,c}^{\,t}$; $O_{ne\,c}^{\,t} \subset O_{ne}^{\,t}$; $| O_{ne\,c}^{\,t}| = n_{k,t}$
3) $O_{ne}^{\,t'}$; $| O_{ne}^{\,t'}| = n_{k,t'}$; $t < t' < t^r$
4) $O_c := O_{ne\,c}^{\,t} \cup (\cup_{(t < t' < tr)} O_{ne}^{\,t'})$.
5) $n_c = |M_{i,c}^{\,t}|$ la cardinalité d'un ensemble
6) $M_{i,c}^{\,t}$, ensemble qui doit être inclu dans la *tranche temporelle* M_i^t soumise à la mesure
7) $R_{ne} = \langle R_1 \, ; R_2 \, ; \ldots ; R_j \, ; \ldots ; R_R \rangle$
8) $n_R = | R_{ne}|$

   et une combinaison de satisfaction de toutes les relations de cet ensemble
9) $Cond_c(\, ; \,) = \wedge \, \varepsilon^c_{j,i,k} R_j(\ldots_i \, ; \ldots_k)$; $(j = 1; \ldots; n_R)$; $(i = 1; \ldots ; n_c)$; $(k = 1; \ldots ; n_k)$.

$\forall \, M_i^t \, ; O_c$

$\{Cond_c(M_i^t \, ; O_c) \Leftrightarrow \wedge \, \varepsilon^c_{j,i,k} R_j(o_i \, ; o_k)$;

a) $(j = 1; \ldots; n_R)$; $(i = 1; \ldots ; n_c)$; $(k = 1; \ldots ; n_k)$
b) $(o_i \in M_{i,c}^{\,t})$; $(o_k \in O_c)$
c) $(M_{i,c}^{\,t} \subset M_i^t)\}$

Mais il est souvent plus commode d'avoir un prédicat à une seule place, en cachant tous les détails dans l'indice '$\ldots_c\ldots$'. Nous écrirons alors '$Cond_c(M_i^t)$'.

C'est dans cette présentation que se cache la conception *holiste*. Il faut préciser qu'il ne s'agit pas exactement de la notion *d'holisme* de P. Duhem (selon laquelle on ne vérifie jamais des affirmations isolées mais la théorie dans sa totalité) mais de la conception selon laquelle les propriétés ne sont pas attribuées au système *isolé*, elles ne sont pas *intrisèques*, mais elles sont attribuées à l'ensemble constitué par le système et le reste du monde. En cela on n'affirme pas encore une *interaction*.

On peut la refuser en argumentant que jamais on ne tient compte de la totalté de l'univers. Oui mais... Il y a bien dans la tradition la notion de *système isolé.* a) Il est pourtant bien connu qu'il ne s'agit que d'une abstraction. De plus b) cette abstraction comporte l'affirmation implicite de l'équivalence des conditions ainsi considérées comme non perturbantes. Mais en disant cela on tient compte du *tout* dans lequel on introduit une relation d'équivalence. Or la théorie proposée ici permet de construire une telle relation et permet ainsi de justifier une telle conception. D'autre part c) la construction commence avec un *monde restreint* et elle permet de l'agrandir. Elle se pose ainsi, mais dans son processus de construction, dans la situation obtenue par abstraction, en partant d'un *monde* plus vaste mais dont on ignore la construction. Il faut ajouter la remarque d) que l'agrandissement du monde (le fait de plonger son laboratoire dans le reste de l'univers) n'est pas sans conséquences sur l'ontologie, si elle dépend du *tout* que l'on considère.

Définition D 73.3.a

$\mathcal{COND}$ $:=\{\mathrm{Cond}_c(.. ;..)\}_c$ l'ensemble des prédicats définissant une *condition*.

Soit 'cond' une variable sur $\mathcal{COND}$. Il s'agit ainsi d'une variable sur les prédicats définissant les conditions, et non d'une variable sur l'extension d'un des prédicats.

Si on veut indiquer que l'on considère 'cond' comme un prédicat à une seule place, on écrira 'cond( )'.

– Conditions tautologique et absurde

Pour définir la *condition tautologique* (toujours vraie), on peut utiliser D 73.3. Elle peut être dénommée par 'Cond_τ(;)'.

Définition D 73.4

$\forall\ O_c ; R_{ne} ; n_c$

$\mathrm{Cond}_\tau(;) := \vee_{j,i,k}(R_j(o_i ; o_k) \ \vee \neg R_j(o_i ; o_k))$

On pourrait penser se restreindre à $Cond_\tau(;) := (R_j(o_i ; o_k) \vee \neg R_j(o_i ; o_k))$. Mais une telle définition ne serait pas pertinente pour des classes d'équivalence.

La *condition* absurde, dénommable par '$Cond_0(;)$', peut être définie par:

Définition D 73.5
$Cond_0(;) := \neg Cond_\tau(;)$
Ce qui la rend toujours fausse.

On pourrait écrire:
$Cond_0(;) := \wedge_{j,i,k}(R_j(\ldots_i ; \ldots_k) \wedge \neg R_j(\ldots_i ; \ldots_k))$
Mais cela n'est qu'une complication inutile.

Remarque
Les conditions *s'excluent mutuellement*. Les seules combinaisons possibles sont celles constituées d'une condition et de la condition triviale. Cette exclusion réciproque va jouer un rôle important dans la construction de notions telles que 'combinaison de …' ou 'super-position de…'. En effet, au niveau où nous sommes, il n'y a pas de combinaisons de conditions. Si la condition intervient dans l'identification des *termes théoriques*, on voit que toute *combinaison* de ces termes exige une étude soigneuse! Cette exclusion réciproque intervient aussi dans la démonstration du théorème T 76.1.

III Réponses

La définition d'une *réponse* fixe les relations entre une *tranche* $M_{i,p}^t$, $M_{i,p}^t \subset M_i$, et la suivante $M_{i,r}^{t^r}$, avec $\forall t'((t < t' < t^r) \Rightarrow (O_{ne}^{t'} \cap M_i = \emptyset))$.
Les *conditions* ont été construites de telle façon qu'elles s'excluent réciproquement. On peut imaginer ne pas exiger cela des *réponses*. Mais cela exigerait une justification. Du point de vue constructiviste il est donc préférable de commencer en exigeant l'exclusion réciproque aussi pour les *réponses*.

La description d'une *réponse* exigera

1) Un prédicat qui la définisse en tant que *tranche*, sans relation aux autres *tranches* de la même *trace*. Nous devons donc supposer ici aussi, comme pour toute *tranche*, un prédicat $\mathcal{M}_r( )$.

2) Ce prédicat fixe ainsi aussi la cardinalité des *tranches* $M_{i,r}^{tr}$: $| M_{i,r}^{tr}| = n_r$, quel que soit t^r.
3) La fixation des relations entre ces *entités*, et celles de la *tranche* qui précède $M_{i,p}^{t}$. Ce qui peut être fait par la construction d'un prédicat. Mais nous rencontrons ici une difficulté. Si on veut que des *tranches* différentes, non seulement par le temps mais aussi par leur définition (à savoir les relations entre ses éléments) puissent avoir la *même réponse*, il ne faut pas que cette *réponse* fixe le *nombre* des éléments de la *tranche* qui la précède. En ne fixant déjà que le nombre, une multiplicité de définitions est possible pour la *tranche* qui la précède. Mais le nombre des possibilités augmente encore si l'on exige seulement qu'il y ait un sous-ensemble dont les éléments satisfassent les relations voulues avec les *entités* de la *réponse*. Soit alors $\mathcal{M}_{r'}(\ )$ le prédicat qui permet de collecter le sous-ensemble $M_{i,r'}^{t}$ dans chaque ensemble $M_{i,p}^{t}$. Soit aussi n_{pr} la cardinalité de cet ensemble. Soit aussi $R_{ne,r}$ l'ensemble des relations reliant les éléments de l'ensemble $M_{i,r'}^{t}$ à l'ensemble $M_{i,r}^{tr}$, pour chaque t et t^r. Nous pouvons ici nous contenter de la description de l'allure générale d'une telle définition.

Définition D 73.6: *Réponse*
Pour définir une réponse il faut fixer:
1) Un prédicat $\mathcal{M}_r(\ )$ qui permet de collectionner les ensembles $M_{i,r}^{tr}$, où '...^{tr}...' est une variable sur le temps avec
2) $|M_{i,r}^{tr}| = n_r$, $\forall t^r$.
3) Un prédicat $\mathcal{M}'_r(\ )$qui permet de définir le sous ensemble
4) $M_{i,r'}^{t}$ qui *précède* $M_{i,r}^{tr}$, $\forall t^r$, avec $M_i^t \subset M_i$, et la cardinalité
5) $|M_{i,r'}^{t}| = n_{r'}$
6) $R_{ne,r}$, $R_{ne,r} \subset R_{ne}$ et
7) un prédicat : Rép$_r$(;) dont la définition ait la forme générale suivante
$\forall M_i^{\ t} ; M_{i,r}^{tr}$
Rép$_r$($M_i^t;M_{i,r}^{tr}$) $\Leftrightarrow$ {
A) $\wedge\ \varepsilon^r_{j,k,l} R_j(o_k ; o_l)$ avec $R_j \in R_{ne,r}$; $o_k \in M_i^t$ et $o_l \in M_{i,r}^{tr}$
B) $\forall t'\ [(t<t'< t^r) \Rightarrow (M_i^{t'} = \varnothing)]$}

Où $\varepsilon^r_{j,k,l} = \neg$ ou bien $\varepsilon^r_{j,k,l} = \neg\neg$.

Pour la *réponse* aussi il est parfois commode de disposer d'un prédicat à une seule place, que nous écrirons 'Rép$_r$( )'.

On peut définir la *réponse triviale*
$\forall\ R_{ne}$; $R_{ne,r}$; $\mathcal{M}_r(\ )$; n_r; $n_{r'}$;O_c;
$Rép_\tau(\ ..;\ ..) := \vee\ \varepsilon^r_{j,k,l}(R_j(.._k\ ;\ .._l) \vee\neg\ R_j(.._k\ ;\ .._l)\ ) \wedge \forall t'\ [(t<t'<t^r\ ) \Rightarrow (M_i^{t'} = \varnothing)]$

Et la *réponse* absurde
$Rép_0(\ ..;\ ..) := \neg Rép_\tau(\ ..;\ ..)$

Définition D 73.6 a
$\mathcal{REP}$={$Rép_r(\ ;\ )$}$_r$, l'ensemble des prédicats définissant les *réponses* (appelé plus simplement l'ensemble des *réponses*). Il ne s'agit donc pas de l'ensemble des *tranches* qui sont une *réponse* (qui satisfont un prédicat $Rép_r(\ ;\ )$).
Soit 'rép' une variable sur l'ensemble de prédicats $\mathcal{REP}$. Si on veut considérer 'rép' comme un prédicat à une place, on écrira 'rép( )'.

IV Préparations

Une *préparation* élémentaire définit la relation de la *tranche* en examen avec la *tranche* qui la précède, en tenant compte de ce qui a lieu entre deux. Cela revient à dire qu'une *préparation* comporte une *condition* et une *réponse*, et que cette dernière a lieu avec la *tranche* en examen (relativement à la *tranche* qui la précède). Mais on peut tenir compte d'une *préparation* composée, c'est-à-dire résultant de l'enchaînement (en rémontant dans le temps) de plusieurs *préparations*. Ce problème n'est pas à confondre avec celui du choix de l'ensemble R_{ne}. Les deux peuvent d'ailleurs être combinés! Nous en restons ici aux *préparations* élémentaires.

Définition D 73.7: *Préparation* (élémentaire)
La définition d'une *préparation* comporte ce qui suit…
1) $Cond_c(\ ;\ )$; une *condition*
2) $Rép_r(\ ;\ )$; une *réponse*
3) Un prédicat $Pré_{c,r}(\ ;)$ tel que

$\forall\ M_i^t;\ M_i^{t'}$
{$Pré_{c,r}(M_i^t;\ M_i^{t'}) \Leftrightarrow$
a) $t < t'$
b) $\exists\ O_c$ {$Cond_c(M_i^t\ ;\ O_c)$}$\wedge$
c) $Rép_r(\ M_i^t;\ M_i^{t'})$}

Plus bas, l'indice '$_{c,r}$' sera remplacé par une seule lettre ' $_p$' et nous écrirons 'Pré$_p$(..;..)'.
On écrira 'Pré$_p$(...)', si l'on veut en faire un prédicat à une seule place.

Définition D 73.7.a
$\mathcal{PRE}$:={ Pré$_{c,r}$(..;..)}$_{c,r}$ l'ensemble des prédicats définissant une préparation.

Soit aussi 'pré' une variable sur $\mathcal{EXP}$. On peut définir la préparation triviale.

Définition D 73.7.b
$\forall$ M_i^t; $M_i^{t'}$
$\{Pré_\tau(M_i^t; M_i^{t'}) \Leftrightarrow \{Cond_\tau(M_i^t ; O_c) \wedge Rép_\tau(M_i^t ; M_i^{t'})\}\}$

et la préparation absurde

Définition D 73.7.b
$\forall$ M_i^t; $M_i^{t'}$
$\{Pré_0(M_i^t; M_i^{t'}) \Leftrightarrow \neg Pré_\tau(M_i^t; M_i^{t'})\}$

V Expériences

> *Wir nennen einen Menschen erfahren, wenn er aus der Vergangenheit für die Zukunft gelernt hat. Die Ereignisse, die er in der vergangenen Zeit erlebt hat, waren zwar, wie alle Ereignisse, strenggenommen einmalig; strenggenommen wiederholt sich nichts in der Welt. Aber ein solcher Mensch hat es vermocht, an ihnen die Züge zu erkennen, die sich doch wiederholen.*
>
> *Für jedes Objekt soll es letzte Aussagen geben und Alternativen, deren Elemente, logisch gesagt, letzte Aussage sind...*[12]

Une telle description plonge ses racines jusque dans la pensée grecque, en se rapprochant du problème de la relation entre ce que l'on a considéré comme *universel* et ce qui a été considéré comme *individuel*. Toute la recherche est au fond un commentaire de cette description, en essayant d'expliciter ce qu'elle présuppose.

Il devient *naturel* de définir une *expérience* comme la combinaison d'une *préparation*, d'une *condition* et d'une *réponse*. Ainsi à chaque

12 C.F. von Weizsäcker, *Aufbau der Physik* (pp 47, 336).

expérience correspond un prédicat qui est lui-même la combinaison de trois prédicats, et une *expérience* est relative à trois *tranches* successives d'une *trace empirique* et à deux ensembles O_c et $O_{c'}$.

Soit alors «$Exp_{(c,r)(c',r')}(.. ; .. ; .. ; .. ; ..)$» le symbole pour ce prédicat.

Définition D 73.8.a

$Exp_{(c,r)(c',r')}(.. ; .. ; .. ; .. ; ..) := Pré_{c,r}(..;..) \wedge Cond_{c'}(..;..) \wedge Rép_{r'}(.. ;..)$

$\forall\ M_i^t; M_i^{t'}; M_i^{t''}$

$Exp_{(c,r)(c',r')}(M_i^t; M_i^{t'}; M_i^{t''}) \Leftrightarrow$

1) $\exists\ O_c ; O_{c'}[Pré_{c,r}(M_i^t; M_i^{t'}) \wedge Cond_c(M_i^{t'} ; O_{c'}) \wedge Rép_{r'}(M_{i,r}^{t'} ; M_i^{t''})$

Ce qui implique

2) $Cond_c(M_i^t ; O_c) \wedge Rép_r(M_i^t ; M_i^{t'})$

Définition D 73.8.b

$\mathcal{EXP} := \{ Exp_{(c,r)(c',r')}(..;..;..)\}_{(c,r)(c',r')}$

ou bien

$\mathcal{EXP} := \{ Exp_{p,c',r'}(..;..;..)\}_{p,\ c',\ r'}$

L'ensemble des prédicats définissant une expérience.

Soit 'exp' une variable sur $\mathcal{EXP}$. La variable exp est donc un prédicat définissant une *expérience* et non une réalisation de cette *expérience*. Dans le symbole 'exp' sont donc cachés les indices '$_{p,\ c,\ r}$'. Si on considère un argument du prédicat exp, on écrira 'exp( )'.

Il faut remarquer que les définitions de *conditions*, *réponses* et *préparations* sont telles qu'à chaque moment de l'intervalle de temps, qui correspond à une *expérience*, la totalité des *tranches* O_{ne}^t est sollicité, sauf pour t''. Il y a donc des restrictions très fortes sur les combinaisons possibles, c'est-à-dire sur les expériences possibles. Mais cette situation correspond bien à l'exigence *holiste*. En reprenant une discussion déjà entamée, on peut restreindre l'exigence à la fixation de la cardinalité des sous-ensembles ontologiques M_i^t et O_c. Mais comme déjà remarqué, cela revient à supposer une équivalence entre le processus ainsi restreint et le processus dans sa totalité. Cette équivalence doit être *vérifiée*, et elle comporte des conséquences sur l'ontologie *théorique* que l'on introduit par interprétation, car on change la préimage, c'est-à-dire le *texte* (les *interpretanda*) qui en permet l'adjonction.

Il faut aussi remarquer que ces définitions laissent une marge pour la répétabilité.

Il s'agit maintenant d'introduire le deuxième grand critère, celui de la *stabilité*. Pour cela il nous faut d'abord introduire la notion de *fréquence*.

VI Questions

Il s'est avéré qu'il est commode d'introduire la combinaison d'une *préparation* et d'une *condition*. Une telle combinaison peut être appelée une *question*.

Définitions D 73.8.c

$\text{Que}_{(c,r)c'}(\ ) := \text{Pré}_{c,r}(..;..) \wedge \text{Cond}_{c'}(..;..)$

C'est un prédicat dont l'indice sera simplifié si possible.

Définition D 73.8.d

$\mathcal{QUE} := \{\text{Que}_{(c,r)c'}(\ )\}_{(c,r)c'}$

Une variable sur cet ensemble sera symbolisée par 'que_q'.

VII Fréquences

Considérations générales

La notion de fréquence est prise ici dans son sens habituel du rapport entre le nombre de cas *favorables* et la totalité des cas *considérés*. Il s'agit donc à chaque fois de fixer ces deux ensembles. Il ne s'agit que d'une *constatation*, sans aucune exigence, sans même établir un *degré de probabilité*. A ce niveau de construction, nous n'avons encore aucune connaissance du monde qui puisse fixer une telle *probabilité*, qu'elle soit la *même* ou non pour les différents cas.

Les fréquences qui nous intéressent sont celles des *réponses* relativement aux *préparations* et aux *conditions*. Ne disposant pas de la notion de *nature des choses*, qui pourrait permettre d'extrapoler sur *tout le temps* voir sur l'*éternité*, nous devons restreindre les définitions à un intervalle temporel.

Nous n'avons pas encore la notion d'équivalences entre *traces empiriques* (et plus tard entre *substances*). Nous ne pouvons donc pas encore choisir des *substances* de même *type* et considérer leurs *traces empiriques*. Nous devons donc considérer chaque *trace* comme celle d'une substance unique en son genre. Mais on peut ici imaginer deux cas possibles:

1) la *préparation* et la *condition* sont répétables sur la même *trace*
2) la *préparation* ou la *condition* ne sont pas répétables.

– *Fréquences pour des expériences répétables sur la même trace*

Les ensembles qui vont être définis ici sont tous relatifs à un intervalle de temps, le même pour tous. Pour ne pas trop alourdir l'écriture, l'indice de cet intervalle sera sous-entendu.

Définitions D 73.9

a)
$C_{c,i} := \{M_i^t | \exists O_c [Cond_c(M_i^t ; O_c)]\}$ et
$n_{c,i} = | C_{c,i} |$
$C_{c,i}$ est l'ensemble des *tranches temporelles* de la *trace empirique* M soumises à la *condition* (satisfainsant le prédicat) $Cond_c(.. ; ..)$ et $n_{c,i}$ est sa cardinalité.

b)
$R_{r,i} := \{M_i^t | \exists M_i^{t'} [Rép_r(M_i^t ; M_i^{t'})]\}$ et
$n_{r,i} = | R_{r,i} |$
Il faut remarquer que tous les ensembles sont définis relativement aux *tranches* soumises à la *condition* après une *préparation* et qui reçoivent une *réponse*. Cela est nécessaire pour que les intersections entre ensembles qui vont être introduites aient un sens.

c)
$P_{p,i} := \{M_i^t | \exists M_i^{t'} [Pré_p(M_i^{t'} ; M_i^t)]\}$ et
$n_{p,i} = | P_{p,i} |$
C'est dire que pour les éléments de $P_{p,i}$ nous avons p := (c'; r') et
$\exists O_{c'} ; M_i^{t'} [Cond_{c'}(M_i^{t'}; O_{c'}) \wedge Rép_{r'}(M_i^{t'} ; M_i^t)]$.

d)
$PC_{pc,i} := P_{p,i} \cap C_{c,i}$ et
$n_{pc,i} = | PC_{pc,i}$

e)
$PCR_{pcr,i} := P_{p,i} \cap C_{c,i} \cap R_{r,i}$ et
$n_{pcr,i} = | PCR_{pcr,i} |$

Définition D 73.10: Fréquence
$\omega_{pcr,i} = n_{pcr,i} / n_{pc,i}$

la fréquence de la *réponse* (i.e. de la satisfaction du prédicat) $Rép_r$(..; ..) lors de la réalisation de la *préparation* $Pré_p$(..; ..) et de la *condition* $Cond_c$(.. ; ..).
On a évidemment $0 \leq \omega_{pcr,i} \leq 1$.

VIII Stabilité d'une expérience répétable relativement à une trace

En considérant des intervalles de temps différents les fréquences $\omega_{pcr,i}$ peuvent varier. Si la dimension de l'intervalle augmente, nous n'avons aucun argument pour dire que chacune d'elles tend vers une valeur particulière, ni un critère pour prévoir une telle valeur. Si l'on admet la conception *holiste* et aussi que le monde considéré pourrait *être plongé*, dans le futur, ou *avoir été plongé*, dans le passé, dans un monde plus vaste, et pas forcément dans le même, on est conduit à admettre que la longueur de l'intervalle temporel ne permet aucune conclusion. Si nous voulons introduire une notion de stabilité, elle ne pourra être vérifiée qu'*a posteriori*. Elle ne pourra par ailleurs pas se référer à une valeur particulière, car nous n'avons aucun critère de choix. Mais nous pouvons comparer les fréquences d'intervalles toujours plus grands. C'est l'idée directrice de la définition proposée. Si on se restreint à un intervalle, cela revient à considérer des sous-intervalles, et donc des sous-ensembles de l'ensemble $PC_{pc,i}$. On reconnaîtra ici des réflexions proches de celles de D. Hume. Mais il ne s'agit pas simplement de s'appuyer sur une *habitude* pour glisser vers une *induction* rapide du *particulier* à l'*universel*. Nous n'avons de plus pas encore introduit la notion de *causalité*. Mais c'est bien le même problème.

Appelons Z une variable sur $\mathcal{P}(PC_{pc,i})$, c'est-à-dire sur l'ensemble des sous-ensembles de $PC_{pc,i}$.
Nous avons immédiatement l'égalité
$Z \cap R_{r,i} = Z \cap P_{p,i} \cap C_{c,i} \cap R_{r,i} = Z \cap PCR_{pcr,i}$. Soit alors

Définition D 73.11 a
$\omega_z = (|Z \cap PCR_{r,i}|) / (|Z|)$.

Il s'agit de la même définition que pour $\omega_{pcr,i}$, mais restreinte à l'ensemble Z (en taisant l'indice '$_i$'). C'est la fréquence de la *réponse* $Rép_r(..;..)$ avec la *préparation* $Prép_p(..;..)$ sous la *condition* $Cond_c(..;..)$ mais restreinte à l'ensemble Z. On a évidemment $0 \leq \omega_z \leq 1$. De même, on a immédiatement
$\forall\sigma\ ;\ Z\ \{[(\sigma < n_{pc,i}) \wedge (|Z| \geq \sigma)] \Rightarrow [0 \leq |\omega_z - \omega_{pcr,i}| \leq 1]\}$

Si on fixe le nombre (cardinalité) σ, alors (nous travaillons toujours sur des ensembles finis) on trouvera (par constatation) un plus petit nombre ε^m_σ défini comme suit:

Définition D 73.11 b
Soit ε^m_σ tel
$\forall Z\ \{[(\sigma < n_{pc,i}) \wedge (|Z| \geq \sigma)] \Rightarrow [|\omega_z - \omega_{pcr,i}| \leq \varepsilon^m_\sigma\ ]\}$.

Le nombre ε_σ est le plus grand écart à la fréquence de tout l'ensemble $PC_{pc,i}$.

En exigeant $(|Z| \geq \sigma)$, on admet de pouvoir prendre $Z = PC_{pc,i}$ ce qui donne $\omega_z - \omega_{pcr,i} = 0$. Cela n'est pas gênant, car ce cas ne change pas la borne supérieure ε^m_σ. Ce qui est gênant est l'introduction du quantificateur universel, si cela est étendu sur la totalité du futur et du passé non connus. Mais il suffit de le restreindre à l'ensemble $PC_{pc,i}$, ce qui est le cas d'après la définition des ensembles Z. (Ici aussi le prédicat G( ) refait surface).

On peut prendre σ = 1. Dans ce cas, les ensembles Z_j ne contiennent qu'un élément. Pour tous ces ensembles, la fréquence de la *réponse* ne peut avoir que les valeurs $\omega_z = 0$ ou $\omega_z = 1$. Ainsi on aura $\varepsilon^m_\sigma = 1 - \omega_{pcr,i}$ ou $\varepsilon^m_\sigma = \omega_{pcr,i}$. C'est la valeur maximale de ε^m_σ .

Si on prend un σ plus grand, la valeur de ε^m_σ ne peut devenir plus grande, mais à moins d'avoir toujours la même *réponse*, elle deviendra plus petite. C'est dire que la valeur de ε^m_σ se rapproche de $\omega_{pcr,i}$. Mais cela ne signifie cependant pas forcément que pour σ < σ' l'on ait forcément $\varepsilon^m_{\sigma'}$ <

ε^m_σ. En d'autres mots, en agrandissant σ, la fréquence ω_z ne se rapproche pas forcément de $\omega_{pcr,i}$. Il est bien vrai que, si $\sigma = n_{pc,i}$, on a par supposition $\omega_z = \omega_{pcr,i}$. Pour prétendre qu'il y ait une correspondance entre l'augmentation de σ et la diminution de ε^m_σ (c'est-à-dire le rapprochement de ω_z à $\omega_{pcr,i}$) il faut une hypothèse sur la *probabilité*. On peut s'y risquer, mais dans ce cas il faut au moins avoir une hypothèse sur la totalité de l'univers, p.e. qu'il ne varie pas entretemps et d'une façon non prévisible, et/ou sur la *nature* des substances. Dans une conception *holiste*, il faut obligatoirement tenir compte de la totalité de l'univers. Mais même sans considérer la totalité de l'univers et en suivant la pensée de D. Hume, on peut tout simplement admettre que les substances n'ont pas forcément un comportement régulier, admettre qu'on ne puisse pas *déduire* qu'elles l'ont. Pour une déduction il faut des hypothèses sur la *nature* des substances. En disant cela nous avons pourtant déjà le concept ou la définition recherchée, car si on ne peut déduire la *stabilité*, les hypothèses ne pouvant pas être vérifiées par ailleurs, on peut en revanche demander que la *stabilité* puisse être vérifiée ici par la constatation de correspondance entre l'augmentation de σ et la diminution de ε^m_σ.

Ces remarquent semblent ainsi nous amener à la définition suivante:

Soit le prédicat 'σ-$Sta_{( )}( )$' pour: *l'expérience... est stable pour la trace...*, dont le domaine est l'ensemble $V \times EXP$.

Soient 'pré' une variable sur $\mathcal{PRE}$, 'cond' une variable sur $\mathcal{COND}$ et 'rép' une variable sur $\mathcal{REP}$, dont les indices respectifs seront '$_p$', '$_c$' et '$_r$'.

Nous n'indiquons pas explicitement l'intervalle de temps considéré.

Soit aussi exp = pré$\wedge$ cond $\wedge$ rép

Définition (provisoire)

$\forall M_i$; exp

σ-$Sta_i(exp) \Leftrightarrow$

$\{\forall\sigma ; Z ; \varepsilon^m_\sigma \;\; [(\sigma < n_{pc,i}) \wedge (|Z| \geq \sigma) \wedge \varepsilon^m_\sigma = \max\{|\omega_z - \omega_{pcr,i}|\}_z] \Rightarrow$

$\Rightarrow \exists\sigma'; \varepsilon^m_{\sigma'} ; \forall Z'[[(|Z'| \geq \sigma') \wedge (\sigma < \sigma' \leq n_{pc,i}) \wedge [\varepsilon^m_{\sigma'} = \max\{|\omega_{z'} - \omega_{pcr,i}$

$|\}_{z'}]]$

$\Rightarrow (\varepsilon^m_{\sigma'} < \varepsilon^m_\sigma)]\}$

Mais une telle définition comporte une difficulté majeure. On a la condition $|Z| \geq \sigma$. Si l'intervalle de temps est suffisament grand, on peut *choisir* un ensemble Z tel que $\omega_z = \omega_{pcr,i}$. Dans ce cas $\omega_z - \omega_{pcr,i} = 0$. Cela n'est pas gênant, car ε^{m}_{σ} est *le plus grand* de ces écarts. Mais on peut choisir Z de façon à obtenir $\omega_z = 1$ ou $\omega_z = 0$. Etant donné que nous avons des ensembles finis, on peut ne pas obtenir exactement les valeurs 1 ou 0, mais on peut s'en approcher. Dans ce cas on en resterait à la situation initiale, avec $\sigma = 1$. Il est vrai que cela n'est plus possible pour un σ tel que $\sigma > |R_{r,i}|$. Dans ce cas on ne peut avoir $\omega_z = 1$. Si l'on a $\sigma > |Z \setminus (R_{r,i})|$ il n'est plus possible d'avoir $\omega_z = 0$.

On peut en tirer des conditions sur le choix de σ. Cela est possible et mérite d'être étudié. Mais dans ce cas on trouverait une limite *supérieure* pour σ, car on aurait démontré qu'à partir d'une certaine valeur de σ, l'écart à $\omega_{pcr,i}$ ne peut plus dépasser une certaine valeur. On entrerait alors dans un domaine d'affirmations *analytiques* et on s'éloignerait d'un domaine pertinent pour l'interprétation. On s'éloignerait de l'extension du prédicat G( ).

Les difficultés viennent du fait que l'on admet de pouvoir *choisir*. Mais un tel *choix* est *imposé* par le quantificateur universel, qui couvre Z. Cela resterait le cas même si l'on n'exigeait que ($|Z| = \sigma$) à la place de ($|Z| \geq \sigma$). Or on ne peut renoncer à un tel quantificateur. Ici, ou bien on désespère ou bien on cherche un aspect qui nous échappe. Cet aspect existe. Implicitement on a admis qu'on considère l'intervalle de temps total, pour définir la fréquence $\omega_{pcr,i}$. C'est dire que pour caculer cette fréquence on n'a pas admis la possibilité de choisir. En d'autres termes, l'ensemble doit correspondre à un intervalle de temps *connexe* (D 10.2). On doit donc demander que les ensembles Z soient relatifs aussi chacun à un intervalle de temps connexe, dont il collectionnent tous les éléments de l'ensemble $PC_{pc,i}$ qui ont lieu dans cet intervalle. Précisons cela.

Pour chaque ensemble Z on a $Z \subset PC_{pc,i}$. Les éléments de *$PCR_{pcr,i} := P_{p,i} \cap C_{c,i} \cap R_{r,i}$ sont les tranches M_i^t de la trace M_i^t. Ainsi à chaque élément de Z correspond un et un seul temps t. Reconstituer une telle correspondance ne comporte aucune difficulté, mais il est plus aisé d'appeler z une variable sur l'ensemble Z et t_z, le temps qui lui correspond, en laissant en exercice la reconstitution de la correspondance! Soient alors $t_{z\alpha}$ et $t_{z\omega}$ le premier et le dernier temps t_z (en utilisant l'ordre sur le temps) de l'ensemble Z. Les ensembles Z seront alors définis en fixant ses temps extrêmes $t_{z\alpha}$ et $t_{z\omega}$. Ainsi Chaque Z portera deux indices temporels.*

– Ensembles permis

Définition D 73.11.c
$\forall t\,;\, t'\ (t < t')$
$Z_{\alpha;\omega} := \{\ M_i^t |\ (M_i^t \in PC_{pc,i}) \wedge (t_{z\alpha} \leq t \leq t_{z\omega})\}$

Cela semble une définition *ad hoc.* Tel n'est pas le cas. Les quelques réflexions qui précèdent et qui se réfèrent aux propriétés de l'ensemble maximal $PC_{pc,i}$ le prouvent déjà. Mais un problème plus profond vient ici à la surface. Il s'agit de la distinction entre le prédicat Wir( ) et G( ) (§2). C'est la même distinction qui apparaît entre un ordre arbitraire sur un ensemble fini (les *chemins*) et un ordre *justifié* par une propriété qui elle se trouve dans le domaine du prédicat G( ) (§36 et D.O/Pf. 37.1). Cette distinction a déjà été introduite pour la construction du temps. Cela montre qu'elle est importante et qu'elle exige d'être développée…

On peut aussi interpréter cette exigence (D 73.11.c) comme suit: on compare des processus auxquels il correspond des temps extrêmes $t_{z\alpha}$ et $t_{z\omega}$. Il s'agit alors de prendre chaque processus dans sa totalité, ce qui amène à la notion de *connexité.* Le fait de prendre le quantificateur universel '∀', exprime le fait que le déplacement dans le temps n'affecte en rien l'importance ou le rôle de chaque processus. Il faut donc tous les prendre. Evidemment on peut penser à des considérations semblables relatives à une connexité spatiale. Mais il faudra généraliser la notion, qui semble ainsi exiger la fixation d'un paramètre, par rapport auquel définir les ensembles que nous appellerons ici *permis*, ne pouvant pas encore utiliser le prédicat *donné*, G( ). A suivre…

Ces réflexions nous ont permis d'échapper à la notion de *choisir au hasard*, qui aurait été difficile à définir, surtout si l'on ne dispose pas encore de sa notion contraire, celle de *régularité*, que nous essayons d'introduire ici par la notion de *stabilité.* Le *cercle vicieux* était tapi en embuscade.

Définition D 73.11 a'
$\omega_z = (|Z_{\alpha;\omega} \cap PCR_{r,i}|) / (|Z_{\alpha;\omega}|)$.

– Stabilité

Pour atteindre une plus grande généralité dans la définition et englober les cas où $\omega_{pcr,i} = 1$, nous ne considérerons pas les $\varepsilon^m{}_{\sigma'}$ et $\varepsilon^m{}_{\sigma}$.

Définition D 73.12

$\forall M_i$; exp, σ

σ-Sta$_i$(exp) $\Leftrightarrow$ $\forall$ $Z_{\alpha;\omega}$; ε_σ

1) $\{[(\varepsilon_\sigma > 0) \wedge [(|Z_{\alpha;\omega}| \geq \sigma) \Rightarrow (|\omega_z - \omega_{pcr,i}| \leq \varepsilon_\sigma)]] \Rightarrow$

2) $\Rightarrow \exists \sigma'; \varepsilon_{\sigma'}$

$$[(\sigma < \sigma' \leq n_{pc}) \wedge (\varepsilon_{\sigma'} < \varepsilon_\sigma) \wedge [(|Z_{\alpha;\omega}| \geq \sigma') \Rightarrow (|\omega_z - \omega_{pcr,i}| \leq \varepsilon_{\sigma'})]]\}$$

Le cas où $\varepsilon_\sigma = \varepsilon^m{}_\sigma$ est couvert par cette définition.

Si l'on a $\omega_{pcr,i}$= 1, pour tout ε_σ positif non nul ($\varepsilon_\sigma > 0$) on a ($|\omega_z - \omega_{pcr,i}| \leq \varepsilon_\sigma$)]. Cela vaut aussi pour tout σ' compris entre 0 et n_{pc} ($\sigma < \sigma' \leq n_{pc}$). L'implication est toujours vraie. On obtient alors:
$\forall\sigma\{(1 \leq \sigma \leq n_{pc}) \Rightarrow \sigma$-Sta$_i$(exp) $\}$ comme souhaité.

L'argument vaut aussi pour $\omega_z = 0$. Si l'on prend $\varepsilon_\sigma > 1$, l'antécédant est toujours faux et l'implication en devient toujours vraie.

Il faut remarquer que l'on demande ($|Z_{\alpha;\omega}| \geq \sigma$) et ($|Z_{\alpha;\omega}| \geq \sigma'$) et non ($|Z_{\alpha;\omega}| = \sigma$) et ($|Z_{\alpha;\omega}| = \sigma'$). Cela intervient dans la démonstration des théorèmes T 76.1 et T 76.2. Ces théorèmes ne seraient pas démontrables avec les égalités indiquées.

Au point 2) il est bien indiqué un quantificateur existentiel et non universel. Il est vrai qu'il est combiné avec le quantificateur universel pour les ensembles Z. Mais on n'exige pas qu'il y ait une dépendence *linéaire* ou autre entre l'augmentation de la cardinalité des Z et la diminution de l'écart $\varepsilon_{\sigma'}$.

La *stabilité* a ainsi été introduite en relation avec une *expérience*, c'est-à-dire une *préparation*, une *condition* et une *réponse*. Maintenant, en partant de celle-ci, d'autres notions peuvent être définies. On peut se demander si une *préparation* est *stable* pour une *trace*. Cela revient à se demander si une *trace*, préparée d'une certaine manière, présente une stabilité. On se demande ainsi si, soumise à une *condition*, elle fournit une *réponse* d'une manière stable. Ce qui équivaut à se demander s'il y a une *expérience*, qui implique la *préparation*, et relativement à laquelle la *trace* est *stable*. Ainsi une *préparation* est *stable* relativement à toutes les *expériences stables* qui l'impliquent.

Il est alors intéressant de définir le *spectre de stabilité* d'une *préparation:* c'est l'ensemble des *expériences* relativement auxquelles la *trace* est stable. Mais on peut commencer par définir l'ensemble des *expériences stables* pour une *trace*.

– *Socle de stabilité pour une trace M_i*

Définition D 73.13
$SOM_i := \{exp|(exp\in EXP)\wedge \exists\sigma_{exp} (\sigma_{exp}\text{-}Sta_i(exp))$

– *Socle de stabilité d'une préparation relativement à une trace*

Définition D 73.13
$SOP_{p,i} := \{exp|(exp\in \mathcal{EXP})\wedge(exp \Rightarrow pré)\wedge\exists\sigma_{exp} (\sigma_{exp}\text{-}Sta_i(exp))\}$

C'est l'ensemble des *expériences*, impliquant la *préparation* pré, et relativement auxquelles la *trace* M_i est *stable*. On peut agrandir cette notion de *socle* (de stabilité) en faisant varier les *traces*.
On peut aussi construire une notion correspondante pour les *conditions* (toujours relativement à une *trace*).

– *Socle de stabilité d'une condition relativement à une trace*

Définition D 73.14
$SOC_{c,i} := \{exp|(exp\in \mathcal{EXP})\wedge(exp \Rightarrow cond)\wedge\exists\sigma_{exp} (\sigma_{exp}\text{-}Sta_i(exp))\}$

Soit $SOP_i := \cup_p^i SOP_{p,i}$ l'union des *socles* de toutes les *préparations* (relativement à une *trace* M_i)

On évidemment que $SOP_i = SOM_i$ mais aussi que $SOC_{c,i} \subset SOP_i$.
En effet
$(x\in SOC_{c,i}) \Rightarrow \exists exp((exp \Rightarrow cond) \wedge \exists\sigma (\sigma\text{-}Sta_i(exp))$
mais
$\forall exp \, \exists \, pré(exp \Rightarrow pré)$
donc $x \in SOP_i$.

Evidemment l'inclusion inverse n'est pas valide. Toute *préparation*, si elle a un *socle* non vide, est impliquée par une ou plusieurs *expériences stables*. Ces expériences peuvent être différentes parce qu'elles impliquent des *conditions* différentes (et non seulement des *réponses* différentes). Et donc elles n'impliquent pas cond. Ce qui prouve que l'inclusion $SOP_i \subset SO_{c,i}$ n'est pas valide.

On peut aussi construire la même notion pour les *réponses*. A savoir:

– *Socle de stabilité d'une réponse relativement à une trace*

Définition D 73.15
$SOR_{r,i} := \{exp|(exp \in \mathcal{EXP}) \wedge (exp \Rightarrow r) \wedge \exists \sigma_{exp} (\sigma\text{-}Sta_i(exp))\}$

Soit $SOC_i := \cup_p{}^i\, SOC_{c,i}$ l'union des *spectres* de toutes les *conditions*.

Par un raisonnement semblable on peut affirmer: $SOR_{r,i} \subset SOC_i$.

– *Socle de stabilité d'une (condition ∧ réponse) relativement à une trace*

Définition D 73.16
$SOCR_{cr,i} := SOC_{c,i} \cap SOR_{r,i}$
On a
$(SOR_{r,i} \neq \varnothing) \Rightarrow (SOCR_{r,Ii} \neq \varnothing)$

– *Equivalence entre préparations*

Définition D 73.17
$\forall$ pré; pré'{(pré ≡ pré') ⇔ ∀exp ; exp' ; cond ; rép

1) $\{[(exp \in SOP_{p,i}) \wedge (exp \Rightarrow (cond \wedge rép))]$
$\Leftrightarrow [(exp' \in SOP_{p',i}) \wedge (exp' \Rightarrow (cond \wedge rép))]\}$
2) avec les mêmes cardinalités σ , σ',ε_σ, ε_σ' et fréquences $\omega_{pcr,i}$ pour la *stabilité*}

– *Equivalence entre conditions*

Définition D 73.18
∀cond; cond'
{(cond ≡ cond') ⇔ {{∀exp; exp'; pré; rép

1) $[[(exp \in SOR_{r,i}) \wedge (exp \Rightarrow (pré \wedge cond))] \Leftrightarrow [(exp' \in SOR_{r,i}) \wedge (exp' \Rightarrow \Rightarrow (pré \wedge cond'))]]\} \wedge$
2) $(\sigma_{exp} = \sigma_{exp'}) \wedge (\omega_{pcr,i} = \omega_{pc'r,i})\}\}$

Une telle définition dit que deux *conditions* sont équivalentes si les *expériences stables* qui les contiennent ne diffèrent que par ces mêmes *conditions*.

C'est une équivalence qui exige beaucoup, mais elle permet déjà de récupérer l'idée de restreindre la description (*holiste*) du monde entourant une *expérience*. En effet, si deux *conditions* sont équivalentes, elles pourraient permettre d'isoler un noyau de propriétés satisfaites par les deux, et de vérifier aussi si toute *condition* qui satisfait ce noyau est aussi équivalente. Dans ce cas on peut restreindre la description du monde, en ce qui concerne ces *conditions*. On peut ainsi donner un sens à la notion de *système isolé*.

A un niveau plus elevé, on peut penser à deux dispositifs qui provoquent la même accélération sur les mêmes objets.

On peut construire d'autres concepts, comme celui de l'ensemble des *préparations* après lesquelles une *condition* obtient la même *réponse*. Appelons $SOC_{c,r,i}$ cet ensemble.

On doit avoir $C_{c,i} \subset SO_{r,i}$ mais il faut en plus que la réponse soit la même.

Définition D 73.19
$SOC_{c,r,i} :=\{exp| (exp \in SO_{r,i}) \wedge (exp \Rightarrow cond)$ avec même σ et $\omega_{pcr,i}$ $\}$

L'ensemble $SOC_{c,r,i}$ définit ainsi les préparations qui obtiennent la même *réponse* d'une façon *stable* (avec même cardinalité et fréquence). On peut ainsi les considérer comme équivalentes relativement à une *condition* et une *réponse*. C'est le cas d'un paramètre que l'on peut varier en obtenant la même réponse, sous la même condition.

Evidemment ce ne sont là que des considérations introductives mais elles montrent déjà que la conception *holiste* permet de définir les autres conceptions. C'est ce que l'on espérait.

Remarque
Ces relations d'équivalence et d'autres possibles ne constituent pourtant pas une relation d'identité. Pour passer d'une équivalence à une identité, il faut sortir du *niveau empirique* et passer au *niveau théorique*. Procédé que D. Hume aurait qualifié de création d'entités *fictives*. Mais s'il avait raison, le temps lui-même ne serait qu'une *fiction*.

– Equivalence entre traces empiriques

Définition D 73.20
$\forall M_{i\,;}\, M_j\{(M_i \equiv M_j) \Leftrightarrow (SO_i = SO_i\ ) \wedge \forall exp\ (\sigma_{exp,i} = \sigma_{exp,j}\ )\}$

IX Fréquences pour des expériences non répétables sur la même trace

Encore une fois, nous nous restreindrons à une esquisse. Un premier cas est celui dans lequel on dispose déjà d'une classe de *traces* équivalentes par rapport à d'autres relations. Il s'agit alors de savoir si cette classe (ou type de substances) est *stable* relativement à une *expérience* non répétable. Dans ce cas on peut reprendre la définition de stabilité D 73.12 en définissant les ensembles qui permettent de calculer les fréquences non sur une seule *trace* (évidemment) mais sur des *traces* différentes. Il reste pourtant un problème, il faut redonner un sens à la notion d'ensemble *permis* (D 73.11, commentaire). Une piste serait de choisir encore le paramètre temps, mais il semble possible d'élargir cela au paramètre spatial. Mais cela demande que toute notre construction soit davantage développée.

S'il ne s'agit que de *traces* dont aucune n'est équivalente à aucune autre, et pour lesquelles une équivalence ne peut pas être établie relativement à des expériences répétables, on peut procéder de la même manière, comme si elles appartenaient toutes à une même classe d'équivalence. Une fois ce procédé correctement défini, il semble qu'il soit possible de l'appliquer plus loin, sur les classes d'équivalences elles-mêmes.

Mais nous sommes obligés de nous en tenir à ces quelques indications.

X Enoncé du deuxième critère (stabilité)

Le deuxième critère revient à exiger une stabilité. Mais plusieurs critères sont possibles, plus ou moins exigeants.
Le critère le plus faible n'est défini que de *trace* en *trace*, sans exigences sur l'ensemble entier $V = \{M_0 ; M_1 ; \ldots ; M_n\}$.
Introduisons tout critère comme un prédicat:

Critère C 2.1
$\forall M_i\{Crit_{2,1}(M_i) \Leftrightarrow (SO_i \neq \emptyset)\}$

On peut introduire un critère pour l'ensemble V tout entier.

Critère C 2.2
$Crit_{2,2}(V) \Leftrightarrow \forall M_i\{(M_i \in V) \Rightarrow Crit_{2,1}(M_i)\}$

On peut maintenant exiger plus que $SO_i \neq \emptyset$, et définir ainsi aussi un autre critère pour V. Mais il me semble vain de discuter ces critères maintenant.

Il semble plus intéressant de voir quels critères ont été retenus par la *tradition* et de vérifier si ces critères sont traduisibles dans ce contexte, en espérant gagner en plus un point de vue critique.

(A suivre)

III 2 Augmentation de l'ontologie et affinement du monde

Nous avons déjà fait allusion, en discutant la conception holiste, à la possibilité que le tout auquel on se réfère, c'est-à-dire l'univers de référence, puisse varier. Cette variation peut se faire de deux manières. a) Par augmentation de l'ontologie. Cela intervient chaque fois que l'on effectue une interprétation et que l'on introduit ainsi un nouveau *niveau théorique*, ce qui comporte des entités nouvelles. Mais on peut aussi admettre qu'au *niveau empirique* on n'ait considéré qu'un sous-ensemble de l'ensemble O_{ne}. Dans ce cas une augmentation de l'ontologie est possible déjà au *niveau empirique*. b) Le deuxième type d'augmentation concerne les propriétés. On peut ne considérer qu'un sous-ensemble R_{ne}' de $R_{ne} = \langle R_1; R_2; \ldots; R_j; \ldots R_{nj} \rangle$ (§ 72; 3). Dans ce cas on peut affiner la description de l'univers en prenant en compte des éléments supplémentaires de R_{ne}. Mais l'ensemble R_{ne} lui-même peut être agrandi par une construction logiquement possible. Il y a aussi une troisième possibilité. L'augmentation de l'ontologie permet la définition de nouvelles relations. Notre but ici n'est pas de fournir une description exacte et explicite des augmentations ontologiques ou des affinements possibles. Nous voulons traiter seulement un cas particulier, qui permette pourtant de démontrer deux théorèmes qui relient l'application de la notion de stabilité à deux univers différents. Le problème de la soudure ontologique se pose également. Il surgit de la conception holiste. En effet, l'augmentation de l'ontologie par interprétation dépend de l'univers de référence. Si on change d'univers, il n'est plus assuré que les entités au niveau théorique soient identiques. Mais le problème de la soudure ontologique de deux univers différents sera laissé pour un travail ultérieur.

§ 74 Affinement de l'univers

Nous voulons comparer la notion de stabilité pour deux univers dont l'un est l'affinement de l'autre. La stabilité a été construite relativement à l'ensemble R_{ne} , implicitement en gardant inchangé l'ensemble O_{ne}. Nous supposons donc que seul l'ensemble R_{ne} ait été changé.

Soient donc une ontologie O_{ne} et deux ensembles R_{ne} et R_{ne}' avec $R_{ne} \subset R_{ne}$'.

Définition D 74.1
$^R_{ne}':= R_{ne}'\backslash R_{ne}$ c'est le complément de R_{ne} dans R_{ne}', c'est-à-dire l'ensemble des relations qu'on a ajouté, pour affiner l'univers.

Avec ces trois ensembles R_{ne}, R_{ne}' et $^R_{ne}$' on peut définir des conditions, réponses, préparations et expériences.

Les conditions cond' (D 73.3 et 3.a) relatives à R_{ne}' sont telles que
$\forall$cond' $\exists$ ^cond ; cond {cond' = cond $\wedge$ ^cond}

Il s'ensuit que
$\forall$cond' $\exists$! cond{cond' $\Rightarrow$ cond}
(Rappel '$\exists$!' signifie ici: il existe un et un seul).
Et
$\forall$cond'; M_i $\exists$! cond{ cond'(M_i) $\Rightarrow$ cond(M_i)}

En revanche l'affirmation
$\forall$ cond; M_i; cond'{[cond' $\Rightarrow$ cond] $\Rightarrow$ [cond(M_i) $\Rightarrow$cond'(M_i)]}
n'est pas valide.

(Remarque: '[cond' $\Rightarrow$ cond]' signifie $\forall M_i$[cond'(M_i) $\Rightarrow$cond (M_i)]. En effet l'affirmation [cond(M_i) $\Rightarrow$cond'(M_i)] ne vaut pas, car l'af-finement cond' de cond peut ne jamais avoir eu lieu, même si l'extension de cond est loin d'être vide.)

Nous sommes ainsi amenés à distinguer entre les affinements dont l'extension n'est pas vide (les affinements qui ont eu lieu) et les autres. Evidemment, on ne peut raisonner que sur le passé, si l'on veut rester dans l'extension du prédicat G( ) (donné)! Mais pour cela il suffit d'exiger que leur extension ne soit pas vide.

Considérons une condition cond dans l'univers plus grossier. Soit alors

Définition D 74.2 a
$\forall$cond
AFF_{cond} := {cond'$_c$ | (cond'$_c$ $\Rightarrow$ cond) $\wedge$ $\exists$ Mi ($C_{c',i} \neq \emptyset$)}
Où $C'_{c,i}$:= {M_i^t| $\exists$ O'_c [Cond'$_c$(M_i^t ; O_c)]} (D 73.9 a et D 74.3 a)

Mais les univers ne sont pas identitiques, et les comparaisons nécessitent une analyse plus fine.

1) Nous avons déjà admis dans la définition D 74.2 qu'il s'agit de la même trace empirique pour les deux univers. Cela est possible car la définition d'une trace ne sollicite pas la totalité des ensembles R_{ne} et R_{ne}' (§ 72).
2) Les conditions ont une définition holiste. Cela peut avoir une conséquence sur l'ontologie du niveau théorique. Au niveau empirique, on peut dire qu'une définition, holiste dans un univers plus grossier, perd cette caractéristique dans un univers affiné, mais qu'elle peut quand même être satisfaite dans ce dernier. Nous pouvons donc continuer à la considérer même dans l'univers affiné.
3) Si les conditions sont affinées, les préparations le seront aussi, car leur définition en dépend. Mais les mêmes considérations nous permettent d'affirmer qu'une préparation grossière peut être satisfaite aussi dans un univers plus affiné.
4) Des considérations semblables restent valables pour les réponses. Mais il se peut alors que l'on puisse distinguer des réponses affinées, qui impliquent une même réponse plus grossière. Pour la comparaison, il faut évidemment se référer à cette dernière réponse grossière.
5) Une fréquence est calculée relativement à une expérience, en comparant les cardinalités $n_{pcr,i}$ et $n_{pc,i}$ des ensembles $PCR_{pcr,i}$ et $PC_{pc,i}$ respectifs. Il nous faut ainsi ne pas considérer simplement la condition 'cond' ou la préparation 'pré' mais leur combinaison 'pré∧cond'. Il s'ensuit que nous devons aussi introduire les définitions suivantes:

Définition D 74.2 b

$\forall$ pré

$AFF_{pré} := \{pré'_p \mid (pré'_p \Rightarrow pré) \wedge \exists\, Mi\, (P'_{p,i} \neq \emptyset)\}$

Où $P'_{p,i} := \{M_i^t \mid \exists\, M_i^{t'}\, [\, Pré_p(\, M_i^{t'}\,;\, M_i^t)]\}$ (D 73.9 c et D 74.3 c)

Définition D 74.2 c

$\forall$ rép $\{AFF_{rép} := \{rép'_r \mid (rép'_r \Rightarrow rép) \wedge \exists\, Mi\, (R'_{r,i} \neq \emptyset)\}\}$ (cf D 74.3 b)

Rappel $\forall$exp (exp = pré $\wedge$ cond $\wedge$ rép)

Définition D 74.2 d

$\forall$ exp $\{AFF_{exp} := \{exp'_e \mid exp'_e \Rightarrow exp \wedge \exists\, Mi\, (PCR'_{r,i} \neq \emptyset)\}\}$

Rappel $\forall$exp (exp = pré $\wedge$ cond $\wedge$ rép) et nous écrivons volontiers 'pcr' à la place de 'exp'.

6) La définition de la fréquence est définie en premier lieu pour une trace considérée comme fixe et pour une expérience particulière. Pour comparer les fréquences, nous devons donc transposer les définitions D 73.9 dans l'univers affiné.

Définitions D 74.3

a)

$$C'_{c',i} := \{M_i^t \mid \exists\, O_{c'}\, [Cond'_{c'}(M_i^t\, ;\, O_{c'})]\} \quad \text{et}$$
$$n_{c',i} = |\, C'_{c',i}\, |$$

b)

$$R'_{r',i} := \{M_i^t \mid \exists\, M_i^{t'}\, [\, Rép'_{r'}(\, M_i^t\, ;\, M_i^{t'})]\} \quad \text{et}$$
$$n_{r',i} = |\, R'_{r',i}\, |$$

c)

$$P'_{p',i} := \{M_i^t \mid \exists\, M_i^{t'}\, [\, Pré'_{p'}(\, M_i^{t'}\, ;\, M_i^{t})]\} \quad \text{et}$$
$$n_{p',i} = |\, P'_{p',i}\, |$$

d)

$$PC'_{pc',i} := P'_{p',i} \cap C'_{c',i} \qquad \text{et}$$
$$n_{pc',i} = |\, PC'_{pc',i}\, |$$

e)

$$PCR'_{pcr',i} := P'_{p',i} \cap C'_{c',i} \cap R'_{r',i} \qquad \text{et}$$
$$n_{pcr',i} = |\, PCR'_{pcr',i}\, |$$

Pour comparer, il faudra choisir dans l'univers affiné des expériences (au pluriel!) telles que
(exp' = pré $\wedge$ cond' $\wedge$ rép') où (pré' $\in AFF_{pré}$), (cond' $\in AFF_{cond}$) et
(rép' $\in AFF_{rép}$). Ce que nous pouvons exprimer par la condition:
exp' $\Rightarrow$ exp.

Mais, comme remarqué, il se peut qu'il y ait plusieurs expériences exp_j'qui satisfassent cette condition. Nous avons alors un autre problème, qui mérite l'honneur d'un paragraphe!

§ 75 Distribution homogène des expériences affinées

Si dans l'univers affiné il n'y a qu'une seule expérience exp' qui implique l'expérience exp de l'univers plus grossier, la stabilité de ces expériences est évidemment la même dans les deux univers, pour une période dans laquelle les deux ont eu lieu simultanément. Supposons donc qu'il y ait effectivement plusieurs expériences affinées exp_j' (qui impliquent la même expérience grossière exp).

Considérons une quelconque de ces expériences affinées, et en particulier la combinaison pré $\wedge$ cond'. Il s'agit d'une question. Nous raccourcirons ce symbole par '$q_{pc'}$'. Mais on peut se permettre de simplifier encore plus l'écriture et écrie 'pc'' tout simplément. Au besoin nous ajouterons un indice supplémentaire 'pc'$_j$', et, si possible, nous n'indiquerons que l'indice '$_j$'.

Dans la définition de la stabilité (D 73.12) il a été tenu compte de la notion de choix permis (D 73.11). Mais on ne peut pas sans autre comparer les ensembles $Z_{\alpha;\omega}$ de l'univers plus grossier avec les ensembles $Z'_{\alpha;\omega}$ de l'univers affiné. Les satisfactions (les éléments de l'extension) de pc' peuvent être dispersés de différentes manières, ce qui empêche de passer sans autre des ensembles $Z'_{\alpha;\omega}$ aux ensembles $Z_{\alpha;\omega}$. Il en résulte que les stabilités ne sont pas immédiatement comparables. De plus, une instabilité dans l'univers grossier, on pourrait être imputée justement à la dispersion des pc'$_j$. Il faut pour cela une condition sur leur dispersion. Le chemin qui semble le plus facile est d'utiliser la même définition que pour la stabilité en l'appliquant à la dispersion. Mais au lieu de parler de dispersion stable, il est peut-être plus conforme à un vocabulaire déjà usité de parler de dispersion homogène.

Pour traduire la définition D 73.12 il faut d'abord rappeler et introduire quelques notions.

Nous avons déjà les ensembles $PC_{pc,i}$, $PCR_{pcr,i}$, $PC'_{pcj,i}$ et $PCR'_{pcrj,i}$ ainsi que leurs cardinalités respectives: $n_{pc,i}$, $n_{pcr,i}$, $n_{pcj,i}$ et $n_{pcrj,i}$.

La distribution concerne les ensembles $PC_{pc,i}$, $PC'_{pcj,i}$ et $PCR_{pcr,i}$, $PCR'_{pcrj,i}$.

En pensant au symbole '$\omega_{pcr,i}$', on introduira le symbole 'Δ_{pcj}' pour dénommer la dispersion.

Nous pouvons donc définir la dispersion comme suit.

Considérons les ensembles $PC_{pc,i}$ et $PC'_{pcj,i}$

Définition D 75.1: (D 73.10)

$\Delta_{pcj}= n_{pcj}/ n_{pc}$

Pour traduire la définition de la stabilité, en vue de la notion de ditribution homogène, il nous faut maintenant introduire les ensembles correspondant aux ensembles $Z_{\alpha;\omega}$. Il nous faut pour cela supposer un paramètre qui permette de les définir, un paramètre qui fonde la notion de permis. Lequel prendre? Rien n'empêche d'utiliser à nouveau le temps. Mais nous pouvons généraliser notre présentation, et en supposant seulement qu'il y en ait un. Pour comparer, il est évident qu'il faut disposer du (des) même(s) paramètre(s). S'il n'y en avait pas, on ne pourrait même pas appliquer la définition. Mais, comme déjà dit, il y a au moins le temps. Supposons donc un (ou plusieurs) paramètre(s), relativement au(x)quel(s) nous définissons l'homogénéité de la dispersion. En référence à D 73.11.b, nous supposons la définition des ensembles Z_h avec $\forall$ Z_h ($Z_h \subset PC_{pc}$).

Nous raisonnons sur une question pc_j d'une expérience.

Définition D 75.1.a

$\Delta_{hpcj} = (|Z_h \cap PC'_{pcj}|) / (|Z_h|)$.

D'une façon semblable on a

$\forall\delta; Z_h \{[(\delta < n_{pc}) \wedge (|Z_h| \geq \delta)] \Rightarrow [0 \leq |\Delta_{pcj} - \Delta_{hpcj}| \leq 1]\}$

Pour des raison faciles à comprendre le symbole δ semble plus adapté que σ.

En continuant de copier le paragraphe §73 VII, pour toute cardinalité δ, il exite un nombre $\varepsilon^m{}_\delta$ tel que l'on a:

$\forall Z_h \{[(\delta < n_{pc}) \wedge (|Z_h| \geq \delta)] \Rightarrow [|\Delta_{pcj} - \Delta_{hpcj}| \leq \varepsilon^m{}_\delta]\}$.

Nous pouvons maintenant copier la définition D 73.12 avec la même généralisation.

Prédicat 'δ-Hom$_{()}$( )' dont le domaine est en réalité $\mathcal{COND} \times$ V $\times \mathcal{COND}$'. Mais nous supposons que M_i est fixe, et ainsi nous pouvons taire l'indice de la trace, et restreindre le domaine à $\mathcal{COND} \times \mathcal{COND}$.

Définition D 75.2

$\forall\delta$; pc; pc_j

δ-Hom$_{pc}$(pc_j) $\Leftrightarrow \forall$ Z_h ; ε_δ

3) $\{[(\varepsilon_\delta > 0) \wedge [(|Z_h| \geq \delta) \Rightarrow (|\Delta_{pcj} - \Delta_{hpcj}| \leq \varepsilon_\delta)] \Rightarrow$

4) $\Rightarrow \exists\delta'$; $\varepsilon_{\delta'}$ $[(\delta < \delta' \leq n_{pc}) \wedge (\varepsilon_{\delta'} < \varepsilon_\delta) \wedge [(|Z_h| \geq \delta') \Rightarrow$

$\Rightarrow (|\Delta_{pcj} - \Delta_{hpcj}| \leq \varepsilon_{\delta'})]]\}$

Une définition semblable est possible pour les ensembles $PCR_{pcr,i}$, $PCR'_{pcrj,i}$

Définition D 75.2 bis
$\forall\delta$; pcr; pcr_j
$\delta_r\text{-}Hom_{pcr}(pcr_j) \Leftrightarrow \{$
5) $\forall Z_h \{\exists\varepsilon_{\delta r}\ [(|Z_h| \geq \delta_r) \Rightarrow (|\Delta_{pcrj} - \Delta_{hpcrj}| \leq \varepsilon_{\delta\, r})] \wedge$
$\exists\ \delta_r'\ ;\ \varepsilon_{\delta r'}\ [(\delta_r < \delta_r' \leq n_{pcr}) \wedge (\varepsilon_{\delta r'} < \varepsilon_{\delta r}) \wedge (|Z_h| \geq \delta_r') \Rightarrow (|\Delta_{pc\, rj} - \Delta_{hpcrj}| \leq \varepsilon_{\delta\, r'})]\}\}$

§ 76 Théorèmes de stabilité

Théorème T 76.1
Pour une cardinalité suffisamment grande de l'ensemble $PC_{pc,i}$
$\forall\ M_i$; exp
$\{\forall exp'_j\, [(exp'_j \in AFF_{exp}) \wedge \exists\sigma'_j(\sigma'_j\text{-}Sta(exp'_j\,)) \wedge \exists\ \delta_j\ \delta_j\text{-}Hom_{pc}(pc'_j))]\} \Rightarrow$
$\Rightarrow \exists\sigma(\sigma\text{-}Sta_i(exp))$
où $pc'_j = (pré'_j \wedge cond'_j\,)$; $exp'_j = (pré'_j \wedge cond'_j \wedge rép'_j)$ et exp = (pré $\wedge$ cond $\wedge$ rép).

Preuve
Idée directrice. Il s'agit de déduire la stabilité de l'expérience «exp» à partir de celle de l'expérience «exp'». Pour la stabilité de «exp» il faut pouvoir compter les expériences «exp'». C'est pour cela que nous avons besoin de la notion de distribution homogène.

Distribution homogène:

1) $\forall j\ \exists\ \delta_j\ (\delta_j\text{-}Hom_{pc}(pc_j))$ — hypothèse
2) $\forall j\ \exists\ \delta_j'; \varepsilon_{\delta j'}\ [(\delta_j' > \delta_j) \wedge (\varepsilon_{\delta j'} < \varepsilon_{\delta j})]$ — D 75.2
3) $\delta = \max\{\delta_j\}_j$ et $\varepsilon_\delta = \max\{\varepsilon_{\delta j}\}_j$ — définition (D 75.1)
4) $\delta' = \max\{\delta_j'\}_j$ et $\varepsilon_\delta' = \max\{\varepsilon_{\delta j'}\}_j$ — définition (D 75.1)
   Avec les cardinalités δ, ε_δ, δ' et ε_δ' nous avons une homogénéité pour tous les pc'_j. En effet:
5) $\forall j\{(|Z_h| \geq \delta) \Rightarrow [|\Delta_{hj} - \Delta_j| \leq \varepsilon_\delta\ ]\}$ — ('Δ_{hj}' pour 'Δ_{hpcj}' (D 75.1.a) et 'Δ_j' pour 'Δ_{pcj}' (D 75.1))
6) $\forall j\{(|Z'_h| \geq \delta') \Rightarrow [|\Delta_{h'j} - \Delta_j\,| \leq \varepsilon_{\delta'}\ ]\}$
7) $\forall\ j\ (\varepsilon_{\delta j'} \leq\ \varepsilon_\delta' =\ \varepsilon_{\delta k'} < \varepsilon_{\delta k} \leq\ \varepsilon_\delta\ ) \Rightarrow (\varepsilon_\delta' < \varepsilon_\delta)$
   Ainsi la définition D 75.2 est satisfaite.

Pour appliquer la stabilité nous devons considérer un ensemble ne contenant que des pc_j. Dans tout ensemble Z_h, $|Z_h| \geq \delta$ nous pouvons calculer les réalisations de pc_j. En effet

8) $(\Delta_j - \varepsilon_\delta) \leq \Delta_{hj} \leq (\Delta_j + \varepsilon_\delta)$ 5)

9) $\Delta_{hj} = (|Z_h \cap PC'_{pc'j}|) / (|Z_h|)$ D 75.1.a

Nous n'avons pas besoin d'écrire Z_{hj} car nous avons les mêmes ensembles Z_h pour tous les pc_j.

10) $|Z_h|.(\Delta_{pcj} - \varepsilon_\delta) \leq |Z_h \cap PC'_{pcj}| \leq (\Delta_{pcj} + \varepsilon_\delta).|Z_h|$ 8) + 9)

La même argumentation peut être répétée pour δ_j'; $\varepsilon_{\delta j'}$.

11) Z'_h ; $|Z'_h| \geq \delta'$ nous obtenons

12) $|Z'_h|.(\Delta_{pcj} - \varepsilon_{\delta'}) \leq |Z'_h \cap PC'_{pcj}| \leq (\Delta_{pcj} + \varepsilon_{\delta'}).|Z'_h|$

Pour appliquer la stabilité et pour le (prédicat) pc_j considéré, il faut avoir $\sigma_j \leq |Z_h|.(\Delta_{pcj} - \varepsilon_\delta)$.

Si c'est le cas, les ensembles Z_{hj}, $Z_{hj} := Z_h \cap PC'_{pcj}$ satisfont la définition de stabilité. Mais on ne peut prétendre que tel soit le cas pour tous les pc_j. Il faut donc considérer le pc_j tel que l'écart $\sigma_j - (|Z_h|.(\Delta_{pcj} - \varepsilon_\delta))$ soit le plus grand.

Soit alors

13) $\sigma_k = \max\{\sigma_j - (|Z_h|.(\Delta_{pcj} - \varepsilon_\delta))\}_j$ définition

14) n_k tel que n_k est entier et $0 \leq [n_k - (\sigma_k /(|Z_h|.(\Delta_{pck} - \varepsilon_\delta)))] < 1$ définition

Considérons un ensemble permis Z_k tel que $|Z_h| = n_k\ \delta$. Cet ensemble doit être connexe, et il est donc la réunion connexe (D 10.2) de n_k ensemble Z permis.

Soit alors:

15) Z_k, $Z_k \subset PC$ et tel que $|Z_k| = n_k\ \delta$ définition

16) $\forall k ;j\ \{ |Z_k \cap PC'_j| \geq (n_k\ |Z_h|.(\Delta_{pcj} - \varepsilon_\delta)|) \geq \sigma_j\}$

En raisonnant sur la cardinalité δ' de la ligne 4) en se référant ainsi à la deuxième partie de la définition de distribution homogène, et en introduisant les ensembles

17) Z'_k, $Z'_k \subset PC$ et tel que $|Z'_k| = n'_k\ \delta'$

On obtiendra

18) $\forall k' ;j\ \{ |Z'_k \cap PC'_j| \geq (n'_k\ |Z'_h|.(\Delta_{pcj} - \varepsilon_{\delta'})|) \geq \sigma'_j\}$

Nous pouvons ainsi appliquer la stabilité supposée dans l'univers affiné. Reprenons les définitions des différentes cardinalités.

19) $n_{pcjr} = |PCR'_{pcjr}|$

20) $n_{pcj} = |PC'_{pcj}|$

21) $Z_{kj} = Z_k \cap PC'_j$ définition

22) $\omega_{pcjr} = n_{pcjr} / n_{pc'j}$ en taisant l'indice '$_i$' de la trace

23) $\omega_{zkj} = (|Z_{kj} \cap R_r|) / (|Z_{kj}|)$.

24) $\forall k ;j\{|\omega_{zkj} - \omega_{pcjr}| \leq \varepsilon_{\sigma j}\}$

25) $\forall k ;j\{(\omega_{pcjr} - \varepsilon_{\sigma j}) \leq \omega_{zkj} \leq (\omega_{pcjr} + \varepsilon_{\sigma j})\}$

Il faut remarquer que, à cause de la définition holiste des conditions, ces dernières s'excluent réciproquement. C'est-à-dire:

26) $\forall j ;l \{[(Z_k \cap PC'_j) \cap (Z_k \cap PC'_l)] = \varnothing \}$ (D 73.3)

Et donc

27) $\forall j ;l\{[(Z_{kj} \cap Z_{kl}] = \varnothing \}$

Or la ligne 23) peut être écrite explicitement comme suit:

28) $\forall k ;j\{(\omega_{pcjr} - \varepsilon_{\sigma j}) \leq (|Z_{kj} \cap R_r|) / (|Z_{kj}|) \leq (\omega_{pcjr} + \varepsilon_{\sigma j})\}$

et donc

29) $\forall k ;j\{|Z_{kj}| (\omega_{pcjr} - \varepsilon_{\sigma j}) \leq |Z_{kj} \cap R_r| \leq (\omega_{pcjr} + \varepsilon_{\sigma j}) |Z_{kj}|\}$

Nous pouvons maintenant effectuer la somme sur j, pour chaque k.

30) $\forall k \ \{\Sigma_j (|Z_{kj}| (\omega_{pcjr} - \varepsilon_{\sigma j})) \leq \Sigma_j (|Z_{kj} \cap R_r|) \leq \Sigma_j ((\omega_{pcjr} + \varepsilon_{\sigma j}) |Z_{kj}|)\}$

31) $\varepsilon_{\sigma j}^* := \max\{\varepsilon_{\sigma j}\}_j$

32) $\forall k \ \{\Sigma_j (|Z_{kj}| (\omega_{pcjr} - \varepsilon_{\sigma j}^*)) \leq \Sigma_j (|Z_{kj} \cap R_r|) \leq \Sigma_j ((\omega_{pcjr} + \varepsilon_{\sigma j}^*) |Z_{kj}|)\}$ 28) + 29)

33) $\forall k \ \{(\omega_{pcjr} - \varepsilon_{\sigma j}^*)\Sigma_j (|Z_{kj}|) \leq \Sigma_j (|Z_{kj} \cap R_r|) \leq (\omega_{pcjr} + \varepsilon_{\sigma j}^*) \Sigma_j (|Z_{kj}|)\}$

34) $\Sigma_j (|Z_{kj}|) = |Z_k|$ 25)

35) $\Sigma_j (|Z_{kj} \cap R_r|) = |\cup_j Z_{kj} \cap R_r| = |Z_k \cap R_r|$ 25)

36) $\forall k \{(\omega_{pcjr} - \varepsilon_{\sigma j}^*)|Z_k| \leq |Z_k \cap R_r| \leq (\omega_{pcjr} + \varepsilon_{\sigma j}^*) |Z_k|\}$

37) $\forall k \{(\omega_{pcjr} - \varepsilon_{\sigma j}^*)\leq |Z_k \cap R_r|/|Z_k| \leq (\omega_{pcjr} + \varepsilon_{\sigma j}^*)\}$

38) $|Z_k \cap R_r|/|Z_k| = \omega_k$ définition

39) $\forall k \{(\omega_{pcjr} - \varepsilon_{\sigma j}^*)\leq \omega_k \leq (\omega_{pcjr} + \varepsilon_{\sigma j}^*)\}$

40) $\forall k \{|\omega_k - \omega_{pcjr}| \leq \varepsilon_{\sigma j}^*\}$

Nous avons ainsi la première partie de la définition de la stabilité. Mais un raisonnement identique, nous amène à

41) $\forall k' \{|\omega_{k'} - \omega_{pc'r}| \leq \varepsilon'_{\sigma j}{}^*\}$

Mais il faut encore vérifier les inégalités.

42) $\forall j\{(\sigma_j < \sigma'_j) \wedge (\varepsilon_{\sigma j} > \varepsilon'_{\sigma j})\}$ par hypothèse de stabilité

43) $\forall j\{(\delta_j < \delta'_j) \wedge (\varepsilon_{\delta j} > \varepsilon'_{\delta j})\}$ par hypothèse de distribution homogène

44) $(\varepsilon_\delta > \varepsilon'_\delta)$ 43) + 3) +4)

45) $[\sigma'_j - (|Z_h|.(\Delta_{pcj} - \varepsilon'_\delta))] > [\sigma_j - (|Z_h|.(\Delta_{pcj} - \varepsilon_\delta))]$ 42) + 44)

En reprenant la ligne 13)

46) $\sigma'_k > \sigma_k$

47) $\varepsilon_{\sigma j}^* := \max\{\varepsilon_{\sigma j}\}_j \wedge \exists \varepsilon_{\sigma j}^{\#} [(\varepsilon_{\sigma j}^{\#} \in \{\varepsilon_{\sigma j}\}_j) \wedge (\varepsilon_{\sigma j}^{\#} = \varepsilon_{\sigma j}^*)]$ 31)

48) $\varepsilon_{\sigma j}{}^{*} = \varepsilon_{\sigma j}{}^{\#} < \varepsilon'_{\sigma j}{}^{\#} < \varepsilon_{\sigma j'}{}^{*} = \max\{\varepsilon'_{\sigma j}\}_{j}\}$

Ainsi les inégalités sont satisfaites.
La cardinalité de l'ensemble PC $_{pc,i}$ doit permettre des ensembles Z_k, avec $Z_k \subset PC$ et $|Z_k| = n_k\delta$ et des ensembles Z'_k, $Z'_k \subset PC$ et $|Z_k| = n'_k\ \delta'$. Elle doit donc dépasser la cardinalité $n'_k\ \delta'$.

Théorème T 76.2
$\forall\ M_i$; exp; exp'_j
$\{[\exists\sigma(\sigma\text{-Sta}(exp)) \wedge (exp'_j \in AFF_{exp}) \wedge \exists\ \delta_j\ (\delta_j\text{-Hom}_{pc}(pc'_j)) \wedge \exists\ \delta_{rj}\ (\delta_{rj}\text{-}$
$\text{Hom}_{pcr}(pcr'_j))] \Rightarrow$
$\Rightarrow \exists\sigma'_j\ (\sigma'_j\text{-Sta}(exp'_j))\}$

Convention.
Nous n'explicitons donc pas un indice relatif à la trace (M_i). Le prédicat 'exp' de l'univers grossier ne portera aucun indice. En revanche le prédicat affiné portera un indice, généralement la lettre 'j', qui indiquera du même coup que l'on se trouve dans l'univers affiné.

Dans les définitions de la distribution homogène et de la stabilité il y a deux groupes de cardinalités. Pour distinguer le deuxième groupe nous utiliserons comme exposant l'apostrophe (…'…).

Preuve
Pour la stabilité de exp_j nous devons pouvoir comparer les rapports
$|Z \cap PC_j \cap PCR_j| \,/\, |Z \cap PC_j|$,
en prenant deux cardinalités différentes pour les ensembles Z, $Z \subset PC$. Il nous faut donc évaluer ces cardinalités et montrer qu'alors la définition de la stabilité est satisfaite. Nous allons utiliser la stabilité pour exp, ce qui nous amène à exiger que $|Z| \geq \sigma$. En plus il faut que les Z soient des ensembles permis. Nous avons appelés $Z_{\alpha;\omega}$ de tels ensembles. Cette caractéristique doit être satisfaite pour la stabilité et pour la distribution.

Première contrainte
1) Z, $Z \subset PC$, $|Z| \geq \sigma$ et les Z sont permis.
I
Evaluation de $|Z \cap PC_j|$.

La stabilité nous oblige déjà à avoir une cardinalité supérieure à σ. Mais cette cardinalité peut ne pas être suffisante. Si l'on a que $\sigma \geq \delta_j$, alors nous pouvons procéder à l'évaluation de $|Z_{\alpha;\omega} \cap PC_j|$. Mais on peut avoir aussi $\sigma < \delta_j$. Dans ce cas nous devons prendre l'union connexe (D 10.2) de plusieurs intervalles $Z_{\alpha;\omega}$, ($|Z_{\alpha;\omega}| \geq \sigma$). Soit

2) n_j tel que:
i) n_j est un entier $n_j > 0$ tel que
ii) $n_j = 1$ si $\sigma \geq \delta_j$ et
iii) $0 \leq (n_j - (\delta_j / \sigma)) < 1$ si $\sigma < \delta_j$.

Deuxième contrainte

3) $|Z_j| \geq n_j \sigma \geq \sigma$ et donc $|Z_j| \geq \delta_j$

4) $Z_j := \cup_{k=1}^{k=nj} Z_{\alpha;\omega,k}$ c'est-à-dire $Z_{nj} := Z_{\alpha;\omega,1} \cup \ldots \cup Z_{\alpha;\omega,n\,j}$

Les ensembles Z_{nj} sont permis car ils sont l'union connexe (selon le paramètre temps) d'ensembles permis (connexes selon ce même paramètre). Les Z_{nj} satisfont ainsi la définition D 73.11.c. Etant donné que $|Z_j| \geq \delta_j$, la distribution homogène permet d'évaluer $|Z_j \cap PC_j|$.

Pour tout δ_j il y a un $\varepsilon_{\delta j}$. Soit alors

5) $\Delta_j := |Z_j \cap PC_j| / |Z_j|$ définition
6) $\Delta_{pcj} := |PC \cap PC_j| / |PC|$ définition
7) $|\Delta_j - \Delta_{pcj}| \leq \varepsilon_{\delta j}$ D 75.2
8) $(\Delta_{pcj} - \varepsilon_{\delta j}) \leq |Z_j \cap PC_j| / |Z_j| \leq (\Delta_{pcj} + \varepsilon_{\delta j})$
9) $|Z_j| (\Delta_{pcj} - \varepsilon_{\delta j}) \leq |Z_j \cap PC_j| \leq |Z_j| (\Delta_{pcj} + \varepsilon_{\delta j})$

C'est la première évaluation.

II

Evaluation des $|Z \cap PC_j \cap PCR_j|$

Remarquons d'emblée l'égalité $Z \cap PC_j \cap PCR_j = Z \cap PCR_j$.
La cardinalité $|Z \cap PCR_j|$ est évaluable à partir de $Z \cap PCR$ par la distribution homogène des exp_j. Mais il faut avoir $|Z \cap PCR| \geq \delta_{rj}$. Or $|Z \cap PCR|$ est évaluable par stabilité. Et nous avons déjà supposé que $|Z| \geq \sigma$, avec des Z permis.

II A

Evaluation de $|Z \cap PCR|$

Nous avons

10) $\omega_z = (|Z \cap PCR|) / (|Z|)$ D 73.11.a'
11) $\omega_{pcr} = |PCR|/|PC|$
12) $||Z \cap PCR|/|Z| - \omega_{pcr}| \leq \varepsilon_\sigma$ D 73.12
13) $(\omega_{pcr} - \varepsilon_\sigma) \leq |Z \cap PCR| / |Z| \leq (\omega_{pcr} + \varepsilon_\sigma)$
14) $|Z| (\omega_{pcr} - \varepsilon_\sigma) \leq |Z \cap PCR| \leq |Z| (\omega_{pcr} + \varepsilon_\sigma)$

Il faut donc avoir $|Z \cap PCR| \geq \delta_{rj}$.

15) $|Z| (\omega_{pcr} - \varepsilon_\sigma) \leq \delta_{rj} \leq |Z| (\omega_{pcr} + \varepsilon_\sigma)$

Comme pour les Z_j et en copiant 4), la cardinalité minimale des Z sera obtenue au moyen d'un entier m tel que

16) $|Z| = m|Z_{\alpha;\omega}| = m\sigma$
17) $m\sigma(\omega_{pcr} - \varepsilon_\sigma) \leq \delta_{rj} \leq m\sigma(\omega_{pcr} + \varepsilon_\sigma)$ 15)
18) $\delta_{rj} / \sigma(\omega_{pcr} + \varepsilon_\sigma) \leq m \leq \delta_{rj}/\sigma(\omega_{pcr} - \varepsilon_\sigma)$ 17)
19) $m_j := \min\{m|\delta_{rj} / \sigma(\omega_{pcr} + \varepsilon_\sigma) \leq m \leq \delta_{rj}/\sigma(\omega_{pcr} - \varepsilon_\sigma)$ et m entier$\}$

Nous pouvons maintenant formuler la

Troisième contrainte:

20) $|Z| \geq m_j\sigma$

Contrainte unifiée

21) $\nu := \max\{m_j; n_j\}$
22) $Z_\nu := \cup_{k=1}^{k=\nu} Z_{\alpha;\omega,k}$ c'est-à-dire $Z_\nu := Z_{\alpha;\omega,1} \cup \ldots \cup Z_{\alpha;\omega,\nu}$

Les Z_ν sont permis comme les Z_j.

II B

Evaluation des $|Z_\nu \cap PC_j \cap PCR_j| = |Z_\nu \cap PCR_j|$

On peut évaluer $|Z_\nu \cap PCR_j|$ en partant des sous-ensembles $Z_\nu \cap PCR$.
On a bien $|Z_\nu \cap PCR| \geq \delta_{rj}$.

Caractère permis.

L'intersection $Z_\nu \cap PCR$ est une restriction. On ne collectionne plus tous les cas satisfaisant le prédicat pré$\wedge$cond. Mais, par l'ajout de «.. $\wedge$rèp», dans $Z_\nu \cap PCR$ sont bien collectionnés tous les cas, comme l'exige la définition D 73.11.c.

23) $\Delta_{pcrj} = |PCR_j|/|PCR|$
24) $|| Z_\nu \cap PCR_j |/| Z_\nu \cap PCR| - \Delta_{pcrj}| \leq \varepsilon_{\delta rj}$ D 75.2
25) $(\Delta_{pcrj} - \varepsilon_{\delta rj}) \leq |Z_\nu \cap PCR_j|/| Z_\nu \cap PCR| \leq (\Delta_{pcrj} + \varepsilon_{\delta rj})$
26) $|Z_\nu \cap PCR| (\Delta_{pcrj} - \varepsilon_{\delta rj}) \leq |Z_\nu \cap PCR_j| \leq | Z_\nu \cap PCR| (\Delta_{pcrj} + \varepsilon_{\delta rj})$
27) $|Z|(\omega_{pcr} - \varepsilon_\sigma)(\Delta_{pcrj} - \varepsilon_{\delta rj}) \leq |Z_\nu \cap PCR_j| \leq |Z|(\omega_{pcr} + \varepsilon_\sigma)(\Delta_{pcrj} + \varepsilon_{\delta rj})$ 14)

Nous avons ainsi l'évaluation de $|Z_v \cap PCR_j|$.
Evaluation de $|Z \cap PCR_j|/|Z \cap PC_j|$.

En tenant compte des contraintes, cette évaluation est devenue la suivante:
$|Z_v \cap PC_j \cap PCR_j| / |Z_v \cap PC_j|$ c'est-à-dire $|Z_v \cap PCR_j| / |Z_v \cap PC_j|$. Il faut donc diviser la ligne 27) par la ligne 9) mais reécrite comme suit:

28) $|Z_v| (\Delta_{pcj} - \varepsilon_{\delta j}) \leq |Z_v \cap PC_j| \leq |Z_v| (\Delta_{pcj} + \varepsilon_{\delta j})$

En divisant, il faut évidemment renverser cette ligne 28). On obtient (en séparant les deux inégalités):

29) $\{[|Z_v|(\omega_{pcr} - \varepsilon_\sigma)(\Delta_{pcrj} - \varepsilon_{\delta rj})]/ [|Z_v|(\Delta_{pcj} + \varepsilon_{\delta j})]\} \leq |Z_v \cap PCR_j| /|Z_v \cap PC_j|$
et

30) $|Z_v \cap PCR_j|/|Z_v \cap PC_j| \leq \{[|Z_v| (\omega_{pcr} + \varepsilon_\sigma)(\Delta_{pcrj} + \varepsilon_{\delta rj})]/[|Z_v| (\Delta_{pcj} - \varepsilon_{\delta j})]\}$

Ce qui peut être simplifié

31) $\{[(\omega_{pcr} - \varepsilon_\sigma) (\Delta_{pcrj} - \varepsilon_{\delta rj})]/ [(\Delta_{pcj} + \varepsilon_{\delta j})]\} \leq |Z_v \cap PCR_j|/|Z_v \cap PC_j|$ 29)

32) $|Z_v \cap PCR_j|/|Z_v \cap PC_j| \leq \{[(\omega_{pcr} + \varepsilon_\sigma) (\Delta_{pcrj} + \varepsilon_{\delta rj})]/[(\Delta_{pcj} - \varepsilon_{\delta j})]\}$ 30)

On peut refaire exactement la même argumentation avec les cardinalité supérieures σ', ε_σ',δ_j', $\varepsilon_{\delta j}'$, δ_{rj}'et $\varepsilon_{\delta rj}'$. Nous obtenons ainsi

33) $\{[(\omega_{pcr} - \varepsilon_\sigma')(\Delta_{pcrj} - \varepsilon_{\delta rj}')]/ [(\Delta_{pcj} + \varepsilon_{\delta j}')]\} \leq |Z_v' \cap PCR_j|/|Z_v' \cap PC_j|$ 31)

34) $|Z_v' \cap PCR_j|/|Z_v' \cap PC_j| \leq \{[(\omega_{pcr} + \varepsilon_\sigma')(\Delta_{pcrj} + \varepsilon_{\delta rj}')]/[(\Delta_{pcj} - \varepsilon_{\delta j}')]\}$ 32)

Première exigence $\sigma' > \sigma$ (D 73.12)

a. On aura n_j'(ligne 2), m_j' (ligne 19) et $v' := \max\{m_j'; n_j'\}$ (ligne 21). De la condition $\delta_j' > \delta_j$ il ne suit pas immédiatement que $n_j' > n_j$. Mais le fait que les définitions de stabilité et de distribution exigent $|Z| \geq ..$ et non $|Z| = ..$ On peut prendre agrandir δ_j' de façon à obtenir $n_j' > n_j$. Le même raisonnement vaut aussi pour m_j et m_j'. Ainsi nous pouvons toujours avoir $v > v'$ et donc $|Z_v'| > |Z_v|$ ce qui est la première condition exigée dans la défintion de la stabilité.

Deuxième exigence

b. Nous avons par hypothèse que
   1) $\varepsilon_\sigma' < \varepsilon_\sigma$
   2) $\varepsilon_{\delta j}' < \varepsilon_{\delta j}$
   3) $\varepsilon_\sigma' < \varepsilon_\sigma$

Il s'ensuit que

c. $[(\omega_{pcr} - \varepsilon_{\sigma})\ (\Delta_{pcrj} - \varepsilon_{\delta rj})] < [(\omega_{pcr} - \varepsilon_{\sigma}')\ (\Delta_{pcrj} - \varepsilon_{\delta rj}')]$ 31) + 33)

d. $[(\Delta_{pcj} + \varepsilon_{\delta j})] < [(\Delta_{pcj} + \varepsilon_{\delta j}')]$ et donc

35) $\{[(\omega_{pcr} - \varepsilon_{\sigma})(\Delta_{pcrj} - \varepsilon_{\delta rj})] / [(\Delta_{pcj} + \varepsilon_{\delta j})]\} <$
$< \{[(\omega_{pcr} - \varepsilon_{\sigma}')(\Delta_{pcrj} - \varepsilon_{\delta rj}')] / [(\Delta_{pcj} + \varepsilon_{\delta j}')]\}$

De même

36) $\{[(\omega_{pcr} - \varepsilon_{\sigma}')\ (\Delta_{pcrj} - \varepsilon_{\delta rj}')] / [(\Delta_{pcj} + \varepsilon_{\delta j}')]\} <$
$< \{[(\omega_{pcr} - \varepsilon_{\sigma})(\Delta_{pcrj} - \varepsilon_{\delta rj})] / [(\Delta_{pcj} + \varepsilon_{\delta j})]\}$

Donc (29 + 30) le minimum des $|Z_v \cap PCR_j|/|Z_v \cap PC_j|$ est strictement plus petit que le minimum des $|Z_v' \cap PCR_j|/|Z_v' \cap PC_j|$. De même le maximum des $|Z_v \cap PCR_j|/|Z_v \cap PC_j|$ est strictement plus grand que le maximum des $|Z_v' \cap PCR_j|/|Z_v' \cap PC_j|$. Ce que l'on peut exprimer symboliquement comme suit

Soient Θ et Θ'

37) $\Theta := \{ |Z_v \cap PCR_j|/|Z_v \cap PC_j| \}_v$ l'ensembles de ces rapports, Z_v étant une variable.

38) $\Theta' := \{ |Z_v' \cap PCR_j|/|Z_v' \cap PC_j| \}_v$ l'ensembles de ces rapports, Z_v' étant une variable.

Soient α, α', β et β'

39) $\alpha := \min\Theta$

40) $\alpha' := \min\Theta'$

41) $\beta := \max\Theta$

42) $\beta' := \max\Theta'$ et

43) $\omega_{pcrj} := |PCR_j|/|PC_j|$ qui est évidemment une valeur fixe.

Soient α_v et α_v'

44) $\alpha_v := |\omega_{pcrj} - \alpha|$

45) $\beta_v := |\omega_{pcrj} - \beta|$

46) $\alpha_v' := |\alpha' - \omega_{pcrj}|$

47) $\beta_v' := |\beta' - \omega_{pcrj}|$

Soient alors ε_v et ε_v'

48) $\varepsilon_v := \max\{\alpha_v ; \beta_v\}$

49) $\varepsilon_v' := \max\{\alpha_v'; \beta_v'\}$

Nous avons bien dans tous les cas

50) $\varepsilon_v' < \varepsilon_v$

et finalement

51) $\forall v || Z_v \cap PCR_j | / | Z_v \cap PC_j | - \omega_{pcrj} | \leq \varepsilon_v$

52) $\forall v' || Z_v' \cap PCR_j | / | Z_v' \cap PC_j | - \omega_{pcrj} | \leq \varepsilon_v'$

Comme demandé par la définition D 73.12

Commentaires

Il est intéressant de noter que ce théorème T 76.2 ne demande pas que toutes les expériences exp_j affinées soient distribuées d'une façon homogène. L'argumentation est restreinte à une seule exp_j indépendamment des autres. Il se pourrait donc que les autres soient non stables, ou bien stables bien que non distribuées d'une façon homogène.

Si à un niveau nous avons qu'une expérience exp est non stable, à un niveau plus affiné, le théorème T 76.1 permet que tous les éléments de AFF_{exp} soient stables. Cela n'implique pas encore une stabilité de exp, s'il y a un prédicat exp_j dans AFF_{exp} qui n'est pas distribué d'une façon homogène.

Si à un niveau nous avons qu'une expérience exp est stable, on ne peut pas dire que l'expérience qu'elle implique à un niveau plus grossier soit stable. Cela dépend encore de sa distribution et des autres expériences, impliquant la même expérience plus grossière.

Si le prédicat exp est instable, on ne peut pas non plus conclure que le prédicat qu'elle implique au niveau plus grossier soit aussi instable. En effet, comme déjà remarqué, le théorème T 76.2 n'exige pas que tous les prédicats affinés soient stables.

En revanche, si une expérience exp est instable et d'une distribution homogène, l'expérience qu'elle implique au niveau plus grossier ne peut être qu'instable. Dans ce cas, on ne peut revenir à un niveau plus grossier pour atteindre la stabilité. Il faut alors affiner l'univers.

Ces réflexions seront poursuivies dans un prochain travail.

III 3 Niveau théorique

§ 77 Niveau théorique *d'une substance*

Sur un pilier intermédiaire d'un pont, dont le tablier n'est pas encore complètement lancé. Telle est la situation de ce chapitre. On a quitté la tête de pont d'où la construction est partie et on n'a pas encore atteint l'endroit où travaille actuellement la science. C'est dire qu'il est difficile de justifier ce qui va être dit par une logique de la construction ou bien en montrant sa pertinence relativement au niveau actuel de la science. Autant accepter la situation et présenter les affirmations qui devront par la suite être justifiées à la fois par une construction sans interruptions et par une insertion (application) dans la science actuelle. Cela revient à présenter des thèses qui constituent le canevas de la construction.

– *Rôle des traces.*

La différence entre traces empiriques permet de distinguer les différentes structures qui décrivent les substances. Cette structure sera appelée: état de la substance ou du système.

– *Rôle des expériences.*

La différence entre expériences permet d'affirmer une différence entre les éléments des états. C'est-dire qu'à chaque expérience correspond un des ces éléments. On commence par une relation injective, et forcément surjective, car il n'y a pas d'autre moyen de justifier l'affirmation d'un état. Mais on peut réduire cette injectivité par des relations d'équivalence sur les mesures.

En parlant d'expérience on ne parle pas de réalisation de l'expérience. La réalisation permet de relier l'expérience à une valeur de vérité. Les valeurs de vérité se réduisent à deux: avoir lieu ou ne pas avoir lieu. En plus l'ontologie (l'ensemble O_{ne}) peut être connue indépendamment de l'expérience considérée.

Au prédicat 'exp' (une expérience) correspond un prédicat, que nous voulons appeler détermination et qui sera symbolisé par 'α'. (Avec l'introduction de classes d'équivalence on pourra parler de propriété symbolisée par 'a', qui sera une de ces classes d'équivalence). Dès le moment que chacun de ces prédicats α est relié à une expérience qui a eu ou qui peut avoir lieu, ils seront appelés déterminations testables. Les valeurs auxquelles ce prédicat α peut être relié seront déterminées par la fréquence $\omega_{pcr,i}$ (D 73.10). Il y a ainsi au moins trois cas:

$\omega_{pcr,i} = 0$

$0 < \omega_{pcr,i} < 1$

$\omega_{pcr,i} = 1$

On ne peut pas avoir une connaissance préalable d'une ontologie (au niveau théorique) à laquelle on attribuerait de cas en cas le prédicat α, ou un des autres. C'est dire qu'il ne s'agit pas d'une subsomption de quelque chose sous un prédicat, mais de la simple affirmation de satisfaction de prédicat. Cela constituant tout ce que l'on peut savoir, si l'on veut éviter les cercles vicieux.

Si l'expérience permet d'identifier le prédicat α et la fréquence de déterminer les valeurs de vérité au niveau théorique, la réalisation de l'expérience permet de déterminer le moment (ou intervalle) de ces valeurs. L situation est cependant moins simple que pour la constatation des éléments (pré ; cond ; rép) d'une expérience. En effet, le prédicat α n'est pas coupé en trois parce que le prédicat expérience l'est. Si on l'affirmait, on ne pourrait alors plus dire que c'est l'expérience qui permet de distinguer les prédicat α au niveau théorique. On ne ferait que déplacer le niveau d'identification. Il s'ensuit qu'il y a au moins quatre situations différentes:

1) Aucun prédicat de l'expérience 'exp' n'est réalisé pour la trace M_i , mais l'expérience est possible.
2) Seul le prédicat 'pré' est réalisé. Remarque: si un seul des trois est réalisé, ce ne peut être que 'pré', car si un des deux autres est réalisé mais non 'pré', il ne s'agit plus de l'expérience en question.
3) Le prédicat 'pré' a été réalisé, et le prédicat 'cond' et en réalisation ou est réalisé, mais pas encore le prédicat 'rép'.
4) Les prédicats 'pré' et 'cond' ont été réalisés et le prédicat 'rép' est réalisé.

Si on raisonne au moment 1), on établit, on décrit ce qui est possible pour le système (substance). Il en résulte une compréhension particulière du passage du moment 1) au moment 4). Il s'agit d'une restriction du possible.

Ce qui est plus intéressant encore est le fait que si le possible est décrit par un espace vectoriel, alors ses restrictions seront décrites par des projecteurs. Mais d'autres remarques sont tout aussi intéressantes. Au moment d'évaluation 1) on décrit ce qui est possible en fonction des expériences faites et des fréquences constatées. Dans ce espace des possibles figurent ainsi toutes les déterminations testables α. S'agissant bien de prédicats et non d'objets, nous avons des propositions, dont on vient de fixer la procédure d'évaluation. Il est donc concevable, et on ne peut empêcher cela, de construire de nouvelles déterminations au moyen des connecteurs logiques. Mais ici à nouveau apparaît la distinction entre les prédicats 'Wir(...)'et 'G(...)' (§ 2). En effet, la construction du possible est bien faite à partir des expériences qui ont eu lieu, donc à partir de l'extension du prédicat 'G(...)'. Mais il faut un critère supérieur pour dire que le possible (ici wirklich) soit donné (en allemand: gegeben). Ce critère ne peut venir que de la réalisation/actualisation (c'est-à-dire de la satisfaction) des prédicats correspondants (les expériences) au niveau empirique. Cela irait sans trop de problèmes, s'il n'y avait pas la conception holiste. En effet une telle conception exclut que l'on puisse parler sans autre de combinaison d'expériences (pour la même trace) car les conditions s'excluent mutuellement. Il devient ainsi difficile de justifier (inscrire dans l'extension du prédicat 'G(...)') les propositions (prédicats) construites au moyen des connecteurs. Cela n'est toutefois pas exclu. On se rapproche ainsi du problème général de la structuration du possible. Les expériences nous fournissent les éléments, mais comment les relier entre eux? Un champ très vaste s'ouvre ici. Le fil directeur reste le même: si l'on veut que la structure reste dans l'extension du prédicat 'G(...)', il faut qu'elle soit construite en partant des relations entre les expériences.

– Composition

En mécanique classique on parle de composition de forces. On en parle ainsi car chaque condition à laquelle traditionnellement on a relié la notion de force n'est pas présentée dans une description holiste. Si on accepte la conception holiste, on ne peut plus parler simplement de composition. Il faut redonner un sens à ce mot. En fait nous avons trois conditions qui s'excluent mutuellement par définition. Mais au niveau théorique, on peut décrire le prédicat correspondant à la condition, dont on dit qu'elle réalise la composition, au moyen des prédicats correspondant aux conditions, dont on dit qu'elles ne font intervenir qu'une seule force. Nous utilisons ici cette notion de force, mais il faudra reconstruire aussi cette notion et la notion correspondante de masse. Mais pour cela il faudra décrire clairement sous quelles conditions une troisième condition est à considérer comme la composition de deux autres, bien que les trois s'excluent mutuellement, et il faut dire comment la partie théorique de cette troisième expérience est à décrire au moyen des deux autres. On retrouve ici la composition de vecteurs (par exemple). Cela ne semble pas très difficile.

Ces quelques remarques semblent tracer la route pour atteindre la notion de superposition.

– *Evolution*

On peut relier des expériences différentes par un paramètre. Par exemple une expérience peut correspondre à une autre par un déplacement sur le paramètre temps. Il faudra fournir une description compatible avec l'holisme de cette correspondance. Nous avons ainsi la notion d'évolution du système.

– *Réduction*

Au moment d'évaluation 4) le possible est complètement réduit.

Les différentes définitions des tranches ne sont pas d'emblée pertinentes, on ne le sait que par les expériences. Ce qui compte n'est donc pas de savoir si une trace au moment considéré présente une tranche d'un type particulier, mais de savoir quelle est la préparation de cette tranche. De toute façon une distinction entre les tranches par leur définition exige une construction. Lorsque cela sera fait, on pourra inscrire ce paramètre dans la préparation. Dans un premier temps, il faut donc commencer sans tenir compte de la définition des tranches. En d'autres termes, la description du possible est reliée à la trace. Déjà à ce niveau on peut proposer une structure pour le possible. Autre chose est la notion d'état, qui lui décrit la réduction du possible en fonction du moment considéré.

Il faut remarquer que chaque tranche est préparée, ne fût-ce que d'une façon triviale (tautologique) et elle se trouve déjà sous une condition, mais ce n'est qu'à la réponse que cette dernière est complètement connue. (Par induction on peut anticiper, mais c'est un autre problème..). Toute tranche, sauf la première, est à la fois reliée à une réponse, et donc à une préparation et soumise à une condition, qui pour la dernière tranche seulement n'est pas complètement déterminée.

La mise en commun du monde exige la construction à un niveau théorique du monde d'autrui et de la compréhension qu'il en a en fonction de sa conduite dans son propre monde. C'est ce que Piaget a fait, en proposant continuellement des critères qui permettent cette reconstruction. La sienne est donc une communication avec autrui faite pas à pas, et dans une situation asymétrique. Mais ces remarques ont comme but de souligner l'étendue du champ qui s'ouvre ici. En effet, les états ez^j du § 2 peuvent être interprétés comme présence ou absence. Cette notion est déjà présente dans le livre Λ de la Métaphysique d'Aristote, et reprise entre autres par Descartes sous la forme de Idée positive. Un tel aspect absolu n'est plus justifié ici. Il s'ensuit que même cette correspondance doit être justifiée.

Il faut remarquer que comme la définition des expériences couvrait complètement le niveau empirique, à son tour l'interpretatio tient compte de tous les éléments de la description de ce niveau.

Si on considère toutes les traces empiriques, à chaque moment il y a une expérience qui est en route pour elle. Il y a autant d'expériences simultanées (mais qui ne commencent pas forcément en même temps) qu'il y a de traces. Il faut donc étudier la composition des expériences. Par exemple le pricipe d'action et de réaction, ou celui de la conservation de l'énergie dit quelque chose à ce sujet.

On peut risquer un slogan: connaître (le niveau théorique d') une substance c'est connaître son possible et quelle partie en est réalisée à chaque moment, c'est-à-dire comme son possible est réduit. Une telle simplification dans la présentation laisse mieux entendre les assonances avec des multiples conceptions du passé.

§ 78 Déterminations *élémentaires au* niveau théorique

Les premiers interpretanda sont les traces empiriques. Ils permettent de distinguer les états qui existent simultanément. On a ainsi une première fonction identificatrice:

$$fid_{:i} : V \longrightarrow S.$$
$$M_i \longmapsto fid_{:i}(M_i) \;\; [= \text{le } \textit{possible} \text{ de } M_i].$$

Ce possible n'est pas un état mais, au contraire, un état en est une restriction. Le possible de M_i est constitué par les déterminations, correspondant aux expériences qui ont eu lieu. Chaque détermination est un prédicat. C'est dire qu'à l'ensemble EXP (D 73.8) on fait correspondre un ensemble primitif au niveau théorique. Cet ensemble (DET_e) portera un indice '$_e$' pour élémentaire. Il est indiqué ainsi qu'il s'agit de déterminations auxquelles correspond une expérience. Tel n'est pas forcément le cas pour les déterminations construites avec un connecteur logique. On peut ex-primer cela comme suit.

Définitions D 78.1

1) $\mathcal{EXP}_\sigma := \{exp | \exists\, M_i;\ \sigma[\sigma\text{-}Sta_i(exp)\,]\}$

Ensemble et bijection primitifs 78.1:

2) $\mathcal{DET}_e = \{\alpha\}$

3) $fid_{;\text{dét}} : \mathcal{EXP}_\sigma \longrightarrow \mathcal{DET}_e$ avec $fid_{;\text{dét}}(exp) = \alpha_e$ et $fid_{;\text{dét}}$ une application bijective.

L'ensemble (2) porte un indice '$_e$'

Définition D 78.2

4) $fid_{;i}\,(M_i\,) := \{\alpha_e | \exists\, M_i^t;\ exp;\sigma[exp = fid_{;\text{dét}}^{\;-1}(\alpha_e) \wedge exp(M_i^t)]\}$

Dans ce travail nous esquissons seulement la première structuration de l'ensemble DET, qui peut être construite au moyen des connecteurs logiques. Pour déterminer ces connecteurs il faut en fixer les domaines de validité. Ce qui présuppose la délimitation du domaine de validité de chaque détermination α. Mais dans le paragraphe précédent (§ 77) quatre différents moments d'évaluation ont été distingués. A chaque moment peut ainsi correspondre une évaluation. Une variable parmi elles sera symbolisée par 'ev_i'; $i = 1, 2, 3, 4$.

Il est raisonnable de détailler la construction de chacune d'elles.

– Prémière évaluation $ev_{1;\,i\,;\,t}(\ )$

A chaque moment t et relativement à la trace M_i la première évaluation a lieu si 'aucun prédicat de l'expérience exp n'est réalisé pour la trace M_i, mais l'expérience est possible' (§ 77).

La possibilité de l'expérience considérée ne peut qu'être induite du passé. On peut ne pas exiger que l'expérience soit réalisable. Dans ce cas on se restreint au passé, on ne fait aucune projection (inductive) sur le futur.

Cela est possible. Si on est dans une recherche archéologique on travaille bien avec les passés possibles, bien qu'on les reconstruise avec les mêmes inductions, lues en remontant le temps, en fonction de traces qui sont présentes (ou dont on a un document présent) ou que l'on peut trouver dans le futur. Cela étant, on ne peut exclure que pour une expérience particulière on ne puisse pas prédire (inductivement) si elle est réalisable ou pas.

Le recours à l'induction n'a pas été justifié jusqu'ici. Mais on peut le traiter comme une stabilité d'ordre supérieur. Mais même ce problème doit être renvoyé au développement ultérieur de la recherche. Nous en restons à la définition proposée.

Définition des valeurs:
L'ensemble des valeurs considérées est le suivant:
VAL = $\{c ; \pi ; f\}$
'c' pour 'certain';
'π' pour 'possible' et
'f' pour 'faux'.

Le choix de ces symboles est évidemment complètement arbitraire.

Soient α_e et exp tels que
fid:$_{\text{dét}}$(exp) = α_e et avec exp( ) = pré( )$\wedge$cond( )$\wedge$rép( ).
Nous n'indiquerons plus l'indice '$\ldots_e\ldots$'.

Définition D 78.3

A)
1) $ev_{1;\,i\,;\,t}(\alpha) = c$ ssi $\omega_{exp,i} = 1$ (où $\omega_{exp,i} = \omega_{pcr,i}$ D 73.10)
2) $ev_{1;\,i\,;\,t}(\alpha) = \pi$ ssi $0 < \omega_{exp,i} < 1$
3) $ev_{1;\,i\,;\,t}(\alpha) = f$ ssi $\omega_{exp,i} = 0$

B)
1) $ev_{2;\,i\,;\,t}(\alpha) = c$ ssi pré(M_i^t) $\wedge\ \omega_{exp,i} = 1$
2) $ev_{2;\,i\,;\,t}(\alpha) = \pi$ ssi pré(M_i^t) $\wedge\ (0 < \omega_{exp,i} < 1)$
3) $ev_{2;\,i\,;\,t}(\alpha) = f$ ssi pré(M_i^t) $\wedge\ \omega_{exp,i} = 0$

C)
1) $ev_{3;\,i\,;\,t}(\alpha) = c$ ssi $\exists t'\{(t' \leq t)\ \wedge$pré($M_i^{t'}$)$\}\ \wedge\ \omega_{exp,i} = 1$ et cond($M_i^{t'}$) est possible

2) $ev_{3;i;t}(\alpha) = \pi$ ssi $\exists t'\{(t' \leq t) \wedge pré(M_i^{t'})\} \wedge (0 < \omega_{exp,i} < 1)$ et cond($M_i^{t'}$) est possible

3) $ev_{3;i;t}(\alpha) = f$ ssi $\exists t'\{(t' \leq t) \wedge pré(M_i^{t'})\} \wedge \omega_{exp,i} = 0$ et cond($M_i^{t'}$) est possible

D)

1) $ev_{4;i;t}(\alpha) = c$ ssi $\exists\, M_i^t; M_i^{t'}; Mit''(Exp_{(c,r)(c',r')}(M_i^t; M_i^{t'}; Mit'')_t)$

2) $ev_{4;i;t}(\alpha) = f$ ssi $\forall\, M_i^t; M_i^{t'}; Mit''(\neg Exp_{(c,r)(c',r')}(M_i^t; M_i^{t'}; Mit'')_t)$

L'expression 'cond($M_i^{t'}$) est possible' de C) se refère aux tranches $O_{ne}^{\ t}$ et à celles implicites dans la définition d'une condition (D 73.3).

Nous nous restreignons ici à l'évaluation $ev_{1;i;t}(\ )$.

– Domaines de validité pour l'évaluation $ev_{1;i;t}(\ )$

Définition D 78.4

1) $E^c_{\alpha;t} := \{M_i |\ ev_{3;i;t}(\alpha) = c\}$
2) $E^\pi_{\alpha;t} := \{M_i |\ ev_{3;i;t}(\alpha) = \pi\}$
3) $E^f_{\alpha;t} := \{M_i |\ ev_{3;i;t}(\alpha) = f\}$

– Détermination triviale τ

Soit $exp_\tau(\ ) := Pré_\tau(\ ) \wedge Cond_c(\ ) \wedge Rép_\tau(\ )$ Il faut revenir et construire les prédicats à une seule place et directement le prédicat $exp_\tau(\ )$

Définition D 78.5

$\tau := fid_{;dét}(exp_\tau)$

– Négation

Définition D 78.6

$\forall\alpha$; t{$\neg\alpha$ est une *détermination* telle que

1) $E^c_{\neg\alpha;t} = E^c_{\alpha;t}$
2) $E^\pi_{\neg\alpha;t} = E^\pi_{\alpha;t}$
3) $E^f_{\neg\alpha;t} = E^f_{\alpha;t}$ }

– *Détermination absurde o*

Définition D 78.7
$o := \neg\tau$

– *Elargissement de l'ensemble des déterminations*

L'élargissement de l'ensemble $\mathcal{DET}_e$ est possible au moyen des connecteurs logiques. Ou

Définition D 78.8
$\forall\alpha ; \beta ; t$
$(\alpha \vee \beta)_t$ est une *détermination* telle que
1) $E^c_{\alpha\vee\beta;t} = E^c_{\alpha;t} \cup E^c_{\beta;t}$
2) $E^f_{\alpha\vee\beta\,;t} = E^f_{\alpha\,;t} \cap E^f_{\beta;t}$ et

Définition D 78.9
$\forall\alpha ; \beta ; t$
$(\alpha \wedge \beta)_t$ est une *détermination* telle que
1) $E^c_{\alpha\wedge\beta;t} = E^c_{\alpha;t} \cap E^c_{\beta;t}$
2) $E^f_{\alpha\wedge\beta\,;t} = E^f_{\alpha\,;t} \cup E^f_{\beta;t}$

– *Implication*

Définition D 78.10
$\forall\alpha ; \beta ; t$
$(\alpha \Rightarrow \beta)_t$ est une *détermination* telle que
1) $E^c_{\alpha\Rightarrow\beta;t} = [(E^c_{\alpha;t} \cup E^\pi_{\alpha;t}) \cap E^c_{\beta;t}] \cup E^f_{\alpha\,;t}$
2) $E^f_{\alpha\Rightarrow\beta\,;t} = E^c_{\alpha\,;t} \cap E^f_{\beta;t}$

On peut vérifier que l'on a: $\forall\alpha ; \beta ; t\ ((\alpha\wedge\ \beta)_t \Rightarrow \alpha)_t$.

Remarque: Tous ces connecteurs sont reliés au temps. Il se peut qu'à des moments différents un connecteur ne soit plus satisfait par le processus le plus grand. On peut relier l'affirmation d'un connecteur à l'exigence qu'il soit toujours valable. Cela ne change pas la situation. A chaque moment sa validité dépend du processus. Anticiper le futur ne peut se faire que par induction. Autre chose serait de pouvoir affirmer analytiquement un connecteur entre deux déterminations. Mais si l'on affirme au (dernier) moment (au moment présent) que deux *déterminations* sont reliées par un connecteur, on affirme aussi que le domaine $E^{f}_{...}$ correspondant est vide. On peut même exiger que $E^{\pi}_{...}$ soit vide.

– L'ensemble des déterminations

Définition D 78.11
$\mathcal{DET} := \{\alpha | [\alpha \in \mathcal{DET}_e] \vee \exists\beta;\gamma[(\{\beta;\gamma\} \subset \mathcal{DET}) \wedge (\alpha = \varepsilon_i(\varepsilon_j\beta \wedge \varepsilon_k\gamma))]\}$
Où $\varepsilon_\lambda = \neg$ ou $\varepsilon_\lambda = \neg\neg$ et $\lambda = i; j; k$

§ 79 Ordre sur l'ensemble $\mathcal{DET}$

Il est aisé de définir une relation d'ordre par la relation d'inclusion des domaines de validité.

Définition D 79.1
$\forall\alpha:\beta\{(\alpha < \beta) \Leftrightarrow (E^{c}_{\alpha,t} \subseteq E^{c}_{\beta,t})\}$

On peut aussi définir une relation d'ordre au moyen du connecteur '$\Rightarrow$'.

Définition D 79.2
$\forall\alpha:\beta\{(\alpha <' \beta) \Leftrightarrow (\alpha \Rightarrow \beta)\}$

Les deux définitions ne coïncident pas. En effet, dans la définition D 79.1 il n'est tenu compte d'aucun connecteur. Dans la définition D 79.2 on exige que $E^{f}_{\alpha\Rightarrow\beta,t} = \varnothing$ et $E^{\pi}_{\alpha\Rightarrow\beta,t} = \varnothing$. Dans ce cas on a:
$E^{f}_{\alpha\Rightarrow\beta,t} = E^{c}_{\alpha,t} \cap E^{f}_{\beta,t} = \varnothing$ et
$E^{\pi}_{\alpha\Rightarrow\beta,t} = (E^{c}_{\alpha,t} \cap E^{\pi}_{\beta,t}) \cup (E^{\pi}_{\alpha,t} \cap E^{\pi}_{\beta,t}) \cup (E^{\pi}_{\alpha,t} \cap E^{f}_{\beta,t}) = \varnothing$.

En combinant les deux lignes on a:
$E^{c}_{\alpha,t} \cap (E^{\pi}_{\beta,t} \cup E^{f}_{\beta,t}) = \varnothing$ et donc
$E^{c}_{\alpha,t} \subseteq E^{c}_{\beta,t}$ c'est-à-dire
$\alpha < \beta$ et donc
$\forall\alpha:\beta\{(\alpha <' \beta) \Rightarrow (\alpha < \beta)\}$

Mais le contraire ne vaut pas.
$(\alpha < \beta) \Rightarrow (E^{c}_{\alpha,t} \subseteq E^{c}_{\beta,t})$ et donc
$E^{c}_{\alpha,t} \cap E^{f}_{\beta,t} = \varnothing$ et

$E^{c}_{\alpha,t} \cap E^{\pi}_{\beta,t} = \emptyset$ mais il ne s'ensuit pas que
$(E^{\pi}_{\alpha,t} \cap E^{\pi}_{\beta,t}) \cup (E^{\pi}_{\alpha,t} \cap E^{f}_{\beta,t}) = \emptyset$. On ne peut donc affirmer que
$(\alpha < \beta) \Rightarrow (\alpha \Rightarrow \beta)$ et donc on ne peut pas non plus affirmer que
$(\alpha < \beta) \Rightarrow (\alpha <' \beta)$

Nous continuons avec la définition D 79.1.

– *Equivalence entre déterminations*

Définitions D 79.3
$\forall\alpha{:}\beta\{(\alpha \equiv \beta) \Leftrightarrow (E^{c}_{\alpha,t} = E^{c}_{\beta,t})$

Cette notion d'équivalence est différente des équivalences du paragraphe 73. En effet cette nouvelle relation d'équivalence ne tient compte que des domaines, sans exigence sur les prédicats composant l'expérience. Dans la définition D 73.18, par exemple, est considérée la possibilité de varier la condition en obtenant toujours la même *réponse* avec la même fréquence. C'est le cas lorsque l'on constate que seule une partie de l'univers est pertinente pour l'*expérience*. Dans ce cas, il y a des paramètres que l'on peut varier sans que la réponse ne varie. Dans la définition D 79.3, il peut s'agir d'*expériences* complètement différentes, c'est-à-dire dont les trois prédicats pré( ), cond( ) et rép( ) sont différents. Si on identifie les *déterminations* correspondantes, si on passe donc de équivalence à l'indentité entre *déterminations*, on obtient deux *expériences* différentes d'une même *détermination*. Mais une telle identification n'est pas forcément acceptable. On le voit déjà dans le cas de la mécanique classique. L'identifiable ne sera pas les différentes déterminations. En d'autres mots, cette équivalence semble d'abord indiquer la présence d'un même paramètre (un Observable) mais non l'identité des *déterminations*.

Définition D 79.4
$\forall\alpha\{\ a = \{\beta | \beta \equiv \alpha\}\}$
Nous écrirons aussi a := [α] ; a est la classe d'équivalence de α.

Il s'agit d'un nouveau concept, affirmé (ou affirmable) au *niveau théorique*. Il s'agit d'un nouveau prédicat dont il faut fixer les domaines.

Définition D 79.5

1) $\forall a; \alpha; t\{(\alpha \in a) \Leftrightarrow (E^{c}_{a,t} = E^{c}_{\alpha,t})\}$

2) $\forall a; t\{E^{f}_{a,t} = \cap_{\alpha} E^{f}_{\alpha,t} ; \alpha \in a\}$

La classe a := [α] sera appelée *propriété.*

Définition D 79.6

PROP := $\mathcal{DET}/\equiv$ l'ensemble quotient ou l'ensemble des classes d'équivalence.

– Connecteurs logiques sur PROP

Définition D 79.7

$\forall a$ {¬a est une *propriété* telle que

1) $E^{c}_{\neg a,t} = E^{f}_{a,t}$

2) $E^{f}_{\neg a,t} = E^{c}_{a,t}$ }

Définition D 79.8

$\forall a; b$ {(a ∧b) est une *propriété* telle que

1) $E^{c}_{a\wedge\beta,t} = E^{c}_{a,t} \cap E^{c}_{\beta,t}$

2) $E^{f}_{a\wedge\beta,t} = E^{f}_{a,t} \cup E^{f}_{\beta,t}$

Définition D 79.9

$\forall a; b$ {(a ∨b) est une *propriété* telle que

1) $E^{c}_{a\vee\beta,t} = E^{c}_{a,t} \cup E^{c}_{\beta,t}$

2) $E^{f}_{a\vee\beta,t} = E^{f}_{a,t} \cap E^{f}_{\beta,t}$.

– Testabilité d'une propriété

Nous introduisons un nouveau prédicat 'Test( )' sur PROP.

Définition D 79.10

$\forall a \{\text{Test}(a) \Leftrightarrow \exists\alpha[(\alpha \in a) \wedge (\alpha \in \mathcal{DET}_e)]\}$

– Ordre sur PROP

Définition D 79.11

$\forall a; b \{(a \leq b) \Leftrightarrow (E^{c}_{a,t} \subseteq E^{c}_{b,t})\}$

Définition D 79.12
$TE_{ma(a)} := \{d|(a \leq d) \wedge Test(d)\}$

Définition D 79.13
$TE_{mi(a)} := \{d|(d \leq a) \wedge Test(d)\}$

– *Supremum*

Le supremum de a et b sera noté 'su(a;b)'

Définition D 79.14
$\forall a; b \{ su(a;b) := \wedge_i d_i , d_i \in (TE_{m(a)} \cap TE_{m(b)})$ où $\wedge_i := d_1 \wedge \ldots \wedge d_i \wedge \ldots \wedge d_n$

$\forall a; b$, le supremum su(a ;b) existe toujours car la classe $[\tau]$ est testable car $\tau \in \mathcal{DET}_e$. On a

Théorème
$\forall a; b \{(a \vee b) \leq su(a ;b)\}$
Preuve
1) $E^c_{a \vee b} = E^c_a \cup E^c_b$
2) $\forall d_i \{[d_i \in (TE_{m(a)} \cap TE_{m(b)})] \Rightarrow [(E^c_a \subseteq E^c_{di}) \wedge (E^c_b \subseteq E^c_{di})]\}$
3) $(E^c_a \cup E^c_b) \subseteq E^c_{di}$
4) $(a \vee b) \leq su(a ;b)$

Il est possible d'avoir $(a \vee b) = su(a; b)$.

– *Infimum*

L'infimum de a et b sera noté 'inf(a; b)'

Définition D 79.15
$\forall a; b \{ su(a;b) := \vee_i d_i , d_i \in (TE_{m(a)} \cap TE_{m(b)})$ où $\vee_i := d_1 \vee \ldots \vee d_i \vee \ldots \vee d_n$

$\forall a; b$, l'infimum sinf(a; b) existe toujours car la classe [o] est testable car $o \in \mathcal{DET}_e$. On a

Théorème
$\forall a; b \{ \inf(a; b) \leq (a \wedge b)\}$
Preuve

1) $E^c_{a\wedge b} = E^c_a \cap E^c_b$
2) $\forall\, d_i \{[d_i \in (TE_{m(a)} \cap TE_{m(b)})] \Rightarrow [(E^c_{di} \subseteq E^c_a) \wedge (E^c_{di} \subseteq E^c_b)]\}$
3) $E^c_{di} \subseteq (E^c_a \cup E^c_b)$
4) $\inf(a; b) \leq (a \wedge b)$

On peut avoir $\inf(a; b) = (a \wedge b)$.

– *Orthogonalité*

Toujours en n'utilisant que l'evaluation ev_1, on peut définir l'*orthocomplément* d'une *propriété*. Cette notion sera introduite comme un connecteur logique en utilisant les domaines des valeurs. Mais nous la considérons comme un prédicat noté '... $\perp$ ...'

Définition D 79.16
$\forall a; b \{(a \perp b) \Leftrightarrow E^c_a \cap E^c_b = E^c_a \cap E^\pi_b = E^\pi_a \cap E^c_b = \varnothing\}$

§ 80 Réduction du possible

La notion d'état doit être reliée à une mesure, elle exige donc que l'on développe l'analyse des autres évaluations… Mais ici la décision de publier la recherche dans l'état où elle était me rattrape.

Dans une première version, déjà ancienne, la construction avait été poursuivie bien plus loin, jusqu'au paradoxe E.P.R. Mais le tout est à refaire dans cette nouvelle version. Le prédicat G() est apparu, et l'interprétation de ce qu'est une propriété doit être à nouveau analysée…

A suivre.

Chantier IV

Mécanique classique

IV 1 Niveau empirique

§ 81 Mesures

La traduction de la théorie newtonienne de la mécanique classique est le quatrième chantier ouvert simultanément dans cette recherche, avec celui initial de la théorie du temps et de l'espace et celui de la théorie de la mesure ou connaissance d'une substance. Si le troisième chantier pouvait être comparé à celui d'un pilier intermédiaire d'un pont, le quatrième ressemble davantage à la construction d'un radeau flottant au large. Mais quoique flottant, il semble permettre de croire qu'il ne faille pas introduire de notions supplémentaires non atteignables par la construction. De plus, la vieille notion de matière, si chargée d'histoire et de valeurs, se retire derrière le décor, ayant joué son rôle.

La construction n'étant pas complète, il faut clarifier ce que l'on admet ici.

Ce sont les notions de force et de masse et l'équation F = ma qui sont visées.

Les notions de force et de masse ne sont pas présupposées. Il est vrai qu'il suffit d'en supposer une des deux, l'autre étant alors définissable. Mais ici aucune n'est considérée comme étant une donnée. Il faut en revanche disposer de la notion d'accélération, notée 'a'. Il faut pour cela supposer un espace pourvu d'une métrique (une mesure des distances), tout comme il faut une métrique pour le temps. Ces notions sont à construire en poursuivant la construction interrompue au paragraphe 69. Une telle construction doit aboutir à la fois à ce qu'il est habituel d'appeler des objets (*étendus dans l'espace*, comme dirait Descartes) et à une structuration spatiale tridimensionnelle. Le tout doit donc comporter deux métriques, l'une spatiale et l'autre temporelle. Or, d'un côté, il se trouve que l'espace dans sa construction est profondément relié au temps. De l'autre côté, ces métriques ne seront pas des données, mais résulteront d'une construction. Un des critères d'acceptation d'une construction est celui de la cohérence mais aussi de couverture du plus grand domaine possible. C'est dire que ces métriques ne sont pas définies indépendamment de la suite de la construction. Les considérations qui sont à la base des deux théories de relativité, ne sont ainsi en rien gênées par une nature des choses ou de l'espace et du temps.

Ces remarques ne constituent pas encore une reconstruction, mais de vieux phantasmes ontologiques s'évanouissent déjà.

Une métrique euclidienne ne peut pas prétendre être naturelle, elle reste pourtant possible, du moins localement (semble-t-il). En s'appuyant sur le paragraphe 74, on peut commencer par un univers réduit à l'environnement immédiat.

En quoi consiste une *expérience* pour une telle théorie? Commençons par la *réponse*. Ce qu'on attend est une accélération de la *trace empirique* (ce qu'on voit) de l'objet. Cela suppose évidemment qu'on sache mesurer des vitesses. Nous avons ainsi deux notions, vitesse et accélération. Une question se pose. Il a été admis que les *traces* sont ce que l'on appelle habitellement un objet. Cela nous donne les M_i. Mais comment connaître le *niveau théorique*? Il faut pour cela des *expériences*. Il a déjà été affirmé que les *réponses* sont des accélérations. Mais, disposant de deux notions, vitesse et accélération, pourquoi la réponse devrait-elle être une accélération et non une vitesse? Cette question semble anodine, elle est pourtant la traduction dans ce contexte de la question à laquelle il a été répondu par le principe d'inertie. Pourquoi se fixer sur l'accélération? Deux pistes de réflexion s'ouvrent ici.

1) Si on admet qu'il faut déterminer le *niveau théorique* et que cela n'est possible que par des *expériences,* on peut se demander ce que cela signifie que d'exiger une vitesse comme réponse. On peut bien admettre qu'on puisse mesurer une vitesse comme réponse. Mais dans la définition de la *réponse* il y a la comparaison avec la *préparation,* et il s'ensuit que la notion de changement de vitesse Δv ne peut être escamotée. Au contraire. Dans tous les cas elle a un sens même lorsque l'on a $\Delta v = 0$. La première piste de réflexion nous permet de dire que la réponse de toute *expérience* comporte la notion de changement de vitesse Δv.
2) La deuxième piste de réflexion est plus complexe. La vitesse est une notion relative. Cela est bien connu. En disant cela on pense à des propriétés qui seraient objectives, en ce sens qu'elles ne dépendraient pas de l'observateur. Comment une telle notion d'objectivité peut-elle être traduite ici? Nous ne disposons pas d'une connaissance de la nature des choses indépendamment des *expériences*. Si l'on veut parvenir à une objectivité qui ait le sens d'une indépendance par rapport à l'observateur, il faut parvenir à des affirmations au *niveau théorique* qui soient les mêmes pour les différents observateurs. Nous obtenons ainsi

la notion d'objectivité comme intersubjectivité au *niveau théorique*. Une première possibilité d'aboutir à une telle communauté au *niveau théorique* est de disposer des mêmes *interpretanda*. Si on dispose du même texte et des mêmes règles d'*interprétation* on aboutira aux mêmes sens (au *niveau théorique*). Si maintenant on admet que localement les métriques de l'espace et du temps coïncident pour deux observateurs ayant une vitesse relative constante - ce qui traduit la notion d'espace et de temps absolu - on a que la mesure d'une accélération est la même pour ces deux observateurs, mais évidemment pas les vitesses. Il s'ensuit que s'ils veulent aboutir à un *niveau théorique* commun ils doivent *interpréter* les accélérations et non les vitesses. C'est la traduction dans ce contexte du principe d'inertie: ce sont les accélérations qui doivent être *interpétées* et non les vitesses.

Mais en quoi consiste une *expérience*?

Nous avons une première approche de ce en quoi consiste une réponse. Elle est une accélération. Cela ne va toutefois pas de soi, car la mesure d'une vitesse exige un intervalle de temps, pendant lequel elle est calculée comme étant une vitesse moyenne. Elle peut être déduite, pour chaque instant, comme lorsqu'on mesure le temps de chute pour une hauteur donnée. Mais cela implique l'hypothèse de fonctions continues et celle d'une accélération constante. De plus on dépasse la description de la *mesure*, laquelle ne comporte qu'un nombre fini de tranches (au moins deux). Par l'hypothèse de continuité, on en arrive à la notion de simultanéité entre la *tranche* à laquelle on applique la *condition* et la *tranche* qui constitue la *réponse*. On peut admettre un temps de réaction, mais en cela on ne fait que déplacer le problème. Dans la conception habituelle, la *condition* reste la même pendant un certain temps, le temps pendant lequel l'accélération a lieu. Selon la description proposée, il s'agit alors d'une succession de *mesures*. Ces quelques remarques font apparaître une différence fondamentale entre les mécaniques quantique et classique. En effet la mécanique quantique dans ses premières affirmations (semble) concerne(r) *une mesure* tandis que la mécanique classique considère immédiatement (au moins comme possible) une *suite de mesures*. Si l'on admet (ce qui n'a pas encore été discuté dans ce cadre) qu'à la fin d'une *mesure* le système se trouve dans un *état propre*, c'est-à-dire dans un état dont la réponse est sûre sous la même *condition*, les *préparations* successives étant ainsi admises comme équivalentes, l'hypothèse qu'il s'agisse de la même *condition* nous amène à admettre que l'on aura toujours la même *réponse*. En d'autres termes que l'accélération reste constante pendant tout l'intervalle. Cela se rapproche beaucoup de l'hypothèse déterministe, qui dit qu'une cause produit toujours le même effet. Cela se traduit dans notre contexte par: avec la même *préparation* et avec la même *condition* on a toujours la même *réponse*. C'est dire que

$\forall exp;\ i[(\omega_{exp,i} = 1) \vee (\omega_{exp,i} = 0)]$

L'affirmation précédente n'est pourtant pas correcte, car la première *expérience* de cette succession n'est pas concernée par ce raisonnement. Il faut déjà admettre que tout objet, par rapport à toute *condition* se trouve toujours dans un *état propre*. Le fait que les *préparations* sont équivalentes dit que le système est toujours dans un *état propre*, par rapport à n'importe quelle *condition* dans les *expériences* d'accélération. Mais ces quelques réflexions permettent de dire qu'il n'est pas nécessaire de changer la description de ce qu'est une *expérience* pour permettre de mesurer des vitesses et des accélérations qui exigent de dépasser la simultanéité à laquelle on est amené (à un δt aussi petit que l'on veut) par l'hypothèse de fonctions continues. Ce qui permet d'espérer d'avoir une seule théorie.

Mais au fond qu'est-ce qu'un objet? Il faut ici répondre: un objet est quelque chose qui peut être accéléré.

Nous commençons en admettant le principe de la mécanique classique, sans prendre encore position sur sa dérivabilité ou non:

$$\forall exp;\ i[(\omega_{exp,i} = 1) \vee (\omega_{exp,i} = 0)]$$

Nous ne considérons que les *expériences* qui comportent comme *réponse* une accélération, nous ne considérons donc pas, par exemple, des augmentations de température ou de pression…

Et nous ne considérons que des traces empiriques qui peuvent être accélérées. Cela correspond à la notion standard d'objet (système) libre.

Il s'ensuit qu'une *préparation* revient à donner à une *trace* une vitesse particulière.

Mais quoi qu'il en soit de cette vitesse, elle n'influence pas la *réponse*. Cela est une constatation.

Mais dans une *préparation* on pourrait inclure aussi la position de l'objet. Ceci est une question plus délicate.

Ce qu'il faut *interpréter* sont les *expériences*. Une *expérience* est constituée de trois prédicats, la *préparation*, la *condition* et la *réponse*. Il correspond ainsi une *détermination* différente pour toute *expérience* différente. Cette différence peut venir d'un ou plusieurs de ces trois prédicats, et chaque prédicat peut différer selon plusieurs paramètres. Ici, pour les préparations, il est question de vitesse et de position.

Une remarque.

Cette présentation ne correspond pas à celle avec laquelle on apprend habituellement la mécanique classique. Il n'est pas question ici de quelque chose d'extérieur qui serait la cause de l'accélération. Ce quelque chose pouvant être la même, en la déplaçant et en la tournant sur elle-même dans l'espace. Etant la même, sur un même système elle produirait le même effet. Non, ici la description est holiste. Si un élément (ce que la tradition appellerait la cause de l'accélération) est déplacé et/ou tourné, il ne s'agit plus de la même *condition*. Il ne s'agit ainsi plus de la même *expérience*, et, en principe, à des *expériences* différentes correspondent des *déterminations* différentes. On peut réduire cette différence, soit par des relations d'équivalence (ce qui introduit des *propriétés*), soit en reliant entre elles les *déterminations* ou *propriétés* mais cela en fonction des relation existantes entre les *expériences*.

Commençons ici aussi, comme pour la construction de la notion d'expérience, par une analyse des conditions.

– *Conditions*

Chaque *condition* est définie par les relations de la *tranche* M_i^t avec le reste du monde, en particulier les *tranches* des autres *traces empiriques*, les *traces* des objets (ce qui est accélérable).

Si on tourne la totalité de l'univers, si on la déplace avec une vitesse constante ou avec une accélération… à l'intérieur de cet univers, cela n'est pas décelable car, aussi longtemps que les relations restent les mêmes, il s'agit toujours du même *interpretandum*. Dans notre cas, il s'agit toujours de la même *condition*. Si on plonge cet univers dans un autre plus grand (ce qui est admis!) alors se posent les problèmes de la construction intersubjective des *niveaux théoriques*. Cela peut imposer des restrictions sur la description (choix de construction) à l'intérieur de chaque univers. Avec d'autres mots, si l'on est amené à avoir des exigences sur la construction des niveaux théoriques pour qu'ils puissent coïncider (objectivité par intersubjectivité), il se peut qu'il en résulte des contraintes sur la description du *niveau empirique*. Mais ici nous ne considérons pas ce problème de relation intersubjectives, c'est-à-dire entre univers de différentes complexités (mieux: des univers de complexité comparables plongés dans un univers *(interpétatif!)* de complexité évidemment plus grande).

Cela revient à la notion classique de référentiel, disons, isolé (pas forcément inertiel!).

Il ne s'agit donc pas de la conception habituelle d'un objet qui est soumis, dans l'espace et dans le temps, à l'action d'un autre objet, ou à l'action d'une partie de l'environnement organisé d'une façon particulière, mais d'un objet en relation avec l'ensemble de l'univers qui l'entoure.

Par constatation on peut établir que seule une partie de l'univers est pertinente. C'est dire que si l'on change le reste de l'univers (ce qui change la *condition*) la *réponse* et sa *fréquence* ne changent pas. Mais l'établissement d'une telle équivalence ne permet pas encore de déduire que si l'on change la position, par exemple par rotation, de cette partie pertinente on se trouve encore dans une *situation* équivalente. De même, si l'on a identifié deux de ces dispositifs, et que leur définition permet de les avoir simultanément, on ne peut pas en déduire que la *réponse* de leur *composition* est la *composition* de leurs *réponses*. Cela est possible si l'on suppose des *propriétés* intrinsèques, non dépendantes de l'environnement et que ces *propriétés* sont connaissables par leurs effets. Dans ce cas les effets auraient lieu et donc l'effet total résulterait de leur combinaison. Cela ne peut pas être dit. Il est évident que même dans une conception holiste on peut dire que l'effet résulte de la *condition*. Mais l'holisme ne permet pas sans autre de parler de *composition* de *conditions*, car elles sont réciproquement exclusives. Qu'il y ait une *combinaison* ne peut résulter que d'une constatation, et cela suppose d'abord l'introduction d'une relation d'équivalence qui permet d'isoler une partie de la *condition* comme étant pertinente, le reste pouvant varier (pas forcément sans aucune restriction!).

– *Réponse*

La *réponse* est une variation de vitesse, ce qui, en tenant compte du temps de la *condition* permet de définir une accélération.

On suppose un espace tridimensionnel continu. Une telle caractéristique ne peut évidemment pas résulter d'une constatation directe. Même avec une telle supposition, au niveau des constatations nous avons des tranches de la *trace empirique*.

– Préparation

Une *préparation* est ce qui fait que la *trace empirique* est reliée à un endroit ou position et à une vitesse. La notion de position ne soulève aucun commentaire particulier ici, car c'est bien au premier *niveau empirique* que la structure spatiale a été construite. On peut supposer que cette structure soit induite sur d'autres *niveaux*. En tout cas nous supposons que le *niveau empirique*, auquel nous supposons les *traces empiriques* des objets, possède une structure spatiale. La notion de vitesse est en revanche plus complexe. En effet, on ne suppose pas que les éléments du *niveau empirique* (les *points*, qui constituent fondamentalement l'ontologie O_{ne}) se déplacent. Ce qui se déplace est la variation. Même en ne considérant que la variation, on peut parler de vitesse, vitesse de propagation de la perturbation. On peut parler de vitesse de déplacement de l'objet, mais pour cela il faut se placer au *niveau théorique*. D. Hume avait vu cela, mais il en avait conclu que cela n'était que fiction.

Nous pouvons donc décrire ce qu'est une mesure de la mécanique classique.

Le minimum déjà admis pour une *mesure* est en principe suffisant. Mais nous avons supposé un espace tridimensionnel continu et un temps aussi continu. Nous pouvons nous restreindre à une seule dimension spatiale, combinée avec le temps. La description totale résultera par somme vectorielle. On peut s'écrier que cela ne peut être supposé car on vient de dire que les *conditions* ne sont pas *composables*. C'est vrai, mais il ne s'agit pas du même problème. Le fait d'admettre que les *traces empiriques* se trouvent dans un espace vectoriel tridimensionnel, descriptible au moyen de vecteurs avec les opérations que l'on peut définir sur eux, n'implique pas encore que les *conditions* aient cette même structure. L'holisme empêche cela. Nous supposons donc de pouvoir raisonner sur une seule dimension (spatiale), la *situation* totale pouvant être obtenue par *combinaison* de ce qui se passe dans chacune d'elles.

Une chose est de décrire une *expérience* en distinguant (et combinant) certains de ses aspects, une autre est de dire que l'*expérience* résulte de la *composition* de n autres *expériences*.

Considérons alors les trois *tranches* M_i^{t-}, M_i^t et M_i^{t+}, la *tranche* M_i^t étant celle qui est soumise à la *condition*. Supposons que pour chaque *tranche* on puisse raisonnablement identifier un point central. On peut carrément supposer que chacune d'elles soit ponctuelle. Avec ces suppositions, on peut identifier des positions x_i^-, x_i et x_i^+ respectivement pour M_i^{t-}, M_i^t et M_i^{t+}. Chacun des x_i^-, x_i et x_i^+ est à considérer comme un vecteur. Nous n'en considérerons qu'une dimension, la même pour les trois: $x_{i\,1}^-$, x_{i1} et $x_{i\,1}^+$. Entre les trois tranches s'écoulent deux intervalles de temps Δt^- et Δt respectivement entre M_i^{t-} et M_i^t et entre M_i^t et M_i^{t+}. Nous pouvons alors définir deux vitesses moyennes: $v_0 := (x_{i1} - x_{i\,1}^-)/ \Delta t^-$ et $v := (x_{i\,1}^+ - x_{i1})/ \Delta t$. On peut simplifier cela en écrivant: $v_0 := (\Delta x_{i\,1}^-)/ \Delta t^-$ et $v := (\Delta x_{i1})/ \Delta t$. Avec l'hypothèse d'un espace continu, et en supposant aussi que la variation soit continue, ce qui résulte de l'hypothèse que la continuité de l'espace et du temps permette de réduire autant que l'on veut les intervalles spatiaux et temporels qui séparent les tranches, on peut écrire:

$\Delta x_{i1} = v_0 + (a\Delta t^2)/ 2$

$\Delta x_{i1}/\Delta t = v_0/\Delta t + (a\Delta t)/ 2$

$v_{moy} = v_0/\Delta t + (a\Delta t)/ 2$

$2(v_{moy} - v_0/\Delta t)/\Delta t = a$

Mais il faut encore admettre que la vitesse au moment t vaille v_0. On peut le vérifier, en refaisant la même mesure relativement à la tranche M_i^{t--}, qui précède immédiatement (au niveaux des *mesures* et non au niveau de l'hypothèse de la continuité de l'espace!) M_i^{t-}. Nous supposons donc que la vitesse vaille v_0 au moment t. Tout cela pour dire que l'on peut effectuer les mesures requises et réalisables pour et par la mécanique classique en restant dans le cadre proposé.

Disposant des mesures adéquates, on peut faire des constatations.

§ 82 Constatations

– Première constatation

La première constatation a déjà été introduite.

Constatation C 82.1

$\forall exp\ ;\ i[(\omega_{exp,i} = 1) \vee (\omega_{exp,i} = 0)]$.

– Deuxième constatation

Considérons une *condition* ('cond' ou 'c') quelconque. Pour qu'une *préparation* ('pré' ou 'p') puisse la précéder, il faut que sa *tranche* finale (la deuxième) contienne l'ensemble $M_{i,c}^{t}$, demandé par la définition de la *condition* (D 73.3 (6)). Cela revient à dire que tout couple de *tranches* successives ne constitue pas une *préparation* pour n'importe quelle *condition.* Cela se rapproche de l'exigence de continuité de la fonction horaire. En revanche, toute *préparation* dont la deuxième *tranche* contient $M_{i,c}^{t}$ peut être suivie par la condition c. Toutes ces *préparations* compatibles avec la *condition* c ne diffèrent que par la vitesse v_0, au moment t.

La deuxième constatation dit: quelle que soit la préparation, compatible avec elle, la condition c a toujours comme réponse la même accélération.

Ce qui signifie que, quelle que soit la *préparation*, une seule accélération et toujours la même a la fréquence égale à 1 (sous la même condition*)*.

Et la variation de lieu? Une telle variation implique une variation de la *condition*, en nous renvoyant à un problème de niveau supérieur.

Constatation C 82.2
$\forall i; c; p; p'; r \{(\omega_{p;\, cr,i} = \omega_{p';\, cr,i})\}\}$

Ceci ne dérive pas de la constatation que $\forall exp\ ; i[(\omega_{exp,i} = 1) \vee (\omega_{exp,i} = 0)]$. En effet, cette première constatation admettrait que l'accélération dépende de la vitesse v_0 et que des *préparations* différentes soient suivies d'accélérations différentes sous la même *condition.* Il ne faut pas oublier que ce qui est *interprété* est l'*expérience* entière, si les *préparations* sont différentes, on peut avoir des *réponses* différentes, ce qui revient à dire que l'accélération pourrait dépendre de la vitesse initiale. Il est clair en revanche que la trajectoire dans l'espace à trois dimensions dépend également de v_0.

La vitesse n'influençant pas la *réponse*, et la position étant définie par la *condition*, nous pouvons taire la *préparation.*

Ici une remarque intéressante: il s'ensuit que C 82.1 dérive de C 82.2 combinée avec l'affirmation que le système est toujours dans un *état propre* pour chaque *condition* (*mesure*). (!!)

– *Troisième constatation*

La troisième constatation exige d'abord la construction de deux relations d'équivalences.

a) Si on garde une *condition* c fixe, on peut ordonner les *traces empiriques* selon l'intensité de la *réponse* (la norme du vecteur) a.
b) Si on garde une *trace empirique* M_i fixe, on peut ordonner les *conditions* selon l'intensité de la *réponse* (la norme du vecteur) a.

En partant de a), on peut construire une relation d'équivalence '$\ldots\equiv_c\ldots$' et les classes correspondantes sur les traces empiriques.

Définition D 82.1
$\forall i; j; c \{(M_i \equiv_c M_j) \Leftrightarrow \forall r (\omega_{cr,i} = \omega_{cr,j})\}$

L'indice de la préparation a été passé sous silence, selon la deuxième constatation.
Il faut remarquer que la première constatation permet d'affirmer que:
$\forall i; j; c \{\exists r [\omega_{cr,i} = \omega_{cr,j} =1] \Rightarrow \forall r[\omega_{cr,i} = \omega_{cr,j}]\}$
C'est-à-dire
$\forall i; j; c \{\exists r [\omega_{cr,i} = \omega_{cr,j} =1] \Rightarrow (M_i \equiv_c M_j)\}$
En effet, pour une même condition, seule une réponse a la fréquence $\omega_{cr,i} = 1$, pour toutes les autres on a $\omega_{cr,i} = 0$.
En partant de b), nous pouvons construire une relation d'équiva-lence '$\ldots\equiv_{Mi}\ldots$' et les classes correspondantes sur les *conditions*.

Définition D 82.2
$\forall i; c; c' \{(c \equiv_{Mi} c') \Leftrightarrow \forall r (\omega_{cr,i} = \omega_{c'r,i})\}$

A nouveau, la première constatation permet d'affirmer que
$\forall i; j; c \{\exists r [\omega_{cr,i} = \omega_{cr,j} =1] \Rightarrow (c \equiv_{Mi} c')\}$
Il s'ensuit que chacune des relations d'équivalence permet de définir exactement deux classes d'équivalences. Nous pouvons les définir.

Définition D 82.3
1) $[M_i]_{c,1} := \{ M_j \mid (M_i \equiv_c M_j) \wedge (\omega_{cr,i} = 1)\}$
2) $[M_i]_{c,0} := \{ M_j \mid (M_i \equiv_c M_j) \wedge (\omega_{cr,i} = 0)\}$

Définition D 82.4
1) $[c]_{Mi,1} := \{ c' \mid (c \equiv_{Mi} c') \wedge (\omega_{cr,i} = 1)\}$
2) $[c]_{Mi,0} := \{ c' \mid (c \equiv_{Mi} c') \wedge (\omega_{cr,i} = 0)\}$

Nous pouvons maintenant formuler les troisièmes constatations

Constatation C 82.3.a

1) $\forall i;c;c'\{[M_i]_{c,1} = [M_i]_{c',1}\}$ et donc
2) $\forall i;\ c;\ c'\{[M_i]_{c,0} = [M_i]_{c',0}\}$

Constatation C 82.3.b

1) $\forall c;\ i;\ j\ \{[c]_{Mi,1} = [c]_{Mj,1}\}$ et donc
2) $\forall c;\ i;\ j\ \{[c]_{Mi,0} = [c]_{Mj,0}\}$.

La constatation C 82.3.a a toujours été affirmée en disant que la masse du système est constante, et qu'elle ne dépend pas de la force (*condition*) qu'on lui applique. La constatation C 82.3.b a été à son tour introduite par l'affirmation qu'un dispositif exerce toujours la même force quel que soit le système sur lequel il agit. On retrouve donc des affirmations bien connues, mais ici elles sont présentées sans recours ni à la notion de masse ni à la notion de force. L'évidence de ces anciennes affirmations venait, peut-être, du fait qu'on pensait exprimer par elles une nature invariante à la fois du système et du dispositif agissant sur lui. Si on accepte cela, on quitte alors une conception holiste pour entrer dans une ontologie intrinsèque, qui isole les choses entre elles. Dans ce cas, un dispositif, qu'il soit déplacé ou tourné, exerce toujours la même force, et les considérations faites plus haut sur les *conditions* deviennent caduques. Mais on peut déjà entrevoir que la conception d'une ontologie intrinsèque n'est pas indispensable, qu'elle ne rend pas les mêmes services mais qu'elle est cependant possible comme cas particulier de la conception holiste.

La Classe $[M_i]_{c,1}$ ne dépend donc pas de la *condition*. On peut ainsi en taire l'indice, et écrire $[M_i]_1$. De même on écrira $[M_i]_0$ à la place de $[M_i]_{c,0}$. Mais, si on se refère à l'ontologie intrinsèque, la classe $[M_i]_1$ correspond aux systèmes auxquels on attribue la même masse et la classe $[M_i]_0$ correspond à tous les autres systèmes auxquels on attribue une masse, mais différente. Il est alors commode de prendre M_i comme représentant de la classe $[M_i]$ en simplifiant l'écriture et en oubliant la classe $[M_i]_0$, car tous ses éléments figurent dans une des classes $[\ldots]_1$.

– Relations d'ordre sur les traces et sur les conditions

En tenant une *condition* c fixe, on peut ordonner les (classes de) *traces* M_i en fonction de la *réponse*, à savoir les accélérations.

Ecrivons 'a_{ci}' pour dénommer l'accélération que l'on constate sur la trace M_i sous la condition c.

Définition D 82.4
$\forall i; j; c\{(M_i <_c M_j) \Leftrightarrow (a_{ci} < a_{cj})\}$

De même, en gardant fixe une *trace* M_i,

Définition D 82.5
$\forall i; c; c'\{(c <_i c') \Leftrightarrow (a_{ci} < a_{c'i})\}$

A nouveau, en quittant le choix d'une ontologie intrinsèque, les implications suivantes ne sont pas justifiées.
$\forall i; j; c;c'\{[(M_i <_c M_j) \wedge (M_i <_{c'} M_j)] \Rightarrow [(a_{cj} = n\, a_{ci}) \Rightarrow (a_{c'j} = n\, a_{c'i})]\}$
et
$\forall i; j; c; c'\{[(c <_i c') \wedge(c <_j c')] \Rightarrow [(a_{c'i} = m\, a_{ci}) \Rightarrow (a_{c'j} = m\, a_{cj})]\}$

Mais on constate que tel est le cas.

– *Quatrième constatation*

Constatation C 82.4.a
$\forall i; j; c;c'\{[(M_i <_c M_j) \wedge (M_i <_{c'} M_j)] \Rightarrow [(a_{cj} = n\, a_{ci}) \Rightarrow (a_{c'j} = n\, a_{c'i})]\}$

Constatation C 82.4.b
$\forall i; j; c; c'\{[(c <_i c') \wedge(c <_j c')] \Rightarrow [(a_{c'i} = m\, a_{ci}) \Rightarrow (a_{c'j} = m\, a_{cj})]\}$

– *Normalisation de la mesure des accélérations, conditions et traces*

Le but est toujours de reconstituer la fameuse équation F = ma. Traditionnellement on a fixé des unités, par exemple pour la masse et l'accélération (en fixant les unités de distance et de temps) dans le système MKSA, ce qui fixe l'unité pour la force. Nous ne disposons pas de la mesure de la masse et tout doit être construit sur des constatations relatives aux accélérations. Il faut donc un système d'unités construit en partant de ces *réponses*.

On choisit une *trace*, une *condition* et une *accélération* quelconque, que l'on nommera respectivement 'M_1', 'c_1' et 'a_{11}'. Il est ici commode de changer l'écriture des indices en prenant '$\alpha,\beta,\gamma,\ldots$' comme indices pour les *traces* et 'k, l, m…' comme indices pour les autres *conditions*.

– *Accélérations*

Nous avons déjà admis une mesure des accélérations, en fonction des mesures de distance et des intervalles de temps. Il s'agit ici de *normer* ces mesures, c'est-à-dire de choisir une unité particulière. Cela revient à construire une fonction qui, avec l'hypothèse de continuité, va des nombres Réels aux nombres Réels. Appelons cette fonction '$\mu_a(\ )$'.

Définition D 82.6
$\forall k;\ \alpha\{\mu_a(a_{k\alpha}) = a_{k\alpha}/a_{11}\}$
($a_{k\alpha}$ est l'accélération relative à M_α sous la condition c_k)
ce qui donne
$\mu_a(a_{11}) = 1$. Mais
1) $a_{1;M\alpha}/\ a_{11} = a_{k\alpha}/\ a_{k1}$ — à partir de C 82.4.a
2) $a_{k1}/\ a_{11} = a_{k\alpha}/\ a_{1\alpha}$ — à partir de C 82.4.b
3) $a_{k\alpha} = a_{1;\,\alpha}(\ a_{k1}/\ a_{11})$ — 2)
4) $(a_{k\alpha}\ /\ a_{11}) = (a_{1\alpha}/\ a_{11})(\ a_{k1}/\ a_{11})$ — 3)

Par la définition D 82.6, on peut écrire

$$\mu_a(a_{k\alpha}) = \mu_a(a_{1\alpha})\ \mu_a(a_{k1}) \qquad [1]$$

– *Traces*

L'application correspondante pour les *traces* sera appelée '$\mu_M(\ )$'.

Définition D 82.7
$\forall k;\ \alpha\{\mu_M(M_\alpha) = \mu_a(a_{k\alpha})\ /\mu_a(a_{k1})\}$
ce qui donne
$\mu_M(M_1) = \mu_a(a_{k1})\ /\mu_a(a_{k1}) = 1$

On a alors
1) $\mu_M(M_\alpha) = \mu_a(a_{k\alpha})\ /\mu_a(a_{k1}) = (a_{k\alpha}/\ a_{11})/\ (a_{k1}/a_{11})$ — D 82.6
2) $(a_{k\alpha}/\ a_{11})/\ (a_{k1}/a_{11}) = (a_{k\alpha}\ /\ a_{k1})$
3) $(a_{k\alpha}\ /\ a_{k1}) = (a_{1\alpha}\ /\ a_{11})$ — C 82.4.a

4) $(a_{1\alpha} / a_{11}) = \mu_a(a_{1\alpha})$ D 82.6

5) $\mu_M(M_\alpha) = \mu_a(a_{1\alpha})$

La ligne 5) montre bien que $\mu_M(M_\alpha)$ ne dépend pas du choix de la *condition* c_k. Le quantificateur universel dans D 82.7 est donc justifié. On retrouve bien la notion de masse constante, c'est-à-dire indépendante de la *condition*.

– *Conditions*

L'application correspondante pour les *conditions* sera appelée '$\mu_c(\ )$'.

Définition D 82.8

$\forall k; \alpha\{\mu_c(c_k) = \mu_a(a_{k\alpha}) / \mu_a(a_{1\alpha})\}$

On a alors

1) $\mu_c(c_k) = \mu_a(a_{k\alpha}) / \mu_a(a_{1\alpha}) = (a_{k\alpha}/a_{11}) / (a_{1\alpha}/a_{11})$ D 82.6

2) $(a_{k\alpha}/a_{11}) / (a_{1\alpha}/a_{11}) = (a_{k\alpha} / a_{1\alpha})$

3) $(a_{k\alpha} / a_{1\alpha}) = (a_{k1} / a_{11})$ C 82.4.b

4) $(a_{k1} / a_{11}) = \mu_a(a_{k1})$ D 82.6

5) $\mu_c(c_k) = \mu_a(a_{k1})$.

Ici aussi on constate que $\mu_c(c_k)$ ne dépend pas de la *trace* à laquelle la *condition* est imposée. Cela correspond à la notion de force due au dispositif seul (force intrinsèque).

Nous pouvons transformer [1].

1) $\mu_a(a_{k\alpha}) = \mu_a(a_{1\alpha})\ \mu_a(a_{k1}) = \mu_a(a_{1\alpha})\mu_c(c_k)$ [1] + D 82.8 (5)

2) $\mu_a(a_{1\alpha})\mu_c(c_k) = \mu_M(M_\alpha)\ \mu_c(c_k)$ D 82.7.(5)

C'est-à-dire:

$\mu_a(a_{k\alpha}) = \mu_M(M_\alpha)\ \mu_c(c_k)$ [2]

Si l'on interpète 'F' comme une mesure de la *condition* et 'm' comme une mesure du système (*trace*), on voit que l'équation [2] semble correspondre davantage à l'équation a = mF qu'à l'équation a = F/m. En d'autres mots, la fonction '$\mu_M($ $)$' ne présente pas la proportionnalité inverse souhaitée par rapport à la mesure '$\mu_a($ $)$'. Pour y parvenir, il faut d'autres considérations.

– Combinaison de traces

Dans ce passage, est traduite l'ancienne notion de pesée d'un système (*trace*), mais sans recourir à une balance!

On constate que l'on peut réunir n éléments de n'importe quelle classe d'équivalence et qu'elles peuvent se comporter comme si elles étaient une seule et unique *trace*. Le point (5) de la définition D 73.3 permet de soumettre cette *composition* aux mêmes *conditions* qu'un seul élément de la classe d'équivalence.

Notation.
Un ensemble qui contient n éléments de la classe $[M_\alpha]$ sera noté: '$M_{n\alpha}$'.

– Cinquième constatation

Quels que soient n et Mα, on constate que les traces Mnα ne forment pas de nouvelles classes, elles permettent les mêmes constatations.

– Sixième constatation

Constatation C 82.6
$\forall n; k ; \alpha[(a_{k,n\alpha})/(a_{k,\alpha}) = 1/n]$

Pour d'évidentes raisons de cohérence, il faut prendre comme repère (unité de mesure) la classe $[M_1]$.

Un ensemble qui contient n éléments de la classe $[M_1]$ sera noté: 'M_n'.

Une trace telle que la réunion de n traces qui lui sont équivalentes constitue un système (une trace) de la classe $[M_1]$, sera notée: '$M_{1/n}$'.

On aura: pour $\alpha = 1/n$
$\forall n; k \{(a_{k,n(1/n)})/(a_{k,1/n}) = (a_{k,1})/(a_{k,1/n}) = 1/n\}$

(L'indice '$_{n(1/n)}$' équivaut à l'indice '$_1$'.)

On obtient alors

$\forall\, k\{(a_{k,1/n}) = n\,(a_{k,1})\}$

On obtient alors

1) $n = (a_{k,1/n}) / (a_{k,1}) = (a_{1,1/n}) / (a_{1,1})$
2) $(a_{k,1/n}) / (a_{k,1}) = \mu_M(M_{(1/n)})$ D 82.7
3) $(a_{k,n\alpha})/(a_{k,1}) = 1/n = \mu_M(M_n)$ C 82.6 + D 82.7
4) $\mu_M(M_n) = 1/n = 1/\mu_M(M_{(1/n)})$ 3) +1)

On a bien une fonction inverse si on tient compte de la multiplicité de la *trace*, où par multiplicité on entend 'n' ou '1/n'. Nous pouvons ainsi introduire une nouvelle application 'm( )':

Définition D 82.9

$\forall\alpha\{m(M_\alpha) := 1/\mu_M(M_\alpha)\}$

et donc

$\forall\alpha\{\mu_M(M_\alpha) = 1/\, m(M_\alpha)\}$

L'application correspond à la traditionnelle application qui mesure la masse du système.

L'équation [2] peut donc être reformulée comme suit

$$\mu_a(a_{k\alpha}) = (1/m(M_\alpha))\,(\mu_c(c_k)) \qquad [3]$$

Si on pose:

$\mu_a(a_{k\alpha}) = a$

$m(M_\alpha) = m$

$\mu_c(c_k) = F$

on obtient la formule visée:

$$a = F / m$$

IV 2 Niveau théorique

– Justification d'un niveau théorique

Il est étonnant que cette équation ait pu être reconstituée en restant au *niveau empirique*. En suivant les travaux de Sneed[13], on s'attendait à être obligé d'utiliser le *niveau théorique* pour l'obtenir. On se pose ici la question contraire: pourquoi faut-il introduire le *niveau théorique*?

On peut répondre en disant que l'on attribue au système la valeur 'm' même s'il n'est pas accéléré. Oui, mais l'analyse de différents moments d'évaluation ne permet pas d'affirmer cela sans autre.

Mais il y a un autre argument, qui ne sera ici qu'esquissé. Considérons une balance à fléau, celle qui apparaît toujours dans la reconstruction théorique de cette fameuse formule. Elle permet de construire des classes d'équivalence sur les *traces*, en prenant comme relation d'équivalence la suivante: le fléau reste à l'équilibre avec une même *trace* de repère. Une telle définition ne fait pas appel à l'accélération. On constate alors que l'on obtient les mêmes classes d'équivalence qu'avec l'accélération (D 82.1). Au niveau empirique on ne peut identifier ces constatations. Pour obtenir une identification, il faut passer aux déterminations au *niveau théorique*. On a bien des classes d'équivalence et donc des *propriétés*. Ce sont ces différentes *propriétés* que l'on a toujours dénommées par les différentes valeurs de m (la masse).

– Description du niveau théorique

Il semble facile d'inscrire la description du *niveau théorique* en partant de ce qui a déjà été fait aux paragraphes 77-79, sur la *réduction* du *possible*. De même on peut ici commencer une interprétation des notions de *détermination* et *propriété*.

Mais la décision a été prise de s'arrêter. De toute façon cela sera plus aisé et intéressant en poursuivant la construction du cas quantique avec des exemples.

A suivre…

13 Wolfgang Stegmüller, *Probleme und Resultate der Wissenschaftstheorie und Analytischen Philosophie*, Band II Teil F, 1.3 et 1.4.

Bibliographie

Ne sont indiqués ici que quelques ouvrages qui contiennent un projet (ou une idée) proche de celui présenté dans ce livre, même si tous n'y sont pas cités. Il est vrai que la connaissance, de certains au moins, de ces livres permet de mieux comprendre les problèmes philosophiques, abordés dans cette construction. Cependant, cette dernière peut déjà être suivie avec une connaissance générale des courants philosophiques et une maîtrise des notions de base du calcul des propositions et de la théorie des ensembles.

Aerts, Dirk (1981). *The One and the Many.* Bruxelles: Vrije Universiteit Brussel Faculteit der Wetenschappen.

– (1983) The description of one and many physical systems. In *Les fondements de la mécanique quantique.* 25e Cours de perfectionnement de l'Association Vaudoise des Chercheurs en Physique. Montana, du 6 au 12 mars 1983. C. Gruber, C. Piron, Trân Minh Tàn. R. Weill (eds) A.V.C.P., case postale 101, CH 1015 Lausanne.

Aristote. *Métaphysique + De Anima +Physique.*

Augustin, saint Aurèle. (1939). *Confessionum libri XIII.* Torino: SEI.

Balzer,W & Moulines, C.U & Sneed, J.D. , 1987, *An Architectonic for Science.* Dordrecht.

Boi Luciano (2006). Mathematical, physical and epistemological remarks on symmetry, smmetry breaking, and bifurcations in dynamical systems. In *Symétries, brissures de symétrie et complexité.* L. Boi ed. Peter Lang Bern 1-52.

Carnap, Rudolf (1960). The Methodological Character of Theore-tical Concepts, in *Minnesota Studies in the Philosophie of Science* Vol I. H. Feigel et M. Scriven (eds) 38-76.

– (1961) *Der logische Aufbau der Welt.* Hamburg: Felix Meiner Verlag.

Galvan, Sergio (1985). *Introduzione alle logiche filosofiche I: estensioni della logica proposizionale classica.* Milano: I.S.U. Università Cattolica.

– (1987). *Introduzione alle logiche filosofiche II: applicazioni filosofiche della logica deontica.* Milano: I.S.U. Università Cattolica.

Hume, David. *Traité de la nature humaine.* Paris: Aubier.

Kant, Emmanuel. (1965) *La critique de la raison pure.* A. Tremesaygues et B. Pacaud (trad) Paris: PUF.

Maxwell, Grover (1962). The Ontological Status of Theoretical Entities, *Minnesota Studies in the Philosophy of Science.* Vol II. H. Feigel et M. Scriven (eds) 38-76.
Mehlberg, Henry (1980). *Time, Causality, and the Quantum Theory.* Dordrecht: D. Reidel Publishing Company.
Piaget, Jean (1967). Classification des sciences et principaux courants épistémologiques contemporains. In *Logique et connaissance scientifique* (= Encyclopédie de la Pléiade XXII). J. Piaget (ed) Paris: Gallimard.
– (1945/1976). *La formation du symbole chez l'enfant.* Neuchâtel-Paris: Delachaux et Niestlé.
– (1955/1977a). *La construction du réel chez l'enfant.* Neuchâtel-Paris: Delachaux et Niestlé.
– (1955/1977b). *La naissance de l'intelligence chez l'enfant.* Neuchâtel-Paris: Delachaux et Niestlé.
Piron, Constantin (1976). *Foundation of Quantum Physics.* London: W.A. Benjamin.
Quadranti, Piergiorgio (1984). Interpretation and Time. In *WOPPLOT 83. Parallel Prrocessing: Logic, Organisation and Tchnology.* Proceeding, Neubiberg (Germany) 1983 (= Lecture Notes in Physics 196). J. Becker and I. Eisele (eds), 69-79. Berlin-Heidelberg: Springer.
– (1988). Kant, Piaget et UNITYP. *Cahiers Ferdinand de Saussure*, 65-95.
– (1988) Objet et causalité. In *L'objectivité dans les différentes sciences*, Evandro Agazzi (ed), 169-1175. Université de Fribourg. (This edition contains many misprints).
– (1989) Approche constructiviste de l'intersubjectivité comme préalable à la langue. IN *AKUP (Arbeiten des Kölner Universalien-Projekts)*
– The construction of Time and Space and the Logics of Quantum Mechanics. In *Parallelism, Learning, Evolution.* Proceeding. Willbad Kreuth (Germany) 1989 (= Lecture Notes in Artificial Intelligence). J.D. Becker and I. Eisele (eds), p. 67. Berlin-Heidelberg: Springer.
– (1992) *(Piaget)*^{2}. Berne: Peter Lang.
Stegmüller,Wolfgang (1986): *Probleme und Resultate der Wissenschaftstheorie und Analytischen Philosophie* Band II, Teil F, 1.3 et 1.4. Berlin: Springer
von Weizsäcker, Carl Friedrich (1986). *Aufbau der Physik.* München: Hanser
Van Fraassen, Bas C. (1980). *The scientific image.* N.Y.: Claredon Press Oxford.

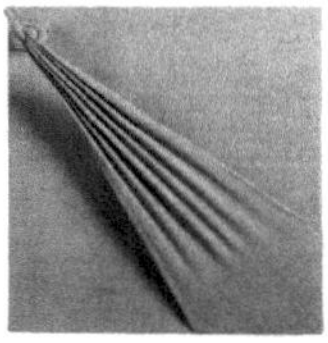

Philosophia Naturalis et Geometricalis

Collection dirigée par Luciano Boi

La collection a pour but la publication et la promotion de travaux originaux et inédits concernant les différentes conceptualisations philosophiques de la pensée physique et mathématique contemporaine. Plus qu'à décrire les faits empiriques par des méthodes et des outils purement quantitatifs, ces travaux doivent viser à proposer des modèles explicatifs qui permettent d'élucider un ou plusieurs aspects conceptuels de la création mathématique et de l'invention physique. Ainsi, on privilégiera les travaux qui accordent une place fondamentale au rôle des idéalisations géométriques dans l'intelligibilité du réel et même de phénomènes très concrets.

La collection entend accueillir tout particulièrement les recherches qui explorent philosophiquement et approfondissent expérimentalement des idées essentielles à l'interface entre certaines théories mathématiques, notamment géométriques et topologiques, et les sciences de la nature comme la physique et la biologie, ou toute autre discipline théorique qui s'y rattache. Sa raison d'être réside dans l'exigence de repenser, selon une démarche philosophique à la fois critique et rigoureuse, les grandes découvertes scientifiques du XXe siècle qui ont changé en profondeur notre perception de la réalité, et de développer une réflexion autour des perspectives épistémologiques nouvelles qui s'en sont récemment dégagées.

Un certain nombre d'études et de recherches récentes montrent l'intérêt de réactualiser des idées issues de ce qu'on appelait à une époque la tradition «scientifique» de la philosophie naturelle. Ceci a permis de renouer avec certaines théories élaborées par les *Naturphilosophen*, de réhabiliter les idées des fondateurs de la psychophysique, de reprendre les intuitions et les analyses des phénoménologues et théoriciens de la *Gestalt*, de développer la pensée des pionniers de la morphologie et de la biologie théorique. Un des buts de la collection est de permettre que ces idées soient développées, débattues et mieux connues d'un plus grand nombre de chercheurs et de lecteurs.

Cette collection aspire à devenir un laboratoire d'idées: elle entend d'abord susciter l'élaboration d'une véritable «philosophie géométrique» des formes naturelles et des êtres organiques, ainsi que contribuer à renouveler les grands débats scientifiques et métaphysiques sur les concepts d'espace et de temps et sur leur rôle dans la compréhension des rapports entre les structures mathématiques et les phénomènes physiques.

On souhaite aussi s'interroger sur les limites de la science actuelle et sur les conséquences que comportent ses récentes retombées technicistes. Il s'agit notamment de contribuer au développement d'une vision non réductionniste de la science et de la connaissance, moins pragmatique et plus spéculative, moins attachée à ses applications technologiques immédiates que soucieuse de construire une pluralité de modèles possibles du réel et d'en dévoiler les différents niveaux de sens.

Ouvrages parus

Vol. 1 Eric Bois: *L'univers sans repos, ou l'essence première du mouvement,* 2002.

Vol. 2 Marc Balmès: *L'énigme des mathématiques. La mathématisation du réel et la* Métaphysique, *I.*, 2003.

Vol. 3 Bertrand Hespel: *Outre Newton. Quelques images du monde à l'Age classique,* 2003.

Vol. 4 Marc Balmès: *L'énigme des mathématiques. La mathématisation du réel et la* Métaphysique, *II.*, 2004.

Vol. 5 Luciano Boi (éd.): *Symétries, brisures de symétries et complexité en mathématiques, physique et biologie,* 2006.

Vol. 6 Piergiorgio Quadranti: *La raison constructrice. Essai de réalisme constructiviste pour une ontologie quantique,* 2007.

Printed by
CPI books GmbH, Leck

FSC
www.fsc.org
MIX
Papier | Fördert gute Waldnutzung
FSC® C083411

Kolibri 360 GmbH
Ferdinand-Jühlke-Straße 7
99095 Erfurt, Deutschland
produktsicherheit@kolibri360.de